Hefte zur Unfallheilkunde
Beihefte zur Zeitschrift „Unfallheilkunde/
Traumatology"
Herausgegeben von J. Rehn und L. Schweiberer

133

Arthrose und Instabilität am oberen Sprunggelenk

10. Reisensburger Workshop zu Ehren von M. E. Müller
und J. Rehn, 9.–11. Februar 1978

Herausgegeben von
Caius Burri, Michael Jäger und Axel Rüter

Unter Mitarbeit von

M. Allgöwer (Basel), G. Bargon (Ulm), E. Beck (Feldkirch),
H. W. Buchholz (Hamburg), C. Burri (Ulm), H. Cotta (Heidelberg),
E. Engelbrecht (Hamburg), R. Fricke (Höxter), G. Friedebold
(Berlin), H. J. Habekost (Tübingen), H. J. Hehne (Freiburg),
G. Hierholzer (Duisburg), G. Hörster (Duisburg), U. Holz
(Tübingen), A. H. Huggler (Chur), M. Jäger (München), U. Knapp
(Tübingen), E. H. Kuner (Freiburg), H. L. Lindenmaier (Freiburg),
F. Magerl (St. Gallen), R. Marti (Amsterdam), P. J. Meeder
(Tübingen), M. E. Müller (Bern), W. Müller (Basel), A. Pannike
(Frankfurt), W. Puhl (Heidelberg), J. Rehn (Bochum), U. N. Riede
(Freiburg), J. Röttger (Hamburg), A. Rüter (Ulm), O. Russe
(Innsbruck), A. Schreiber (Zürich), L. Schweiberer (Homburg/Saar)
C. H. Schweikert (Mainz), A. Siegel (Hamburg), E. Trojan (Wien),
H. Tscherne (Hannover), H. Wagner (Altdorf), S. Weller (Tübingen),
H. Willenegger (Bern), C. J. Wirth (München), A. N. Witt (München),
H. Zollinger (Zürich)

Springer-Verlag
Berlin Heidelberg New York 1978

Reihenherausgeber:

Prof. Dr. Jörg Rehn, Chirurgische Klinik und Poliklinik
der Berufsgenossenschaftlichen Krankenanstalten „Bergmannsheil"
Hunscheidtstraße 1, D-4630 Bochum

Prof. Dr. Leonhard Schweiberer, Direktor der Abteilung für Unfallchirurgie der Chirurgischen Universitätsklinik, D-6650 Homburg/Saar

Mit 143 Abbildungen

ISBN-13: 978-3-540-08970-4   e-ISBN-13: 978-3-642-81264-4
DOI: 10.1007/ 978-3-642-81264-4

Library of Congress Catalog Card Number: 53-26914

Vorwort

Vom 9. bis 11. Februar 1978 fand auf der Reisenburg der 10. Unfallchirurgische Workshop statt. Er stand als Ehrung im Zeichen der 60. Geburtstage von Maurice Edmond Müller und Jörg Rehn, einem Schweizer und einem Deutschen, die beide hervorragendste Verdienste auf dem unfallchirurgischen Gebiet haben.

Entsprechend dem Sinne dieser Tagung haben sich 43 Spezialisten aus den Gebieten Chirurgie, Orthopädie, Physikalische Therapie, Radiologie und Unfallchirurgie mit Problemen der Pathophysiologie, der Diagnostik, Therapie, Nachbehandlung und Prognose der Arthrose und Instabilität am oberen Sprunggelenk befaßt. Die schmerzhafte posttraumatische Arthrose tritt in dieser Region des Bewegungsapparates recht häufig auf und besitzt durch ihre Auswirkungen auf die Gehfähigkeit große klinische und soziale Bedeutung. Die neueren Verfahren der stabilen Osteosynthese haben Möglichkeiten zur Früh-, Sekundär- und sogar Spätkorrektur posttraumatischer Fehlstellungen, die als Präarthrose aufzufassen sind, gegeben. Operative Verfahren werden in Einzelheiten dargestellt und entsprechende Ergebnisse aus zahlreichen Kliniken mitgeteilt. Dasselbe gilt für die posttraumatische Instabilität, zu deren Behandlung zahlreiche Verfahren angegeben sind. In der Diskussion und den Empfehlungen wurde versucht, ein möglichst physiologisches Verfahren zu bestimmen.

Der vorliegende Band der Hefte zur Unfallheilkunde, vom Springer-Verlag in kürzester Zeit nach dem Workshop herausgebracht, enthält die Referate von sorgfältig ausgewählten Kennern der entsprechenden Teilgebiete sowie die in ausgiebig und offen geführten Diskussionen gemeinsam erarbeiteten Schlußfolgerungen und Empfehlungen, die dem praktisch unfallchirurgisch Tätigen eine wertvolle Hilfe bei seiner täglichen Arbeit sein möchten.

Die Ulmer Unfallchirurgen als Organisatoren des Workshops danken allen Teilnehmern für ihre wertvollen Beiträge und Diskussionsvoten sowie dem Verlag für seine speditive und saubere Arbeit.

Ulm und München, den 15. Juni 1978

C. Burri M. Jäger A. Rüter

Professor Dr. med. M.E. Müller

Professor Dr. med. M.E. Müller

Müller, Maurice Edmond, Prof. Dr. med., geboren 1918 in Biel. Staatsexamen 1944 in Lausanne. 5 Jahre Oberarzt in allgemeiner Chirurgie und 5 1/2 Jahre Oberarzt in Orthopädie (Klinik Balgrist Zürich). Von 1960–1967 Direktor der orthopädisch-traumatologischen Abteilung am Kantonsspital St. Gallen.

Ab 1963 Ordinarius für Orthopädie an der Universität Bern und Direktor der Klinik für Orthopädie und Chirurgie des Bewegungsapparates am Inselspital Bern.

3 Jahre Präsident der Schweizerischen Gesellschaft für Orthopädie und 3 Jahre Präsident der Schweizerischen Gesellschaft für Unfallmedizin und Berufskrankheiten.

Ehrenmitglied der Société Francaise d'Orthopédie et Traumatologie, der Schweizerischen Gesellschaft für Orthopädie, der Deutschen Gesellschaft für Unfallheilkunde, Versicherungs-, Versorgungs- und Verkehrsmedizin E.V., der Österreichischen Gesellschaft für Unfallchirurgie, der Schweizerischen Gesellschaft für Unfallmedizin und Berufskrankheiten, der American Fracture Association und der The Hip Society.

Korrespondierendes Mitglied der British Orthopaedic Association, der American Orthopaedic Association, der Société Belge d'Orthopédie, de Traumatologie et de Chirurgie de l'Appareil Moteur, der Österreichischen Gesellschaft für Orthopädie, der Norwegian Surgical Association, etc. Mitglied der Deutschen Akademie der Naturforscher „Leopoldina". Schweizerischer Delegierter bei der S.I.C.O.T.

Professor Dr. med. J. Rehn

Professor Dr. med. J. Rehn

Am 15. 8. 1918 wurde Jörg Siegward Rehn in Hamburg geboren. Nach dem Medizinstudium legte Jörg Rehn im Juni 1944 das medizinische Staatsexamen ab und promovierte gleichzeitig zum Doktor der Medizin. Nach Ausbildungsjahren bei Professor Dr. med. Franz Büchner am Pathologischen Institut der Universität Freiburg sowie bei Professor Dr. med. Ludwig Heilmeyer an der Medizinischen Klinik, ebenfalls in Freiburg, begann er seine Fachausbildung in der Chirurgischen Klinik der Universität Freiburg am 1. 2. 1948, die unter der Leitung seines Vaters Eduard Rehn stand und 1952 von Professor Dr. med. Hermann Krauss, einem Schüler Geheimrat Sauerbruchs, übernommen wurde.

An dieser Klinik erwarb er 1952 die Facharztanerkennung für Chirurgie. Neben der klinischen Tätigkeit widmete er sich der experimentellen und klinischen Forschung.

1956 wurde er Dozent für Chirurgie. Die Habilitationsarbeit trägt den Titel:

„Tierexperimentelle Untersuchungen zur Pathogenese der Verbrennungskrankheit".

1957 wurde er Oberarzt der Chirurgischen Universitätsklinik Freiburg und 1961 außerplanmäßiger Professor.

Seit dem 1. 9. 1962 wirkt er als ärztlicher Direktor der Chirurgischen Klinik und Poliklinik der Berufsgenossenschaftlichen Krankenanstalten „Bergmannsheil" in Bochum. Seine wissenschaftliche Arbeit gilt in erster Linie der Unfall- und Wiederherstellungschirurgie. Er hat 152 wissenschaftliche Vorträge gehalten. Er ist Mitglied zahlreicher wissenschaftlicher Gesellschaften, u.a. ist er Ehrenmitglied der Schweizerischen Gesellschaft für Unfallmedizin und Berufskrankheiten. Im Rahmen des „Bochumer Modells" lehrt er als Professor für Chirurgie an der Ruhruniversität Bochum.

Bandherausgeber

Prof. Dr. C. Burri, Abteilung für Unfallchirurgie, Plastische und Wiederherstellungschirurgie der Universität, D - 7900 Ulm

Prof. Dr. M. Jäger, Orthopädische Universitätsklinik, D - 8000 München

Prof. Dr. A. Rüter, Abteilung für Unfallchirurgie, Plastische und Wiederherstellungschirurgie der Universität, D - 7900 Ulm

Mitarbeiter

Prof. Dr. Allgöwer, Departement für Chirurgie, Kantonsspital, CH - 4031 Basel

Prof. Dr. G. Bargon, Abteilung für Radiologie der Universität, D - 7900 Ulm

Prim. Dr. E. Beck, Abteilung für Unfallchirurgie, Landes-Unfallkrankenhaus, A - 6807 Feldkirch

Prof. Dr. H.W. Buchholz, Endo-Klinik, D - 2000 Hamburg

Prof. Dr. C. Burri, Abteilung für Unfallchirurgie, Plastische und Wiederherstellungschirurgie der Universität, D - 7900 Ulm

Prof. Dr. H. Cotta, Orthopädische Klinik der Universität, D - 6900 Heidelberg

Dr. E. Engelbrecht, Endo-Klinik, D - 2000 Hamburg

Prof. Dr. R. Fricke, Innere Abteilung der Weserbergland-Klinik, D - 3470 Höxter

Prof. Dr. G. Friedebold, Orthopädische Klinik der Freien Universität, D - 1000 Berlin

Dr. H.J. Habekost, Berufsgenossenschaftliche Unfallklinik, D - 7400 Tübingen

Dr. H.J. Hehne, Orthopädische Abteilung, Zentrum für Chirurgie, Universitätsklinik, D - 7800 Freiburg

Prof. Dr. G. Hierholzer, Berufsgenossenschaftliche Unfallklinik, D - 4100 Duisburg

XII

Dr. G. Hörster, Berufsgenossenschaftliche Unfallklinik, D - 4100 Duisburg

Dr. U. Holz, Berufsgenossenschaftliche Unfallklinik, D - 7400 Tübingen

Prof. Dr. A.H. Huggler, Chirurgische Klinik, Orthopädische Abteilung des Kantonsspitals, CH - 7000 Chur

Prof. Dr. M. Jäger, Orthopädische Klinik der Universität, D - 8000 München

Dr. U. Knapp, Berufsgenossenschaftliche Unfallklinik, D - 7400 Tübingen

Prof. Dr. E.H. Kuner, Abteilung für Unfallchirurgie, Chirurgische Universitätsklinik, D - 7800 Freiburg

Dr. H.L. Lindenmaier, Abteilung für Unfallchirurgie, Chirurgische Universitätsklinik, D - 7800 Freiburg

Dr. F. Magerl, Klinik für Orthopädische Chirurgie, Kantonsspital, CH - 9007 St. Gallen

Prof. Dr. R. Marti, Academisch Ziekenhuis bij de Universiteit Amsterdam

Dr. P.J. Meeder, Berufsgenossenschaftliche Unfallklinik, D - 7400 Tübingen

Prof. Dr. M.E. Müller, Klinik und Poliklinik für Orthopädie und Chirurgie des Bewegungsapparates der Universität, CH - 3010 Bern

Dr. W. Müller, Orthopädische Universitätsklinik, Kantonsspital, CH - 4055 Basel

Prof. Dr. A. Pannike, Abteilung für Traumatologie, Klinikum der Johann-Wolfgang-Goethe-Universität, D - 6000 Frankfurt

Priv. Doz. Dr. W. Puhl, Orthopädische Klinik der Universität, D - 6900 Heidelberg

Prof. Dr. J. Rehn, Chirurgische Universitätsklinik, Berufsgenossenschaftliche Krankenanstalten „Bergmannsheil", D - 4630 Bochum

Doz. Dr. U.N. Riede, Pathologisches Institut, Klinikum der Albert-Ludwig-Universität, D - 7800 Freiburg

Dr. J. Röttger, Endo-Klinik, D - 2000 Hamburg

Prof. Dr. A. Rüter, Abteilung für Unfallchirurgie, Plastische und Wiederherstellungschirurgie der Universität, D - 7900 Ulm

Prof. Dr. O. Russe, Lehrkanzel für Unfallchirurgie, A - 6020 Innsbruck

Prof. Dr. A. Schreiber, Orthopädische Universitätsklinik Balgrist, CH - 8008 Zürich

Prof. Dr. L. Schweiberer, Abteilung für Unfallchirurgie, Chirurgische Universitätsklinik, D - 6650 Homburg/Saar

Prof. Dr. C.H. Schweikert, Unfallchirurgische Klinik, Universitätsklinikum, D - 6500 Mainz

Dr. A. Siegel, Endo-Klinik, D - 2000 Hamburg

Prof. Dr. E. Trojan, Allgem. Krankenhaus der Stadt Wien, 1. Univ. Klinik für Unfallchirurgie, A - 1097 Wien

Prof. Dr. H. Tscherne, Unfallchirurgische Klinik, Medizinische Hochschule, D - 3000 Hannover

Prof. Dr. H. Wagner, Orthopädische Klinik, Wichernhaus, D - 8503 Altdorf

Prof. Dr. S. Weller, Berufsgenossenschaftliche Unfallklinik, D - 7400 Tübingen

Prof. Dr. H. Willenegger, Präsident der AO-International, CH - 3008 Bern

Priv. Doz. Dr. C.J. Wirth, Orthopädische Klinik der Universität, D - 8000 München

Prof. Dr. A.N. Witt, Orthopädische Klinik der Universität, D - 8000 München

Dr. H. Zollinger, Orthopädische Universitätsklinik Balgrist, CH - 8008 Zürich

Inhaltsverzeichnis

I. Pathophysiologie und Klinik der Arthrose am OSG

Arthrosen des oberen Sprunggelenkes nach direktem Gelenkschaden

A. Rüter

Beschäftigen wir uns mit dem Problem der Arthrose, wird zwangsläufig die Frage nach der Schädigung des Gelenkknorpels zum zentralen Thema.

Die Homöostase des Knorpels ist an die Unversehrtheit des sogenannten Synovialen Systems gebunden. Dieses stellt einen vielfaktoriellen Cirkulus vitiosus zwischen Struktur und Belastung des Knorpels selbst, Bereitstellung des Nährsubstrates durch Syntheseleistung der Gelenkinnenhaut und Sicherung des Substrat-Transportes durch die Gelenkbeanspruchung innerhalb physiologischer Grenzen dar (Abb. 1). Diese Zusammenhänge wurden in letzter Zeit eingehend von Cotta u. Mitarb. [2, 3, 4, 7, 14, 15, 16] dargelegt. Matthiass und Glupe [12] haben bereits 1966 auf die Auswirkung von Immobilisation und Druckbelastung auf die Gelenke hingewiesen.

Direkte Gelenkschäden können dieses in einem labilen Gleichgewicht befindliche System auf verschiedene Weise stören und damit Ursache späterer Arthrosen sein. Entsprechende Gewalteinwirkungen können unmittelbar zu direkten mechanischen Knorpelschäden führen.

Häufiger sind jedoch mittelbare Störungen der Morphologie und Trophik des Gelenkknorpels durch posttraumatische Inkongruenz der Gelenkflächen, Nekrose eines knorpeltragenden Knochenabschnittes oder Gelenkinfekte.

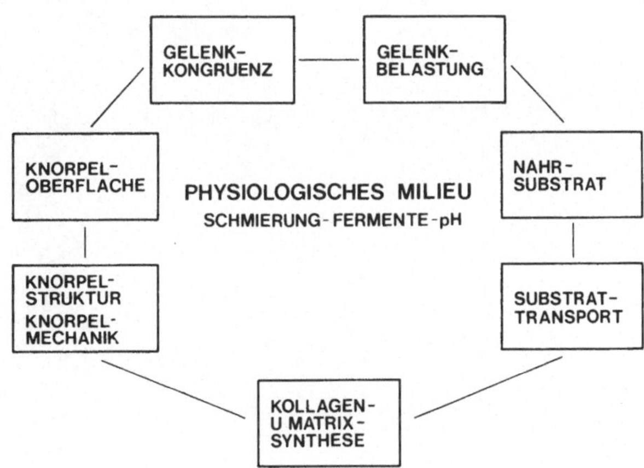

Abb. 1. Faktoren der Homöostase des Gelenkknorpels

Biomechanische Besonderheiten des oberen Sprunggelenkes

Die exakte physiologische Fuhrung des OSG wird durch das Zusammenspiel seiner knöchernen Strukturen und der überbrückenden Bandverbindungen gewährleistet (Abb. 2). Hierbei kommt der tibio-fibularen Syndesmose nicht nur bei der Sicherung des Gabelschlußes besondere Bedeutung zu. Vielmehr besteht eine wesentliche Funktion dieser Bänder darin, die abrupte Belastung beim Aufsetzen der Ferse, durch die das Sprungbein aufgrund der Lage der Gelenkachse gegen den Außenknöchel und die dorsale Tibiakante drängt, elastisch abzufangen [Weber, 20].

Bei jedem Schritt rollt die distale Gelenkfläche der Tibia uber die craniale Cirkumferenz der Talusrolle, wobei je nach Gangphase unterschiedliche Anteile beider Gelenkpartner in Kontakt kommen und die in ihrer Größe wechselnde Belastung zu tragen haben (Abb. 3).

Die Theorie einer hierbei wirksam werdenden Selbstbremsung der Dorsalreflexion durch die scheinbar ventral breiter werdende Talusrolle ist durch die Arbeiten von Barnet und Napier [1] sowie vor allem den Untersuchungen Inman's [10] wiederlegt. Diese neueren Erkenntnisse über Form und Funktion des oberen Sprunggelenkes, speziell des Sprungbeins wurden von Schenk [9] zusammenfassend publiziert. Henkemeyer [8]

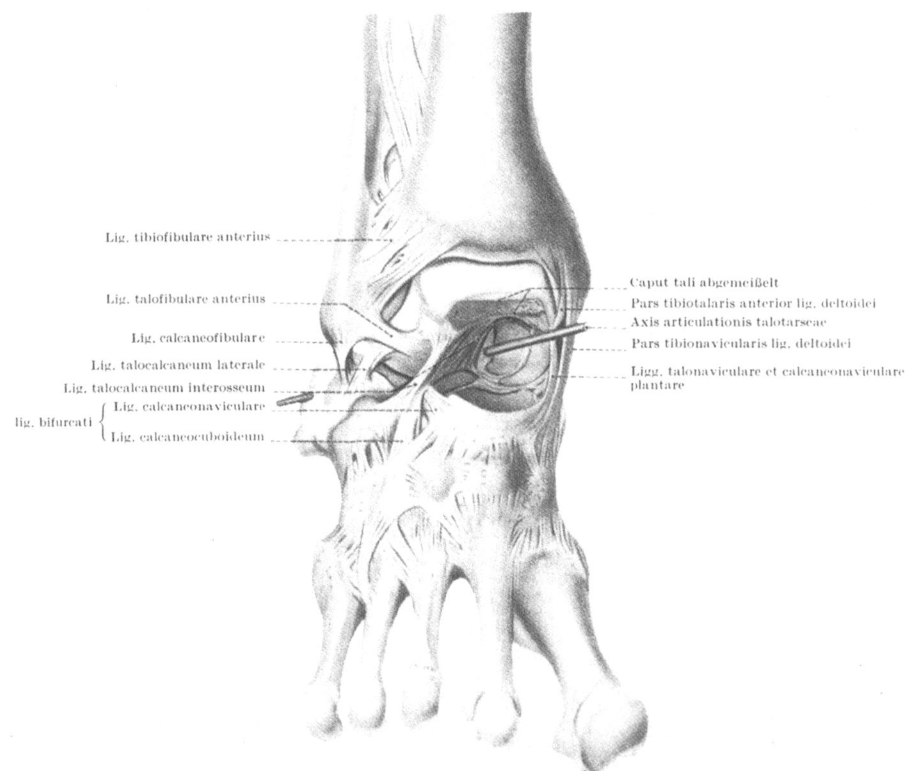

Abb. 2. Anatomie des oberen Sprunggelenkes. Funktionelles Zusammenspiel der knöchernen und ligamentären Strukturen (aus Lanz-Wachsmuth)

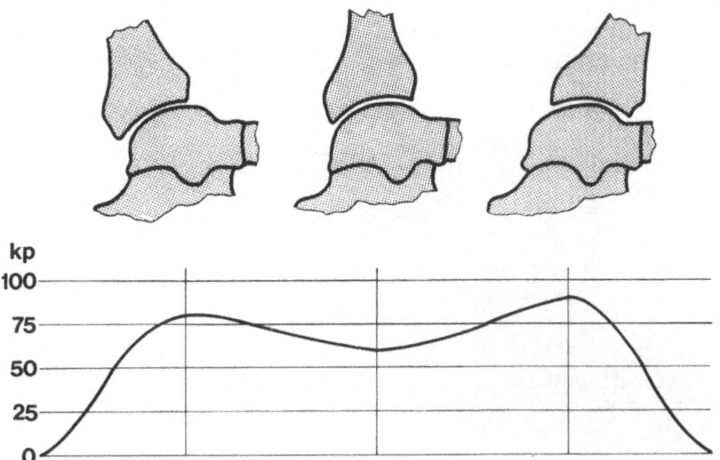

Abb. 3. Kontaktzonen und Gesamtbelastung des oberen Sprunggelenkes in verschiedenen Phasen des Standbeines

hat sich detailliert mit den physiologischen Bewegungen des Außenknöchels und ihrer Veränderung durch Verletzungen der Syndesmose beschäftigt.

Untersuchungen der auf die Fußsohle einwirkenden Druckkräfte, die von Eberhard [5] an Meßplatten und Prothesen durchgeführt wurden, zeigten in der Phase des Auftretens und Abstoßens Werte, die bereits das Körpergewicht übersteigen. Aus den Maximalwerten der am Sprunggelenk angreifenden Muskeldrehmomente errechnete Weber [20] für diese Situationen die höchstmögliche Gelenkpressung und fand dabei Belastungen bis zur Größe des dreifachen Körpergewichtes.

Die skizzierte biomechanische Situation hat grundlegenden Einfluß auf die Auswirkungen traumatischer Gelenkschäden.

Arthrosen nach direktem Knorpelschaden

Über Häufigkeit und Bedeutung primärer Knorpelschäden des oberen Sprunggelenks durch *Kontusion, Impression* oder rein *cartilaginäre Frakturen* gibt es bisher keine sicheren Aussagen. Häufig werden diese Verletzungen im Rahmen schwerer Gelenktraumatisierungen mitbeobachtet. Ihr eigentlicher Anteil am weiteren Schicksal läßt sich in diesen Fällen nicht exakt abgrenzen. Nur eine systematische Arthroskopie unfallverletzter, ossär jedoch intakt erscheinender Sprunggelenke ließe sichere Aussagen über Anzahl und Ausmaß solcher isolierter Knorpelverletzungen zu.

Ohne Zweifel sind solche, für das Gelenk richtungsweisende Knorpelschäden jedoch am Sprunggelenk möglich. Abb. 4 zeigt eine schwere Arthrose 15 Jahre nach geschlossener Luxatio pedis cum talo, die ohne nachweisbare Bandinsuffizienz zur Ausheilung kam und für die direkte isolierte Knorpelschäden als ursächlich angenommen werden müssen.

Holz [9] berichtete kürzlich über drei Fälle rasch fortschreitender Arthrosen nach Anprallverletzungen des Sprunggelenkes ohne knöcherne oder ligamentäre Begleitschäden. Gegen eine zahlenmäßig erhebliche Bedeutung solcher Verletzungen spricht jedoch die

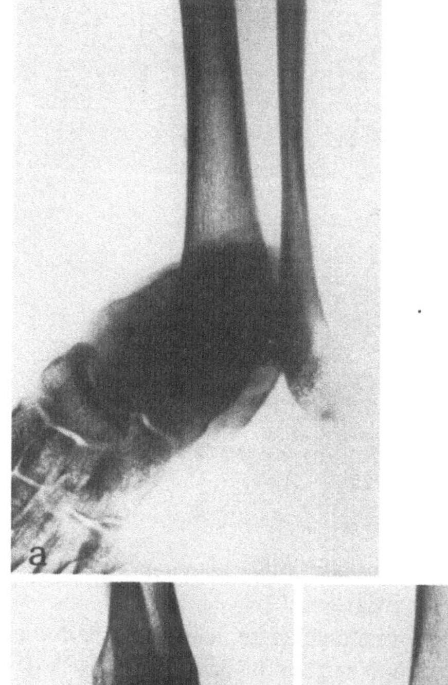

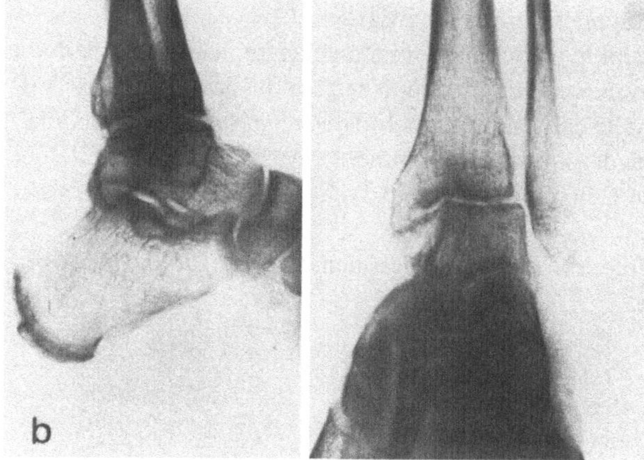

Abb. 4a und b. OSG-Arthrose nach geschlossener Luxatio pedis cum talo. **a** Unfallbild, **b** Situation nach 15 Jahren

Tatsache, daß offensichtlich unerklärliche einseitige Arthrosen des oberen Sprunggelenks, für die ätiologisch früher erlittene „reine Distorsionen" in Betracht kämen, so gut wie nie beobachtet werden.

Dagegen müssen direkte traumatische *Knorpeldefekte* an diesem hochbelasteten Gelenk den Keim eines fortschreitenden Verschleißprozesses bilden. Diese Schäden finden sich nicht selten bei erheblich dislozierten Luxationsfrakturen des oberen Sprunggelenkes an der Gelenkfläche der Tibia oder des Talus. Abb. 5 zeigt einen entsprechenden Verlauf nach offener Luxationsfraktur mit ausgedehnter Knorpelabscherung am Pilon tibial. Trotz infektfreier Heilung entwickelte sich in wenigen Monaten eine ausgeprägte Arthrose des oberen Sprunggelenkes mit schmerzhafter Ankylosierung im Subtalargelenk, die eine Trippelarthrodese notwendig machte.

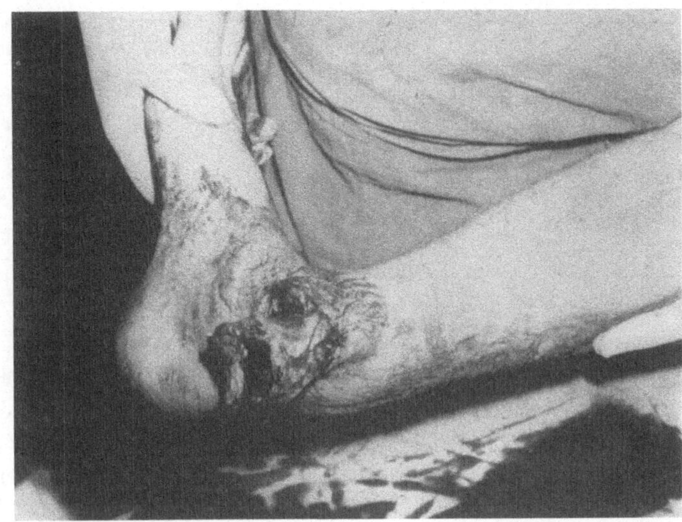

Abb. 5a und b. Ausgedehnter traumatischer Knorpeldefekt am Pilon bei offener Luxationsfraktur. **a** Klinischer Aspekt

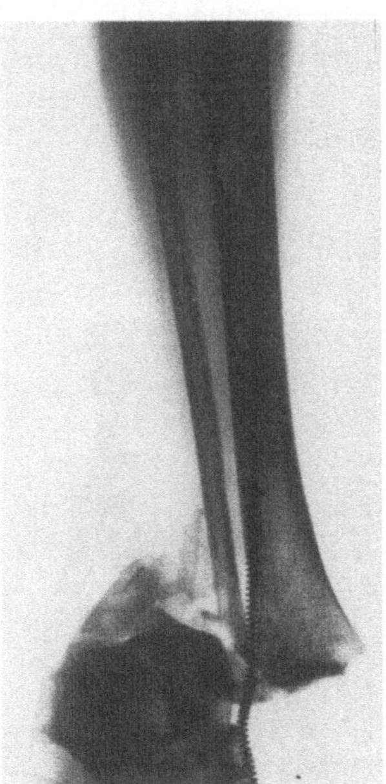

Abb. 5b. Röntgenbild

Der eigentliche Einfluß solcher direkter Knorpelverletzungen auf die Prognose von
Frakturen des oberen Sprunggelenkes läßt sich, wie erwähnt, kaum abgrenzen. Ein Hinweis auf die Bedeutung dieses Geschehens geht jedoch aus den Untersuchungen von Niethard und Plauc [13] hervor. Diese Autoren verglichen die Endergebnisse nach Sprungge-

Tabelle 1. Malleolarfrakturen – Spätergebnisse

Autor	Charakteristikum	N	Ergebnis
Weber, 1966	Typ B und C	122	13,1% schlecht
Forudastan, 1970	Typ B und C	107	23,4% schlecht
Niethard u. Plaue, 1977	Hinteres Tibia-kantenfragment		
	0	19	15,8% Arthrosen
	1/7	12	16,7% Arthrosen
	1/5	12	33,5% Arthrosen
	1/4–2/5	8	50,0% Arthrosen

lenksfrakturen mit Absprengung eines hinteren Tibiakantenfragmentes mit der von Weber [20] angegebenen Arthroserate der von ihm operativ behandelten OSG-Frakturen insgesamt. Weber fand nach Frakturen vom Typ B bzw. C nach 1 Jahr schlechte Ergebnisse in 13% der Fälle. Spätkontrollen desselben Krankengutes durch Forudastan [6] machte diese Beurteilung bei 23% notwendig. Im Gegensatz hierzu beobachteten Niethard und Plaue unabhängig vom Typ der Fraktur bei begleitenden Abbruchen des hinteren Tibiakantenfragmentes einen Anstieg der Arthroserate in Abhängigkeit von der Größe des Bruchstückes bis zu 50%. (Tabelle 1). Hierbei war das Gelenkschicksal nicht dadurch beeinflußt, ob das Tibiakantenfragment exakt reponiert war oder nicht. Die Autoren sehen die Begründung für diese Beobachtung darin, daß dieses hintere Tibiakantenfragment nicht zu Beginn, sondern erst in der Endphase der Verletzung auftritt, damit den Schweregrad der Gelenktraumatisierung anzeigt und als Gradmesser des Knorpelschadens angesehen werden kann.

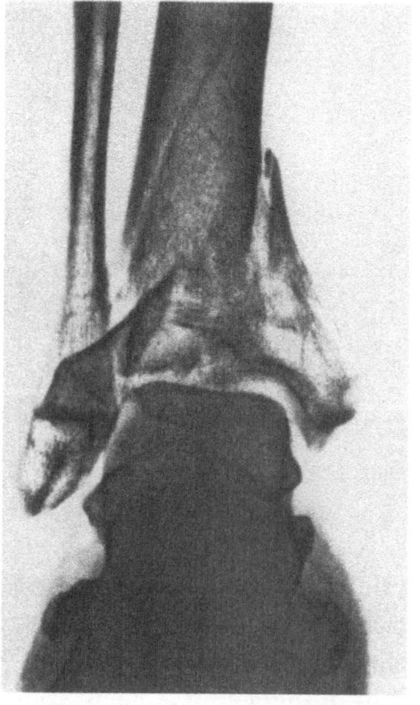

Abb. 6a-c. Inkongruenzarthrose nach Pilonfraktur. **a** Unfallbild, **b** Kontrolle nach Osteosynthese, der seitliche Strahlengang weist Stufen- und Defektbildung nach, **c** Kontrolle nach 4 Monaten. Bereits fortgeschrittene Arthrosezeichen

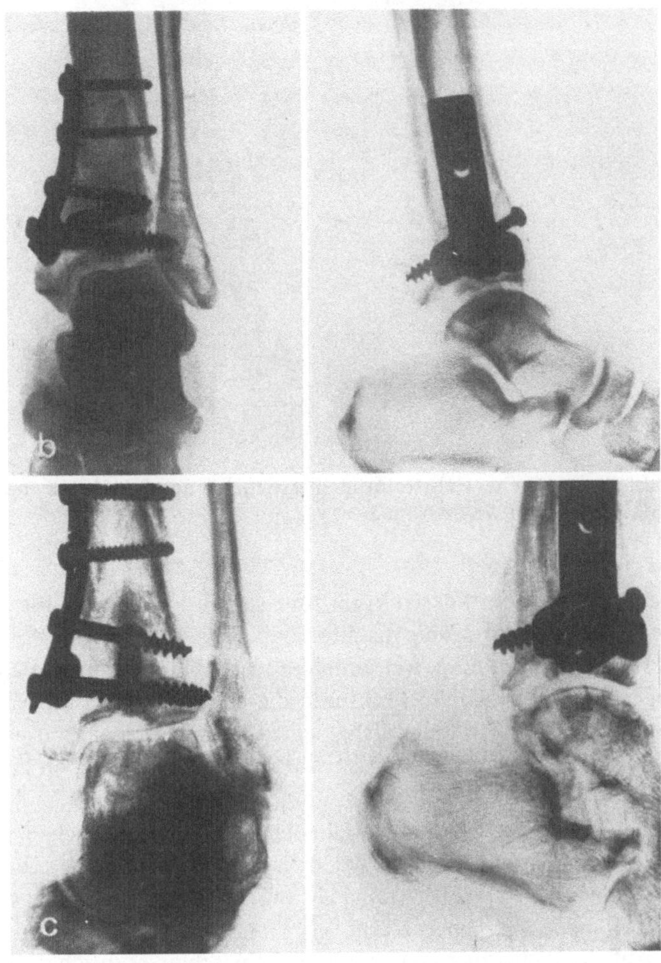

Abb. 6b und c

Arthrosen nach indirektem Knorpelschaden

Sekundäre Knorpelschädigungen finden sich wohl am häufigsten als Folge einer *Inkongruenz* der knochernen Strukturen. Die Verminderung der Kontaktflächen führt sowohl durch eine zu hohe Flächenpressung an den Stellen der noch verbliebenen Berührung wie durch eine fehlende Belastung in den kontaktfreien Arealen zu einer ungenügenden Durchwalkung des Knorpels mit der ihn ernährenden Synovialflüssigkeit. In den Gebieten überhöhter Flächenpressung können daneben mechanische Zerreißungen der Knorpeloberfläche beobachtet werden [7, 14, 16, 17]. Als Beispiel einer Inkongruenzarthrose findet sich in Abb. 6 der Verlauf nach distaler intraarticulärer Tibiafraktur. Während die primäre Rekonstruktion im a.p.-Bild befriedigend erscheint, weist der seitliche Strahlengang Stufen- und Defekbildung bei fehlender Reposition des Volkmannschen Dreiecks nach. 4 Jahre

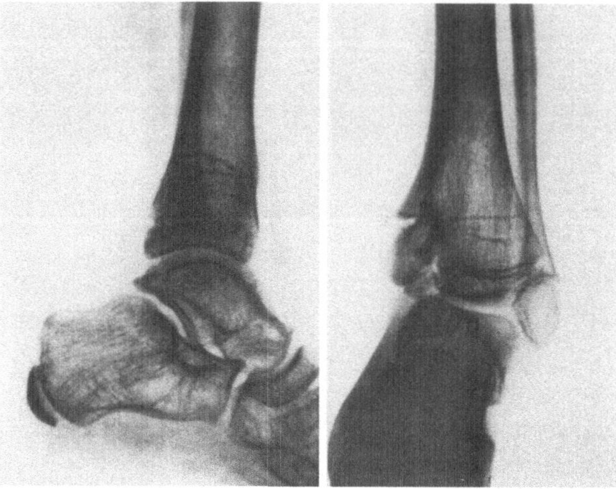

Abb. 7. Deutliche Fehlstellung mit beginnender Arthrose nach in Fehlstellung verheilter OSG-Fraktur im Wachstumsalter

später haben Gelenkdestruktion und subjektive Beschwerden ein Maß angenommen, das die Arthrodese notwendig machte.

Inkongruenzen und Achsenfehler des oberen Sprunggelenkes finden sich auch nach ungenügend behandelten Frakturen dieser Lokalisation im Wachstumsalter. Diese Gelenke lassen zwar oft erstaunlich lange einen breiten Gelenkspalt erkennen. Im Laufe der Jahre führt die unphysiologische Lastverteilung dann aber doch zu zunehmender Knorpeldegeneration (Abb. 7).

In Fehlstellung verheilte Malleolarfrakturen verursachen in den meisten Fällen keine eigentliche Stufenbildung in der tragenden Gelenkfläche selbst. Ihre fatalen Folgen liegen vielmehr in einer fehlerhaften Führung der Talusrolle und bewirken damit eine sogenannte *„funktionelle Inkongruenz"*.

Auf die Bedeutung eines exakten Gabelschlusses durch die in Länge und Valgität wieder hergestellte Fibula haben speziell Riede [18] und Willenegger [22] hingewiesen. Durch Größenbestimmung der verbliebenen Kontaktflächen nach definierten Veränderungen der Stellung des Außenknöchels konnten sie zeigen, daß Fragmentdislokationen von 1–2 mm genügen, um die Kontaktfläche zwischen Talus und Malleolengabel um 30 bis 60% zu reduzieren. Die Veränderungen waren dabei deutlich von der Form der Talusrolle beeinflußt.

Das klinische Äquivalent dieser Befunde ist der in Abb. 8 gezeigte Verlauf einer unter Verkürzung der Fibula und Erweiterung der Gabel verheilten Sprunggelenksfraktur.

Auch eine Insuffizienz des fibulo-talaren Bandapparates kann über habituelle Subluxationen des Talus einen Knorpelverschleiß in Gang setzen.

Andererseits kann die normale Biomechanik des Sprunggelenkes auch durch eine Blokkierung der Syndesmose gestört sein. Willenegger hat hierfür den Begriff der Verstarrungsarthrose geprägt.

Das Problem einer sekundären Arthrose nach *Nekrose* eines Gelenkanteiles kennen wir speziell nur bei Schenkelhals und Talus. Beide Skelettabschnitte weisen eine diffizile und verletzungsanfällige Gefäßversorgung auf. Das Einsintern des tragenden Knochen-

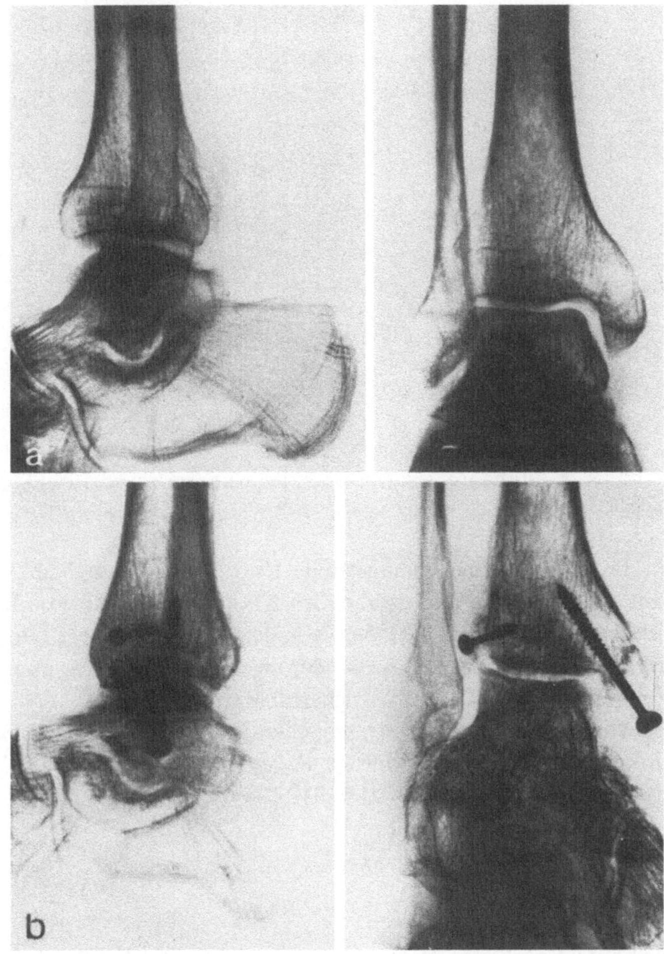

Abb. 8a und b. Arthrose bei Gabelinsuffizienz. **a** Frakturbild, **b** Situation nach 7 Monaten

gerüstes führt zur Abscherung und Rißbildung im bedeckten Knorpel. Über die Frage, inwieweit Mangeldurchblutungen des Knochens Ernährungsstörungen in den basalen Knorpelschichten bedingen, bestehen in der Literatur keine einheitlichen Anschauungen.

Arthrosen nach enzymatischem Knorpelschaden´

Schädigungen des Gelenkknorpels durch *intraarticuläre Blutergüsse* wurden von Dustmann [4] tierexperimentell nachgewiesen. Diese Veränderungen fanden sich vor allem, wenn die Gelenke zusätzlich ruhiggestellt waren. Über die klinische Bedeutung dieser Beobachtungen liegen keine sicheren Aussagen vor.

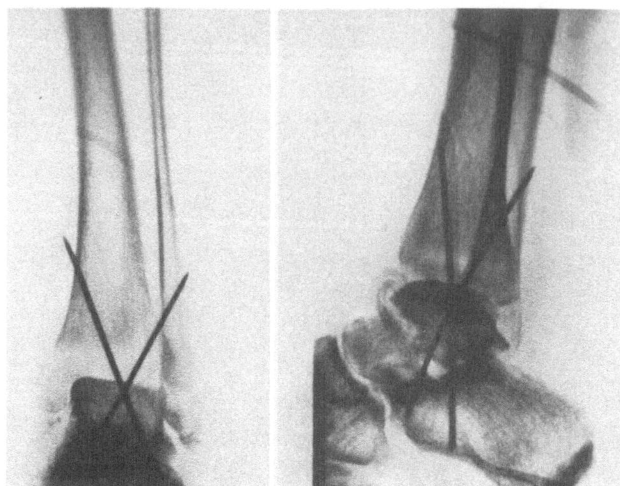

Abb. 9. Fulminante Arthrose bei Talusnekrose und Infekt, Status nach offener Talushalsfraktur

Dagegen ist eine enzymatische Knorpelschädigung durch die proteolytischen Enzyme aus Leukocyten und absterbenden Knorpelzellen das grundlegende Problem jedes *Gelenkinfektes* [11, 15, 21, 23]. Der Schaden wird potenziert durch entzündliche Prozesse in der Synovialmembran, die zu Änderungen der Qualität und Quantität der schmierenden und ernährenden Gelenkflüssigkeit führen.

Summieren sich die schädigenden Noxen, in der Klinik meist als Kombination von Inkongruenz und Gelenkinfekt, endet die Verletzung meist in einem fulminant fortschreitenden Gelenkverschleiß (Abb. 9).

Zusammenfassung

Erhöhte Unfallexposition, relativ schlechte Weichteilbedeckung, diffizile Gelenkmechanik im Zusammenspiel ligamentärer und ossärer Strukturen sowie die besondere Ernährungssituation des Sprungbeins lassen das obere Sprunggelenk als Modellfall für Arthrosen nach direktem Gelenkschaden erscheinen.

In der Klinik bedeutet diese besondere biomechanische Situation eine erhebliche Belastung der Prognose aller Verletzungen dieses Gelenkes.

Die Kenntnis der schädigenden Momente und ihre Erscheinungsformen erlaubt es, den Schweregrad einzelner Verletzungen des oberen Sprunggelenkes sicherer abzuschätzen und hat damit Bedeutung für die therapeutischen Überlegungen bei der Behandlung des frischen Gelenkschadens und der sich anbahnenden Arthrose.

Literatur

1. Barnet, C.H., Napier, J.R.: The axis of rotation at the ankle joint in man. Its influence upon the form of the talus and the mobility of the fibula. J. Anat. (Lond). *86*, 1 (1952)

2. Cotta, H.: Die Pathogenese der Gonarthrose. Z. Orthop. *111*, 490 (1973)
3. Cotta, H., Puhl, W.: Pathophysiologie des Knorpelschadens. Hefte Unfallheilk. *127*, 1 (1976)
4. Dustmann, H.O., Puhl, W., Schulitz, K.P.: Knorpelveränderungen beim Hämarthros unter besonderer Berücksichtigung der Ruhigstellung. Arch. orthop. Unfall-Chir. *71*, 148 (1971)
5. Eberhard, H.D., Inman, V.T. et al.: Fundamental studies of human locomotion and other informations relating to design of artificial limbs. University of California, Berkeley 1947
6. Forudastan, H.: Zur AO-Osteosynthese von Knöchelbrüchen: Ergebnisse nach 5 Jahren. Arch. orthop. Unfall-Chir. *68*, 42 (1970)
7. Hackenbroch, M.H.: Gelenkveränderungen unter dosierter Druckminderung im Tierversuch. Z. Orthop. *112*, 667 (1974)
8. Henkemeyer, H.: Verletzungen der Syndesmose. Hefte Unfallheilk. *131*, 89 (1978)
9. Holz, U.: Persönliche Mitteilung, Reisenburg 1978
10. Inman, V.T.: The joints of the ankle. Baltimore: Williams & Wilkins 1976
11. Lazarus, G.S., Daniels, J.R., Brown, R.S., Bladen, H.A., Fullmer, H.M.: Degradation of collagen by a human granulocyte collagenolytic system. J. clin. Invest. *47*, 2622 (1968)
12. Matthiass, A.H., Glupe, J.: Immobilisation und Druckbelastung in ihrer Wirkung auf die Gelenke. Arch. orthop. Unfall-Chir. *60*, 380 (1966)
13. Niethard, F.U., Plaue, R.: Das hintere Tibiakantenfragment als prognostisches Kriterium. Arch. orthop. Unfall-Chir. *87*, 213 (1977)
14. Puhl, W., Dustmann, H.O.: Die Reaktionen des Gelenkknorpels auf Verletzungen — Tierexperimentelle Untersuchungen. Z. Orthop. *111*, 494 (1973)
15. Puhl, W.: Rasterelektronenmikroskopische Untersuchungen zur Frage früher Knorpelschädigungen durch leukocytäre Enzyme. Arch. orthop. Unfall-Chir. *70*, 87 (1971)
16. Refior, H.J.: Tierexperimentelle Untersuchungen zum Verhalten der Mikroarchitektur des hyalinen Gelenkknorpels unter Druck-Belastung. Habil.-Schrift München 1973
17. Refior, H.J., Hackenbroch jun., M.H.: Die Reaktion des Hyalinen Gelenkknorpels unter Druck, Immobilisation und Distraktion. Hefte Unfallheilk. *127*, 23 (1976)
18. Riede, U.N., Schwenk, R.K., Willenegger, H.: Experimenteller Beitrag zur Erklärung der sekundären Arthrose nach Frakturen des oberen Sprunggelenkes. Helv. Chir. Acta *36*, 343 (1969)
19. Schenk, R.: Anatomie des oberen Sprunggelenkes. Hefte Unfallheilk. *131*, 1 (1978)
20. Weber, B.G.: Die Verletzungen des oberen Sprunggelenkes. Bern-Stuttgart: Verlag Hans Huber 1966
21. Weissmann, G.: Lysosomes and Joint Disease. Arthr. and Rheum., Vol. 9, No. 6 (1966)
22. Willenegger, H., Weber, B.G.: Malleolarfrakturen. Langenbeck Arch. klin. Chir. *313*, 489 (1965)
23. Ziff, M., Gribetz, H.J., Lospalluto, J.: Effect of leucozyte and synovial membrane extracts on cartilage mucoprotein. J. clin. Invest. *36*, 1 (1960)

Inkongruenzarthrose

U. N. Riede und H. J. Hehne

Das obere Sprunggelenk ist ein funktionelles Scharniergelenk (Barnett und Napier, 1956; Whright et al., 1964; Riede et al., 1971). Es gehört zu den am meisten belasteten Gelenken des menschlichen Bewegungsapparates (Weber, 1972; Staubesand, 1975). Da es effektiv nur einen Freiheitsgrad der Bewegung aufweist, sind während der Dorsoplantarflexion bestimmte Gelenkbezirke immer in einer ähnlichen Weise den Scher- und Druckkräften ausgesetzt. Diese anatomischen Eigenschaften machen das obere Sprunggelenk zu einem geeigneten Studienobjekt, um biomechanische Faktoren zu eruieren, die für die Pathogenese der Inkongruenzarthrose entscheidend sind (Pauwels, 1965).

Gelenkinkongruenz durch Fragmentfehlstellungen

Frakturen und Bandläsionen des oberen Sprunggelenkes gehören zu den häufigsten Gelenkverletzungen des Menschen und führen bei konservativer Behandlung sehr oft zu einer

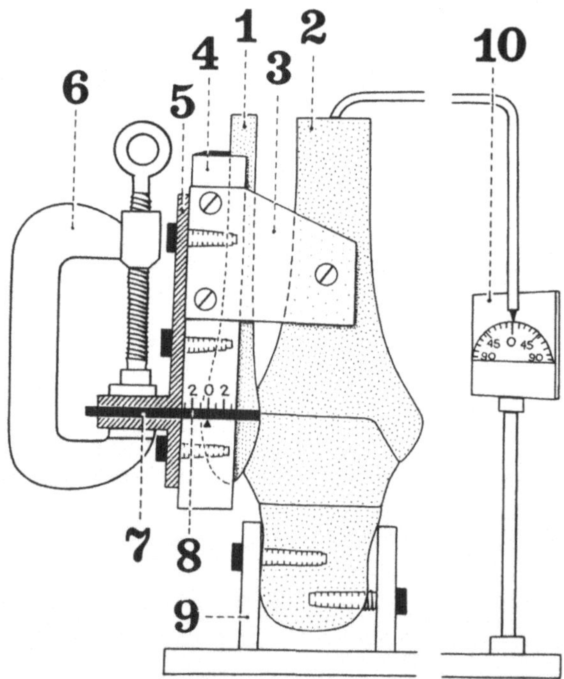

Abb. 1. Versuchsmodell zur Normierung einer Außenknöchelfraktur und zur systematischen Untersuchung von Fehlstellungen des distalen Fibulafragmentes. *1* Fibula; *2* Tibia; *3* Fixationsplatte; *4* Kunstharzblock; *5* Winkeleisen; *6* Schraubzwinge; *7* Ausgleichsplatte; *8* Verschiebeskala; *9* Stativ; *10* Winkelskala

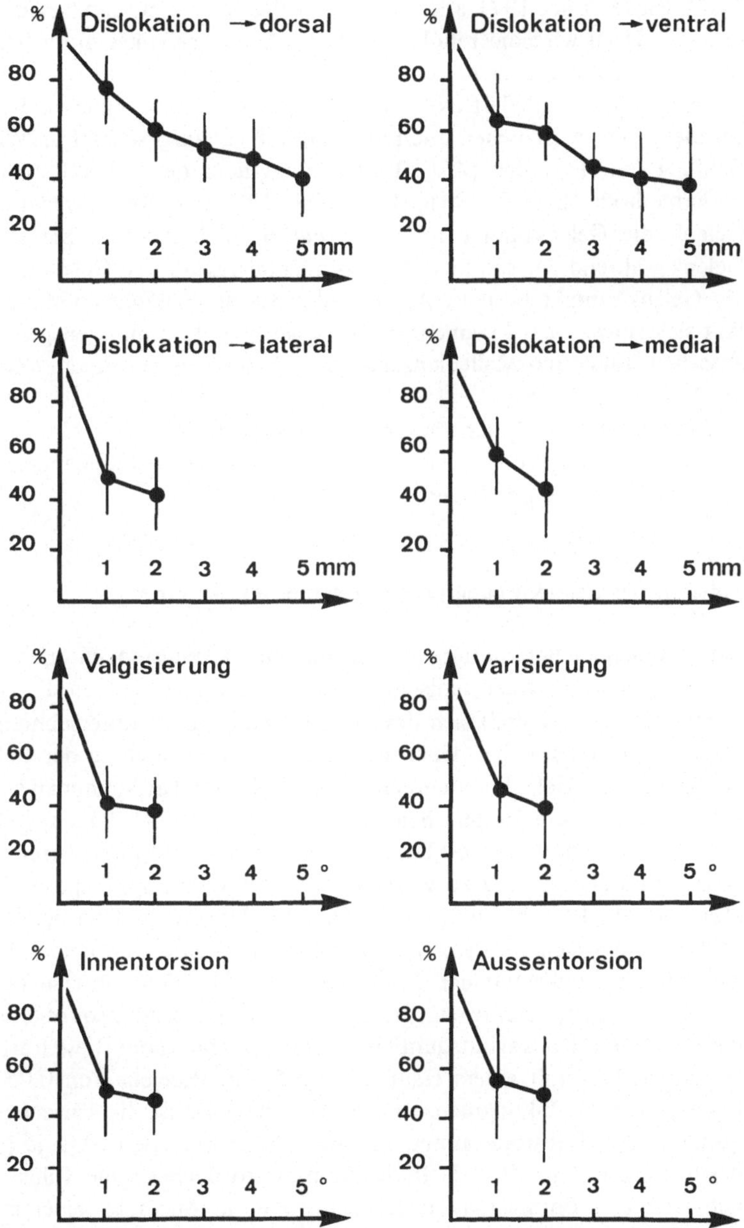

Abb. 2. Verbleibende Gelenkkontaktfläche nach verschiedenen Verschiebungen des distalen Fibulafragmentes (n = 10; Mittelwerte und Standarddeviation)

Arthrose (Willenegger, 1964; Willenegger und Weber, 1965; Weber, 1973). Da röntgenologisch bei diesen Fällen eine Fragmentfehlstellung zu Tage tritt, stellt sich die Frage, ob so unscheinbar kleine Fragmentverschiebungen die Kongruenz der Gelenkkörper aufheben und zu einer Überlastungsarthrose (Preiser, 1908) des Gelenkknorpels führen? Zur Beantwortung dieser Frage haben wir ein Versuchsmodell entwickelt (Methodik: Riede et al.,

1969; Riede et al., 1971 a), mit dessen Hilfe es gelingt, den Gelenkkontakt quantitativ zu erfassen. Dazu wird die Fibula des oberen Sprunggelenkes unter Schonung des Bandapparates in Kunstharz eingebettet. Durch einen Sägeschnitt auf Höhe des Gelenkspaltes ist die modellmäßige Malleolarfraktur definiert. Die Fibulafragmente lassen sich systematisch gegeneinander verschieben und können durch ein aufgeschraubtes Winkeleisen in der neuen Stellung fixiert werden (Abb. 1). Die Kongruenz der Gelenkkörper läßt sich mit der Tuschiermethode (Bailoff, 1961; Riede et al., 1971 a) erfassen. Dabei wird bei aufgeklapptem Gelenk die Gelenkpfanne mit einer Farbpaste bestrichen. Sie färbt bei geschlossenem Gelenk während der simulierten Dorsoplantarflexion den Gelenkkopf überall dort ein, wo ein Gelenkkontakt besteht. An modellmaßig durchgeführten Malleolarfrakturen (Abb. 2) läßt sich zeigen, daß Fragmentdislokationen von 1−2 mm genügen, um die Kontaktfläche zwischen Talus und Malleolengabel um 30−60% zu reduzieren (Riede et al., 1969; 1971 a). Dies hat zur Folge:
1. Eine Verkleinerung der tragenden Gelenkfläche,
2. Eine Erhöhung des Belastungsdruckes auf der verbleibenden Gelenkkontaktfläche,
3. Einen Überlastungsschaden des Gelenkknorpels.

Toleranz der Gelenkinkongruenz durch die Gelenkkörper

Bei eingehender Betrachtung der mit diesem Versuchsmodell erzielten Resultate fällt auf, daß die gleiche Fragmentfehlstellung nicht bei allen Gelenken die gleiche Inkongruenz bewirkt (Abb. 3). Es stellt sich deshalb die Frage, ob die untersuchten Sprunggelenke Formvarianten aufweisen, bei denen es trotz Achsenfehlstellung der Gelenkkörper nur geringgradig zu einer Gelenkinkongruenz kommt. In der Tat kann man anatomisch flache Talusrollen von konkaven unterscheiden (Riede et al., 1969, 1971 b) (Abb. 4). Diese Beobachtung regte uns dazu an, das Problem der Formvariation im oberen Sprunggelenk systematisch zu untersuchen. Dazu wurden über 1200 obere Sprunggelenke quantitativ analysiert (Riede et al., 1973 b), in denen der Querdurchmesser und maximale Einkerbung der Talusrollen ausgemessen wurden. Der Quotient zwischen diesen beiden Werten bildet eine Maßzahl für die Konkavität der Talusrolle (Abb. 5). Diese Untersuchungen zeigten, daß das Profil der Talusrolle entweder flach mit einem Konkavitätsquotienten von 0,01 oder konkav mit einem Konkavitätsquotienten von 0,1 sein kann. Diese Formvarianten weisen eine Normverteilung mit einem Häufigkeitsgipfel im Bereiche von 0,05 auf (Abb. 6). Für die Pathogenese der Inkongruenzarthrose entscheidend ist die Tatsache, daß der Konkavitätsquotient der Talusrolle streng mit dem Alter korreliert, d.h. je jünger das Individuum, desto konkaver, je älter ein Individuum, desto flacher seine Talusrolle (Abb. 7). Vermutlich ist dieses Formverhalten der Talusrolle ein Ausdruck einer altersspezifischen Skletveränderung wie z.B. die Verkleinerung des Schenkelhalswinkels (vgl. Töndury, 1968; Staubesand, 1975). Die laterale und mediale Malleolenfläche unterliegt ähnlichen individuellen Schwankungen (Sosa und Pasini, 1975).

Wie verändert sich nun der Gelenkkontakt bei Sprunggelenken mit flachen Talusrollen im Vergleich zu Sprunggelenken mit konkaven Talusrollen, wenn in der Modellfraktur die Fragmente systematisch verschoben werden (Abb. 8)? Gelenke mit flachen Talusrollen verlieren nur einen geringen Anteil ihres Gelenkkontaktes im Vergleich zu Gelenken mit konkaven Talusrollen. Dies bedeutet wiederum, daß Fragmentverschiebungen von Sprunggelenken mit flachem Talusprofil besser toleriert werden als von Sprunggelenken mit konka-

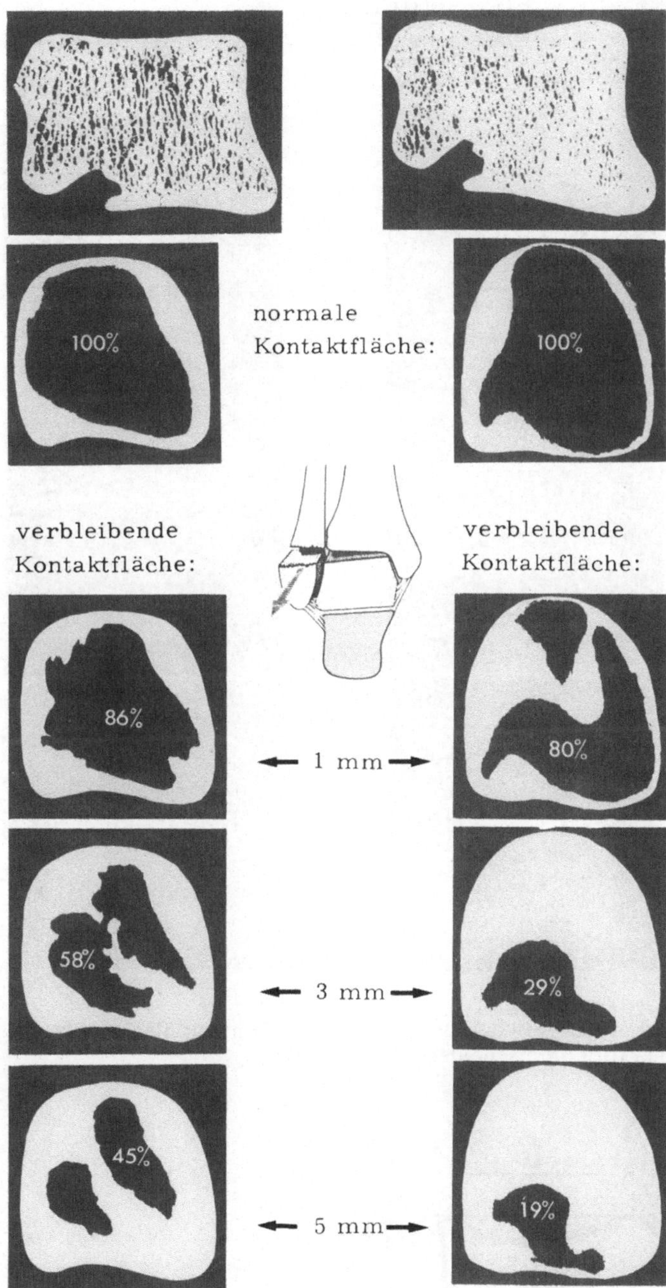

Abb. 3. Gelenkkontaktfläche nach Durchführung verschiedener Fragmentdislokationen. Links: Flache Talusrolle einer gelenkgesunden 74-jährigen Frau, mäßige Reduktion der Gelenkkontaktfläche. Rechts· Konkave Talusrolle eines 52-jährigen gelenkgesunden Mannes, starke Reduktion der Gelenkkontaktfläche nach Dorsalverschiebung des distalen Fibulafragmentes ·

Talusprofile

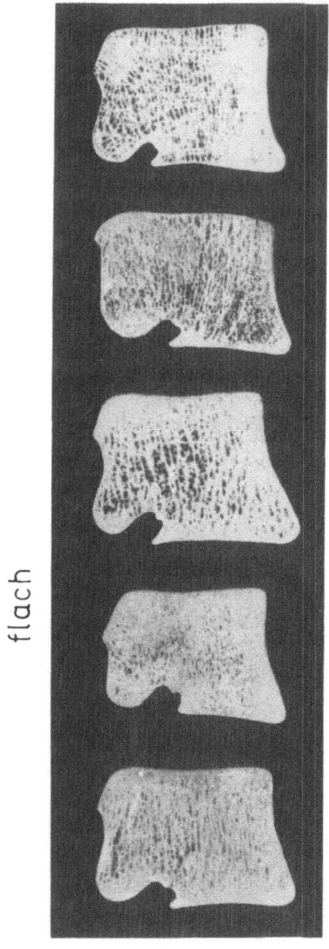

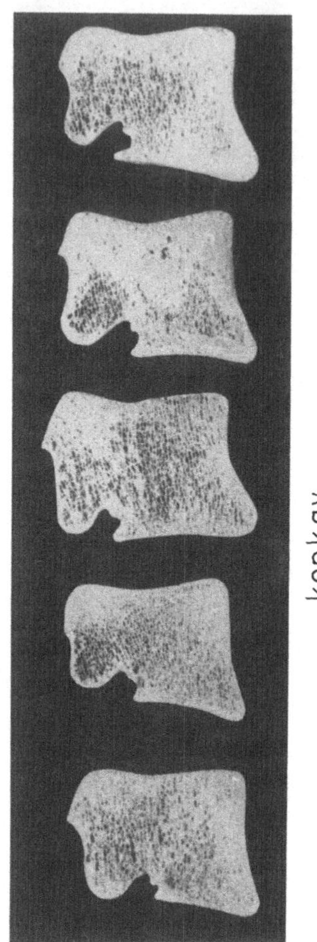

Abb. 4. Anatomisch lassen sich Talusrollen mit flachem Profil von Talusrollen mit konkavem Profil unterscheiden

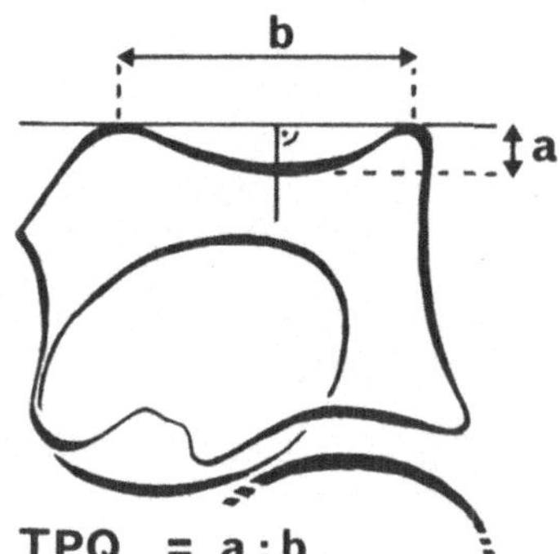

Abb. 5a und b. Schematische Darstellung der quantitativen Erfassung des Talusprofils an einem Frontalschnitt der Talusrolle in Form eines Talusprofilquotienten (TPQ). **a** Tiefe der Führungsrinne, **b** Querdurchmesser der Talusrolle

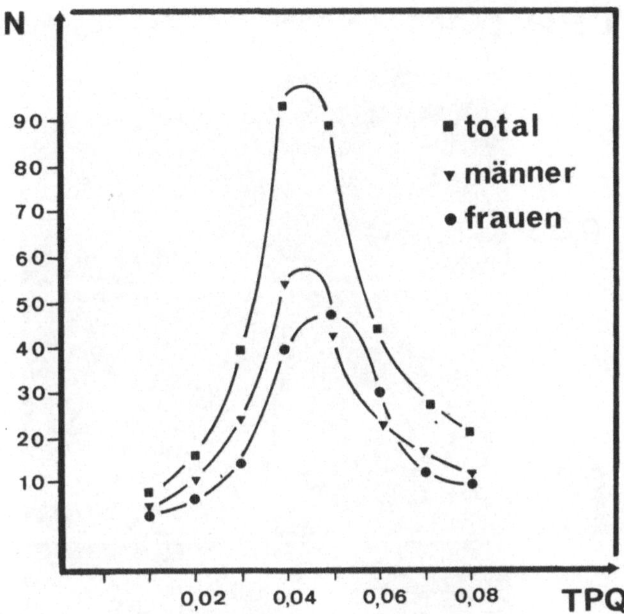

Abb. 6. Häufigkeit des frontalen Talusprofilquotienten (TPQ) mit deutlicher Normalverteilung. Keine Geschlechtsunterschiede

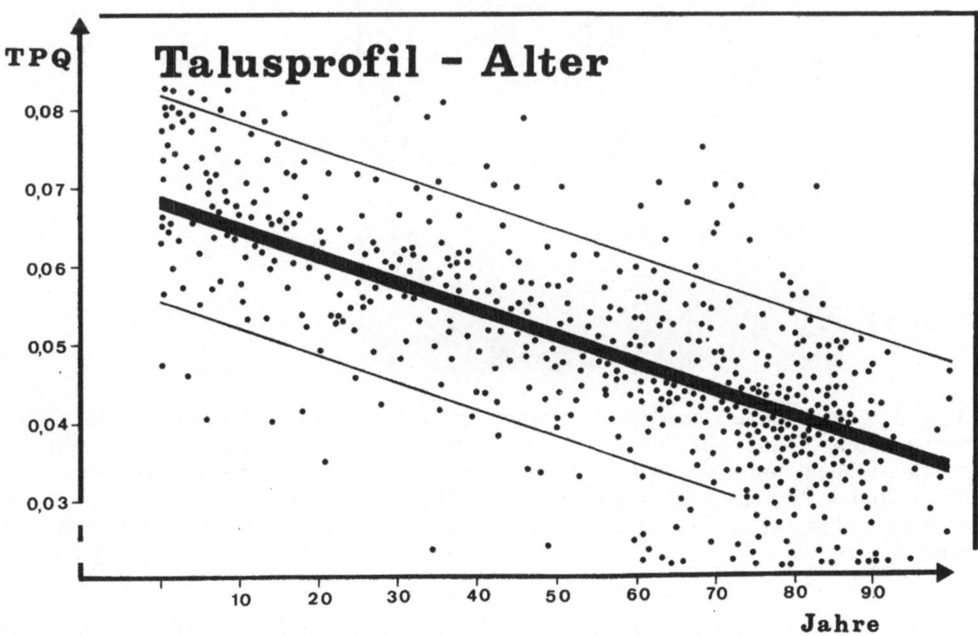

Abb. 7. Korrelation des frontalen Talusprofils (TPQ) mit dem Alter. r -0,457; y 0,069 – 0,0035 x; $P < 0,001$

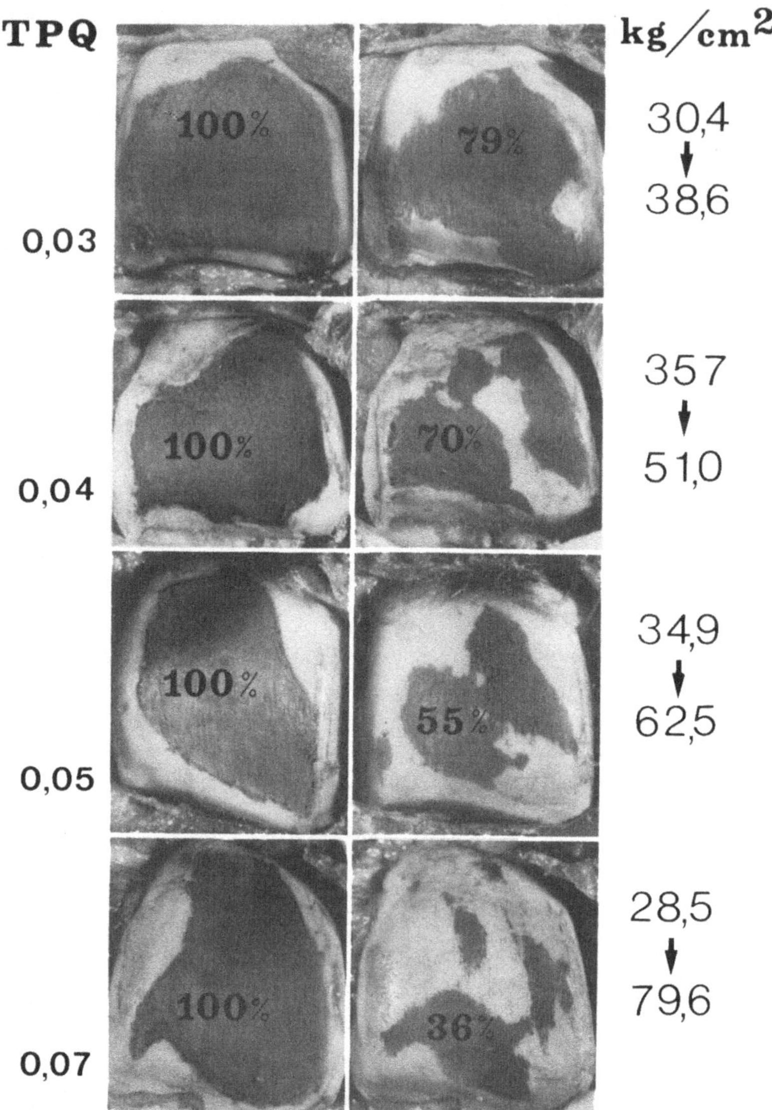

Abb. 8. Verbleibende Gelenkkontaktfläche verschiedener Talusrollen mit unterschiedlich ausgeprägtem Talusprofil (TPQ = Talusprofilquotient). Nach einer Außenrotation des distalen Fibulafragmentes um 1° kommt es bei den flachen Talusrollen zu einer geringgradigen Kontaktflächenreduktion (oben); bei den konkaven Talusrollen nimmt die Kontaktfläche um über 2/3 ab (unten). Dies bedingt eine Erhöhung des maximalen Gelenkdruckes (kg/cm²) (rechts)

ven Talusrollen. Frakturbedingte Fragmentverschiebungen müßten deshalb gerade bei der jungen Altersgruppe zu erheblicher Gelenkinkongruenz führen. Es sei denn, solche Inkongruenzen der Gelenkkörper könnten durch die Kompressibilität und Verformbarkeit des Gelenkknorpels ausgeglichen werden. Damit läßt sich ein weiterer Faktor konkretisieren, der biomechanisch bei der Entstehung der Inkongruenzarthrose mitspielt.

Toleranz der Gelenkinkongruenz durch den Gelenkknorpel

Die kollagenen Fasern sind im Gelenkknorpel tangential zur Gelenkoberfläche angeordnet (Brower and Wan Yi Su, 1969). Dieser Faserverlauf läßt sich mit Hilfe der Spaltlinien-Methode erfassen (Benninghoff, 1925; Meachim et al., 1974; Meachim, 1975; Konermann, 1971). Da außerdem die Tangentialfaserschicht des Gelenkknorpels das morphologische Korrelat eines Spannungsfeldes darstellt (Pauwels, 1965), lassen sich an Hand des Spaltlinienmusters Druckmaxima und Druckminima auf einer Gelenkoberfläche bestimmen (Abb. 9). Auf der Talusrolle liegt ventral ein Druckminimum und dorsal ein Druckmaximum (Riede et al., 1973). Eine morphometrische Analyse des Gelenkknorpels aus diesen unterschiedlich belasteten Zonen (Riede et al., 1973) zeigt, daß im Vergleich zur weniger belasteten ventralen Taluszone das Druckmaximum im dorsalen Talusbereich zu einer Zellhypertrophie führt. Dies bedeutet, daß der Knorpelüberzug auf der Talusrolle eine heterogene Histoarchitektur aufweist (Abb. 9). Wie verändert sich nun das Knorpelgewebe im Verlaufe des Alters? Zur Beantwortung dieser Frage wurde ein juveniles Kollektiv mit einem mittleren Alter von 7 Jahren, ein adultes Kollektiv mit einem mittleren Alter von 30 Jahren und ein seniles Kollektiv mit einem mittleren Alter von 80 Jahren untersucht. Die morphometrische Analyse des talaren Gelenkknorpels zeigte folgendes (Abb. 10 und 11): Beim Kind findet man in der germinativen Knorpelschicht, die dem Gelenkspalt am nächsten liegt, viele kleine Chondrocyten, während in der tiefen Knorpelschicht, die an das subchondrale Knochengewebe angrenzt, wenige große Chondrocyten vorherrschen. Dasselbe gilt auch in einem gewissen Maße für das adulte und das senile Kollektiv. Jedoch sind beim Kind Knorpelzellen der tiefen Schicht immer noch kleiner als die Zellen der oberflächlichen Schicht beim Erwachsenen und beim Greisen. Auffällig ist ferner auch die Tatsache, daß sich der Gelenkknorpel des 30jährigen in seiner quantitativen Zusammensetzung nicht wesentlich vom Gelenkknorpel des 80jährigen unterscheidet. Wie ist das zu erklären?

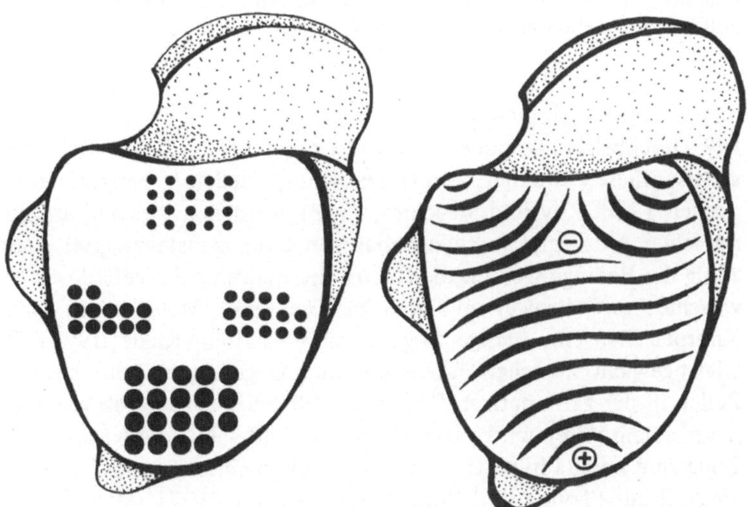

Abb. 9. Funktionelle und quantitative Histoarchitektur des Gelenkknorpels. Rechts: Spaltlinienbild der Talusrolle mit einem Druckmaximum dorsal und einem Druckminimum ventral. Links: Ventral finden sich viele kleine Chondrocyten; dorsal sind die Zellen hypertrophiert

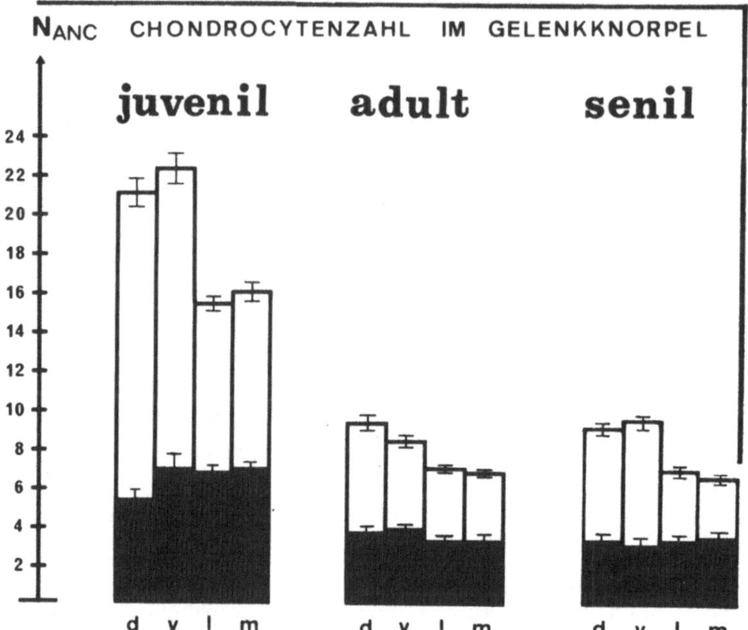

Abb. 10. Anzahl der Chondrocytenkerne pro Einheitsfläche Knorpelgewebe (NANC). Die einzelnen Flächenabschnitte der Talusrolle in der oberflächlichen Gelenkknorpelschicht (weiße Säulen) und in der tiefen Gelenkknorpelschicht (schwarze Säulen). *d* Dorsaler Flächenbereich der Talusrolle; *v* Ventraler Flächenbereich der Talusrolle; *l* Lateraler Flächenbereich der Talusrolle; *m* Medialer Flächenbereich der Talusrolle. *Juvenil* 7jähriges Kollektiv (n = 7); *adult* 30jähriges Kollektiv (n = 9); *senil* 80jähriges Kollektiv (n = 10). Beachte: In der oberflächlichen Gelenkknorpelschicht besitzt das juvenile Kollektiv doppelt so viele Zellen als das adulte und senile Kollektiv

Die Druckbelastung bildet für den Chondrocyten den Anreiz zu vermehrter Grundsubstanzsynthese (Kummer, 1963). Die Knorpelzellen hypertrophieren (Merker, 1975; Krompecher, 1958; Roy und Meachim, 1968), werden größer und umgeben sich mehr und mehr mit einer proteoglykan-kollagenhaltigen Grundsubstanzkapsel. Damit werden aber gleichzeitig die Bedingungen für die Diffusionsernährung des gefäßlosen hyalinen Gelenkknorpels verschlechtert (Brower und Wan Yi Hsu, 1969; Mankin und Lipiello, 1968), so daß die Knorpelzellen eine blasige Degeneration erfahren (Riede, 1974). Beim Kind ist somit das Gleichgewicht zwischen Wachstum und Degeneration durchaus stabil. Bei ihm sind die Zellen in der germinativen Knorpelschicht nur halb so groß wie beim Erwachsenen. Mit zunehmendem Alter wird dieses Gleichgewicht labil, die Knorpelzellen in der germinativen Zone sind bereits hypertrophiert und weisen einen maximal angekurbelten Funktionsstoffwechsel auf (Tonna und Singh, 1973; Vignon, 1971; Mankin, 1962). Dadurch wird mit fortschreitendem Alter die Toleranzgrenze des Gelenkknorpels bezüglich zusätzlicher belastender Faktoren (Binzus und Tillmann, 1974) herabgesetzt, und diese Grenze ist bereits beim 30jährigen kritisch. Folglich ist beim adulten Gelenkknorpel kaum mit einer zusätzlichen Adaptationsfähigkeit zu rechnen. Gelenkinkongruenzen sind deshalb immer Wegbereiter der Arthrose (vgl. Otte, 1974).

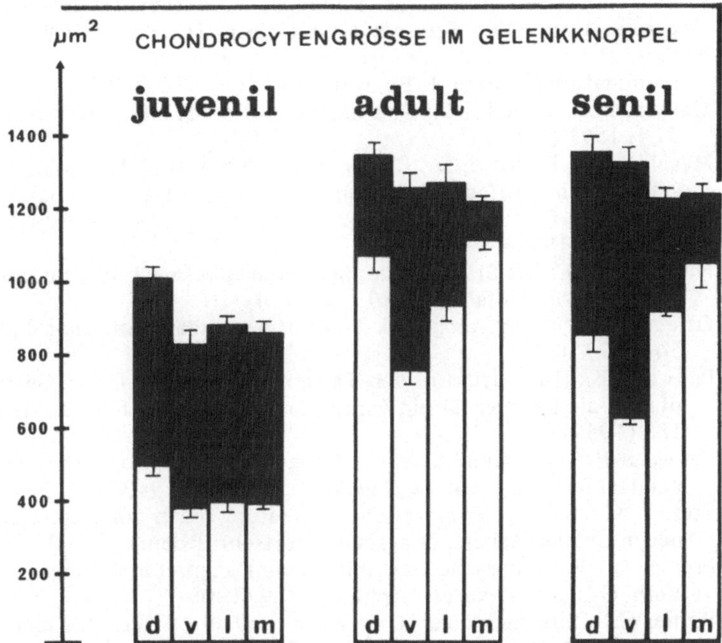

Abb. 11. Durchschnittliche Chondrocytengröße (mittlere Einzelfläche eines Chondrocyten) der einzelnen Flächenabschnitte der Talusrolle in der oberflächlichen Knorpelschicht (weisse Säulen) und in der tiefen Gelenkknorpelschicht (schwarze Säulen). Beachte: Knorpelzellen sind allgemein beim adulten und senilen Kollektiv größer als beim juvenilen Kollektiv. In der am wenigsten belasteten Zone der Talusrolle (ventraler Bereich = v) finden sich die kleinsten Chondrocyten

Literatur

Bailoff, A.: Spangebendes Formen der Metalle. Taschenbuch f. Betriebsingenieure. Berlin: Hütte 1961

Barnett, C.H., Napier, J.R.: The axis rotation of ankle joint in man. Its influence upon the form of the talus and the mobility of the fibula. J. Anat. (Lond.) *86*, 1 (1952)

Benninghoff, A.: Der funktionelle Bau des Hyalinknorpels. Z. Anat. Entwickl.-Gesch. *26*, 1 (1925)

Benninghoff, A.: Form und Bau des Gelenkknorpels in ihren Beziehungen zur Funktion. II. Aufbau des Gelenkknorpels in seinen Beziehungen zur Funktion. Z. Zellforsch. *2*, 783 (1925)

Binzus, G., Tillmann, K.: Bedeutung lokaler Stoffwechselabhängigkeiten bei der Entstehung der Arthrose. Z. Orthop. *112*, 547 (1974)

Brower, T.D., Wanyihsu, H.: Normal articular cartilage. Clin. Orthop. resl. Res. *64*, 9 (1969)

Close, J.R.: Some applications of the functional anatomy of the ankle joint. J. Bone Jt Surg. *38a*, 761 (1956)

Konermann, H.: Funktionelle Analyse der Knorpelstruktur des Talo-Naviculargelenkes. Z. Anat. Entwickl.-Gesch. *133*, 1 (1971)

Krompecher, S.: Die qualitative Adaptation der Gewebe. Z. mikrosk. anat. Forsch. *64*, 71 (1958)

Kummer, B.: Grundlagen der Biomechanik des menschlichen Stütz- und Bewegungsapparates. Congr. Soc. Internat. Chir. orthop. Traumatol. II Wien 1963, D–65–88

Mankin, H.J.: Localisation of tritiated thymidine in articular cartilage of rabbits. I. Growth in immature cartilage. J. Bone Jt Surg. *44A*, 682 (1962)

Mankin, H.J., Lipiello, L.: The turnover of adult rabbit articular cartilage. J. Bone Jt Surg. *51A*, 1591 (1969)

Meachim, G., Denham, D., Emery, I.H., Wilkinson, P.H.: Collagen alignments and artificial splits at the surface of human articular cartilage. J. Anat. (Lond.) *118*, 101 (1974)

Meachim, G.: Cartilage fibrillation at the ankle joint in Liverpool necrosis. J. Anat. (Lond.) *119*, 601 (1975)

Niethard, F.U.: Die Stabilität des Sprunggelenkes nach Ruptur des lateralen Bandapparates. Arch. orthop. Unfall-Chir. *80*, 53 (1974)

Otte, P.: Pathophysiologische Grundlagen präarthrotischer Faktoren. Z. Orthop. *112*, 541 (1974)

Pauwels, F.: Die Struktur der Tangentialfaserschicht des Gelenkknorpels der Schulterpfanne als Beispiel für ein verkörpertes Spannungsfeld. Z. Anat. Entwickl.-Gesch. *121*, 188 (1959)

Pauwels, F.: Gesammelte Abhandlungen zur funktionellen Anatomie des Bewegungsapparates. Berlin-Heidelberg-New York: Springer 1963

Preiser, G.: Über die praktische Bedeutung einer anatomischen und habituell-funktionellen Gelenkflächeninkongruenz. Fortschr. Roentgenstr. *12*, 313 (1908)

Preiser, G.: Pathologische Gelenkflächeninkongruenz als Ursache von Arthritis deformans. Verh. Ges. dtsch. Naturf. Ärzte *80*, 199 (1908)

Rahle, G.: Untersuchungen über Wachstum und Altern der menschlichen Rippenknorpel. Virchows Arch. path. Anat. *356*, 343 (1972)

Riede, U.N., Schenk, R.K., Willenegger, H.: Experimenteller Beitrag zur Erklärung der sekundären Arthrose nach Frakturen des oberen Sprunggelenkes. Helv. chir. Acta *36*, 343 (1969)

Riede, U.N., Schenk, R.K., Willenegger, H.: Gelenkmechanische Untersuchungen zum Problem der posttraumatischen Arthrosen im oberen Sprunggelenk. I. Die intraartikuläre Modellfraktur. Langenbecks Arch. Chir. *328*, 258 (1971)

Riede, U.N., Heitz, Ph., Ruedi, Th.: Gelenkmechanische Untersuchungen zum Problem der posttraumatischen Arthrosen im oberen Sprunggelenk. II. Einfluß der Talusform auf die Biomechanik des oberen Sprunggelenkes. Langenbecks Arch. Chir. *330*, 174 (1971)

Riede, U.N.: Zitiert bei: Weber, B.G.: Die Verletzungen des oberen Sprunggelenkes, S. 208–209. Bern-Stuttgart-Wien: Huber 1972

Riede, U.N., Müller, M., Mihatsch, M.J.: Biometrische Untersuchungen zum Arthroseproblem am Beispiel des oberen Sprunggelenkes. Arch. orthop. Unfall-Chir. *77*, 881 (1973)

Riede, U.N., Schweizer, G., Marti, J., Willenegger, H.: Gelenkmechanische Untersuchungen zum Problem der posttraumatischen Arthrosen im oberen Sprunggelenk. Langenbecks Arch. Chir. *333*, 91 (1973)

Roy, S., Meachim, G.: Chondrocyte ultrastructure in adult human articular cartilage. Ann. Rheum. Dis. *27*, 544 (1968)

Ruedi, Th., Matter, P., Allgöwer, M.: Die intraartikulären Frakturen des distalen Unterschenkelendes. Helv. chir. Acta *35*, 556 (1968)

Sosa, T., Pasini, J.: Biomechanically important articular surfaces in the talocrural joint. Anat. Embryol. *147*, 203 (1975)

Staubesand, J.: Lehrbuch der Anatomie des Menschen. Bd. I: Allgemeine Anatomie, Cytologie und Bewegungsapparat. München-Berlin-Wien: Urban & Schwarzenberg 1975

Toendury, G.: In: Rauber-Kopsch: Lehrbuch und Atlas der Anatomie des Menschen. Bd. I, Bewegungsapparat, S. 418–422. Stuttgart: Thieme 1968

Tonna, E.A., Singh, I.J.: The uptake and utilization of ^{3}H-Uridine by young mouse cartilage cells studied autoradiographically. Lab. Invest. *28*, 300 (1973)

Vignon, E.: Structure et métabolisme de cartilage articulaire. Path. Biol. *19*, 771–785 (1971)

Weber, B.G.: Die Verletzungen des oberen Sprunggelenkes. Bern-Stuttgart-Wien: Huber 1972
Willenegger, H.: Zur Problematik bei Versorgung von Malleolarfrakturen. In: Ungelöste Probleme der Chirurgie. Stuttgart: Thieme 1964
Willenegger, H., Weber, B.G.: Malleolarfrakturen. Langenbecks Arch. Chir. *313*, 489 (1965)
Wright, D.G., Desai, S.M., Henderson, W.H.: Action of the subtalar and ankle joint complex during stance phase of walking. J. Bone Jt Surg. *46A*, 361 (1964)

Klinik der oberen Sprunggelenkarthrose

H. Cotta und W. Puhl

Prinzipiell unterscheidet sich die Arthrose des oberen Sprunggelenkes in der typischen Symptomatik nicht von der anderer, vergleichbar wenig weichteilgedeckter Gelenke. Die geringe Weichteildeckung bedeutet, daß bereits geringgradige Gelenkkapselveränderungen im Sinne der Schwellung und Überwärmung durch die klinische Untersuchung erfaßt werden können und daß ein Gelenkknorpelreiben früh erkennbar sein wird.

Entsteht eine Arthrose des oberen Sprunggelenkes posttraumatisch, etwa durch einen verbliebenen Achsenfehler, so beherrscht die äußerlich erkennbare Deformität zunächst das Bild.

Handelt es sich um eine Arthrose nach offener Verletzung oder zunächst geschlossener, dann aber operativ behandelter Verletzung, so können Narben im Bereich des oberen Sprunggelenkes als klinischer Befund zunächst dominieren, und dies insbesondere dann, wenn in dem weniger gut versorgten Hautareal über den Knöcheln Sekundärheilungen vorlagen. Ausgedehnte Narbenbildungen können zu nicht unerheblichen Blutumlaufstörungen führen, die ihrerseits die Entwicklung einer Arthrose auf dem Boden einer Gelenkdystrophie richtunggebend bestimmen können.

Wenngleich posttraumatische Arthrosen des oberen Sprunggelenkes nicht eben selten sind, so ist doch im Gesamtkollektiv der Arthrosepatienten die Lokalisation oberes Sprunggelenk weit weniger bedeutend als die von Knie- und Hüftgelenk. Wagenhäuser [4] fand in 8,2% der Bevölkerung eine *subjektive Angabe von Fußgelenkschmerz*, wobei das weibliche Geschlecht mit 11,1% gegenüber dem männlichen Geschlecht mit 5,1% überwog. *Bewegungsbehinderungen* waren in diesem Kollektiv mit 0,5% vergleichsweise gering. In diesem Patientengut wurden die Schmerzen mehrheitlich beiderseits angegeben. Bei der Aufschlüsselung des Materials nach dem Alter zeigt sich, daß die Beschwerden im Bereich des oberen Sprunggelenkes nach dem 36. Lebensjahr an Häufigkeit zunehmen. Röntgenologisch nachweisbare Fußgelenkarthrosen wurden mit 15,5% erwartungsgemäß häufiger gefunden als Beschwerden.

Da die Sprunggelenkarthrosen der jüngeren Lebensjahre überwiegend posttraumatisch sind, sind sie häufiger einseitig lokalisiert. Wie bei anderen Gelenken verläuft die röntgenologisch nachweisbare Arthrose möglicherweise klinisch oft über lange Zeiträume stumm. Diese Tatsache gilt weniger für posttraumatische Arthrosen, wird jedoch auch hier beobachtet. So sehen wir durchaus Patienten, die während mehr als 10 Jahren bei röntgenologisch erfaßbarer Sprunggelenkarthrose über keine Beschwerden klagen, dann aber ohne äußeren erkennbaren Anlaß oder auch nach einer zusätzlichen Gelenkbelastung, wie etwa einer Gelenkdistorsion, Beschwerden entwickeln. Die Diskrepanz zwischen Röntgenbefund und Beschwerdebild gilt insbesondere für Kinder, die etwa im Rahmen einer Chondrodystrophie oder einer Osteogenisis imperfecta früh eine Arthrose des oberen Sprunggelenkes entwickeln können.

Das klinische Bild der posttraumatischen Arthrose des oberen Sprunggelenkes wurde am Patientengut der Orthopädischen Klinik und Poliklinik der Universität Heidelberg kürzlich bearbeitet [1, 2].

Im Hinblick auf den *Zusammenhang zwischen klinischem und röntgenologischem Befund* fiel auf, daß Patienten mit röntgenologischen Arthrosezeichen eine Gangbehinderung wegen Schmerzen in 9 von 13 Fällen angaben, während bei gutem röntgenologischen Befund von 10 Patienten eher eine vorzeitige Ermüdung des Fußes oder ein Unsicherheitsgefühl geschildert wurde. Der Normalgang im Untersuchungszimmer bereitete 3 von 75 Personen mit normalem Röntgenbefund Beschwerden, jedoch 6 von 23 Patienten mit einer röntgenologisch nachweisbaren posttraumatischen Arthrosis deformans.

Umfangvermehrungen in Fesselhöhe, also eine *gelenknahe Weichteilschwellung*, wurden bei bestehender Arthrose statistisch gesichert häufiger gefunden, während eine *Muskelminderung des Unterschenkels* bei der Arthrosis deformans des oberen Sprunggelenkes zwar häufiger als in einem Vergleichskollektiv auftrat, wobei sich der Unterschied jedoch statistisch nicht sichern ließ.

Die *Bewegungseinschränkung* war dem Arthrosegrad signifikant zugeordnet. Die Ergebnisse können jedoch nicht darüber hinwegtäuschen, daß eine Parallelität zwischen röntgenologischem und klinischem Befund auch bei diesen Arthrosen nicht bestand. 34,8% der Patienten mit röntgenologisch nachgewiesener posttraumatischer Arthrose zeigten keine Beeinträchtigung der Gehfähigkeit, während 21,3% trotz unauffälligem Röntgenbild hinsichtlich Arthrose oder Bandveränderungen leicht hinkten oder gar eine Stockhilfe bzw. orthopädisches Schuhwerk benötigten.

Betrachtet man den *Zusammenhang zwischen Verletzungsausmaß und funktionellem Ergebnis* als wesentliches klinisches Kriterium, so sieht man, daß die Beweglichkeitseinschränkung eine Abhängigkeit von der Anzahl der Einzelverletzungen zeigt. Die Dorsalextension und Plantarflexion war mit zunehmender Anzahl der verletzten Strukturen zunehmend limitiert.

Nachdem in vorausgegangenen Beiträgen auf die Arthrose durch direkten Gelenkschaden und die Inkongruenzarthrosen ausführlich eingegangen wurde, sollen noch bisher nicht angesprochene Arthroseformen angesprochen werden. Es sind dies Veränderungen des oberen Sprunggelenkes nach rezidivierenden Blutungen, primär entzündliche Gelenkkapselveränderungen bei Erkrankungen des rheumatischen Formenkreises oder der Gicht, aber auch die Arthrose des oberen Sprunggelenkes nach bakterieller Infektion.

Bei der Hämophilie gehen der Entstehung der Arthrose mehrere Gelenkblutungen voraus, die den Patienten wegen der damit verbundenen ganz erheblichen Schmerzen zum Arzt führen. Oft pralle Gelenkschwellungen kennzeichnen das klinische Bild. Bei der Synovektomie sehen wir das bräunlich veränderte Gelenkkapselgewebe und den schwammartigen, samtigen, schockoladebraunen Pannus, der als Blutungsquelle anzusprechen ist.

Im Verlauf mehrerer Monate bis weniger Jahre entwickelt sich die Arthrose. Die mit ihr verbundene, erhebliche Bewegungseinschränkung wird durch Höhenminderung des Gelenkspaltes, insbesondere aber durch an der vorderen Begrenzung der Talusgelenkfläche oft ausgeprägte, nasenartige Osteophyten erklärt, die die Gelenkbewegung im Sinne einer arthrogenen Kontraktur limitieren.

In typischer Weise sind auch der vordere und hintere Rand der Tibiagelenkfläche spitz ausgezogen. Da häufig gleichzeitig zu den Gelenkblutungen solche in den Triceps surae erfolgen, kommt es zunächst im Sinne einer Schmerzkontraktur, später im Sinne einer Narbenkontraktur zur Spitzfußstellung. Entwickelt sich die Arthrose unter dieser Situation, so liegt wegen der angesprochenen ausgeprägten Randwulstbildungen der Gelenkflächen letztlich eine arthrogene Kontraktur in Spitzfußstellung vor.

So wird das Bild der Arthrose des oberen Sprunggelenkes bie der Hämophilie zumeist im Frühstadium noch durch rezidivierende Blutungen mit Schmerzen und Gelenkanschwellungen gekennzeichnet, wobei fast immer ein Druckschmerz der Gelenkkapsel vorliegt. Im späteren Stadium steht die hochgradige Einsteifung, unter Umständen in Spitzfußstellung, im Vordergrund. Es ist selbstverständlich, daß nun Sekundärveränderungen, wie Überdehnungsschmerz der dorsalen Kniegelenkkapsel oder Überlastungsschmerz mit Arthroseentwicklung im unteren Sprunggelenk und im Bereich der Fußwurzel, eintreten können.

In seltenen Fällen kommt es wohl in der Folge gelenknaher Periostunterblutungen zu starken Ossifikationsneigungen mit der Entwicklung eines Pseudocodmannspornes und Vergröberungen in der Knöchelregion, die an einen posttraumatischen Zustand oder auch an einen Tumor denken lassen. Klinisch entspricht dem eine Konturvergröberung des gesamten Gelenkes, die sich palpatorisch knochenhart darstellt.

Klinisch zunächst weniger auffällige Befunde, röntgenologisch jedoch vergleichbare Sprunggelenkarthrosen können sich nach Weichteilverletzungen des oberen Sprunggelenkes entwickeln, wenn diese mit Kapselzerreißungen und Blutungen in das Gelenk einhergehen [3].

Gelenkerkrankungen des rheumatischen Formenkreises führen nicht selten zur Arthrose des oberen Sprunggelenkes, die zunächst durch Kapselsymptomatik gekennzeichnet ist. Rezidivierende Schwellungen und intraarticuläre Ergußbildungen bei Überwärmung des gesamten Bereiches dominieren als klinischer Befund. Die Bewegung ist schmerzbedingt eingeschränkt. Differentialdiagnostisch muß stets überprüft werden, ob die geklagten Beschwerden wirklich von einer Arthrose des oberen Sprunggelenkes kommen oder eher durch eine Tenosynovitis bedingt sind. Sie ist durch typischen Anspannungsschmerz der betroffenen Sehnen, Druckschmerz des Sehnengleitlagers, aber auch diffuse Schwellungen im Bereich des gesamten oberen und unteren Sprunggelenkes gekennzeichnet.

Da vor der Arthrose des oberen Sprunggelenkes oftmals schwerwiegende Fuß- und Zehenformitäten mit hochgradigem Belastungsschmerz vorliegen, dominieren diese Beschwerden oftmals so, daß von einer Sprunggelenkarthrose ausgehende Beschwerden in den Hintergrund treten.

Die Affektion des oberen Sprunggelenkes bei Gicht ist zahlenmäßig gering. Wie an anderen Gelenken fällt auf, daß der Arthroseablauf außerordentlich foudroyant sein kann. Von Bedeutung für die Differentialdiagnose ist, daß bei einem akuten Schub eine so hochgradige und schnell eintretende Schmerzhaftigkeit, Anschwellung und Rötung bei glänzend gespannter Haut vorliegen kann, daß das Krankheitsbild auch mit einer Infektarthritis verwechselt wird.

Die Arthrose nach Infektarthritis ihrerseits ist zumeist durch schnell eintretende, hochgradige Gelenkeinsteifung, die bis zur Ankylose verläuft, gekennzeichnet. Ausgedehnte Narbenbildungen nach Fisteleiterungen sind nicht selten.

Bei der seltenen Arthrose des oberen Sprunggelenkes nach Tuberkulose ist das klinische Bild weitgehend davon abhängig, zu welchem Zeitpunkt die Primärerkrankung eintrat, bzw. ob es sich um eine primär synoviale oder primär ossäre Tuberkulose handelte. Je früher die Erkrankung begann, um so eher liegen Formänderungen des Skeletes durch Wachstumsstörungen vor.

Zusammenfassend kann gesagt werden, daß die Arthrose des oberen Sprunggelenkes übliche und typische Arthrosemerkmale aufweist, wie Knorpelreiben, Ruheschmerz, Anlaufschmerz, Belastungsschmerz, Dauerschmerz, Fernschmerz, zumeist zum Kniegelenk hin projiziert, und daß Konturvergröberungen des Gelenkes durch intraarticuläre Ergußbildung, Kapselschwellung, aber auch Vergröberung der knöchernen Gelenkelemente vorliegen können. Mit dem Bild der aktivierten Arthrose des oberen Sprunggelenkes, aber auch im Verlauf zunächst entzündlicher Gelenkerkrankungen sehen wir Überwärmungen der Haut; und in der Folge von Schmerzen, aber auch Gelenkfehlstellungen mit Verminderung der Gebrauchsfähigkeit des Gelenkes und des Fußes kommt es zur Muskelatrophie als Schonungsmerkmal.

Die Bewegungseinschränkung des Gelenkes kann arthrogen, ligamentär und musculär vorliegen, und als Folge der zunehmenden Gelenkeinsteifung können sekundär Überlastungsschäden der angrenzenden Gelenke proximal und distal auftreten, wobei das Kniegelenk, insbesondere bei der Spitzfußstellung, früh betroffen sein kann. Einschränkungen der Pronations- und Supinationsfähigkeit des Fußes können im frühen Verlauf der Arthrose oder bei primär entzündlichen Gelenkerkrankungen im Sinne einer Schmerzkontraktur vorliegen, während mit zunehmendem zeitlichen Ablauf eher nicht mehr überwindbare ligamentäre und arthrogene Kontrakturen beobachtet werden.

Literatur

1. Müller, J.: Nachuntersuchungsergebnisse operativ behandelter Sprunggelenkfrakturen. Dissertation Universität Heidelberg 1977
2. Plaue, R., Niethard, F., Müller, J.: Ergebnisse operativ behandelter Sprunggelenkfrakturen. Z. Chir. (im Druck)
3. Puhl, W., Dustmann, H.O., Schulitz, K.P.: Knorpelveränderungen bei experimentellem Hämarthros. Z. Orthop. *109*, 3, 475 (1971)
4. Wagenhäuser, F.J.: Die Rheumamorbilität. Bern, Stuttgart, Wien: Hans Huber 1969

Röntgenmorphologische Gradeinteilung der posttraumatischen Arthrose im oberen Sprunggelenk

G. Bargon

Krankhafte Veränderungen in unmittelbarer Nachbarschaft des subchondralen Knochens können zu röntgenologisch sichtbaren Veränderungen der Gelenkkonturen führen. Werden die subchondralen Grenzlamellen beschädigt oder der sie bedeckende Gelenkknorpel mechanisch alteriert oder die Ernährung der tieferen Knorpelschichten gestört, so finden sich mit einer zeitlichen Verzögerung morphologische Gelenkveränderungen, die röntgenologisch erfaßt werden können. An dem Krankengut der unfallchirurgischen Abteilung des Departments für Chirurgie der Universität Ulm haben Henkemeyer [1] und wir 42 Patienten mit operativ versorgter Läsion der tibio-fibularen Syndesmose bei Luxationsfrakturen Typ B und C und intraarticulären Pilon-Tibial-Frakturen mit Gabelsprengungen nachuntersucht.

Dieses Patientenkollektiv wurde klinisch funktionell und röntgenologisch bis zu 5 Jahren nachkontrolliert. Sämtliche Patienten dieser Beobachtungsgruppe waren nach üblicher Osteosynthese operativ versorgt worden.

Die in 15 Fällen notwendige Transfixation der tibio-fibularen Syndesmose erfolgte 2 cm oberhalb der Syndesmose mit einer streng waagerechten, aus der Frontalebene mit ansteigendem Winkel um 30 Grad eingebrachten Stellschraube.

Die posttraumatischen Gelenkveränderungen im oberen Sprunggelenk nach operativer Versorgung von Läsionen der tibio-fibularen Syndesmose bei Luxationsfrakturen waren in unserem Beobachtungsgut in dem Beobachtungszeitraum bis zu 5 Jahren relativ gering.

Die gefundenen röntgenologischen Gelenkveränderungen ließen es zweckmäßig erscheinen, eine neue Klassifikation zur Beurteilung des Schweregrades dieser röntgenmorphologischen Veränderungen zu erarbeiten. Diese röntgenologische Klassifizierung wurde ohne vorherige Kenntnis der klinisch-funktionellen Ergebnisse der entsprechenden Nachuntersuchungen vorgenommen. Die Ergebnisse der röntgenmorphologischen Einordnung in das neue Klassifikationsschema verglichen wir dann mit den Ergebnissen der klinisch-funktionellen Untersuchung. Röntgenologische und klinische Nachkontrollen wurdem im ersten Jahr nach dem Unfall vierteljährlich und später je nach Verlaufen des Ergebnisses bis zu 5 Jahren nach Unfallereignis ausgeführt. Die Bewertung der klinisch-funktionellen Untersuchungsergebnisse erfolgt in Anlehnung an den Bewertungsmaßstab von Weber [2].

Die Tabelle 1 führt die Bewertung der klinischen Untersuchungsergebnisse in Anlehnung an Weber auf. Die zur Anwendung gelangte röntgenologische Gradeinteilung der posttraumatischen Arthrose im oberen Sprunggelenk gliedert sich wie folgt:

Mit Arthrosegrad 0 wird die Sklerose in der Druckaufnahmezone ohne Verschmälerung des Gelenkspaltes bezeichnet (Abb. 1).

Die Röntgenaufnahme (Abb. 2) zeigt eine deutliche Sklerosierung der subchondralen Knochenabschnitte der distalen Tibia ohne eine Verschmälerung des Gelenkspaltes. Daß es sich hierbei nicht um eine Normvariante bei diesem Patienten handelt, geht aus der nächsten Abbildung (Abb. 3) hervor, denn diese Abbildung ist die Röntgenaufnahme der gesunden Seite.

Eine gleichartige Sklerosierung subchondral ist hier nicht festzustellen.

Tabelle 1. Bewertung der klinischen Untersuchungsergebnisse in Anlehnung an Weber (1966)

Note 1:	Vollständige funktionelle Restitution.
Note 2:	Geringe Funktionseinbuße von 10° bei Plantarflexion und unter 5° Dorsalflexion, unter 1/3 der Funktion im unteren Sprunggelenk.
Note 3:	Stärkere Funktionseinschränkung im oberen und unteren Sprunggelenk.

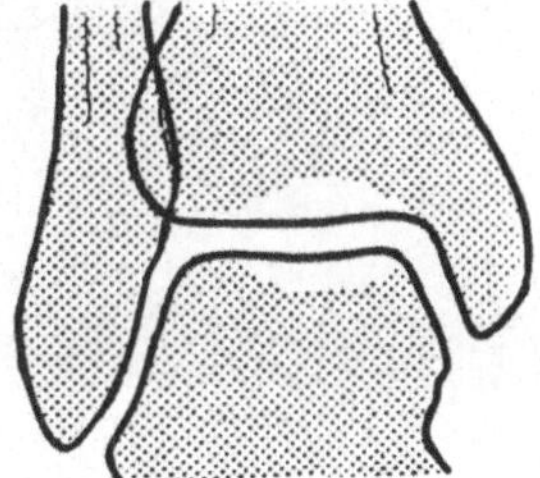

Abb. 1. Arthrosegrad 0. Sklerose in der Druckaufnahmezone ohne Verschmälerung des Gelenkspaltes

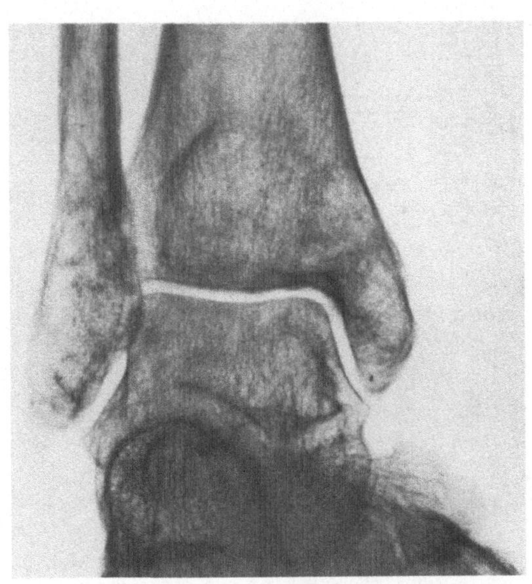

Abb. 2. Arthrosegrad 0, deutliche Sklerosierung der subchondralen Knochenabschnitte der distalen Tibia ohne Verschmälerung des Gelenkspaltes

Der Arthrosegrad I manifestiert sich im Röntgenbild als Sklerose in der Druckaufnahmezone mit Randwulstbildungen und geringer Verschmälerung des Gelenkspaltes (Abb. 4).

Das Röntgenbild, welches in den Arthrosegrad I eingestuft wurde, zeigt eine geringe Sklerosierung in der Druckaufnahmezone an der Tibia, außerdem ist der Gelenkspalt geringgradig höhengemindert und eine feine Randausziehung findet sich an der Spitze des Malleolus tibialis (Abb. 5).

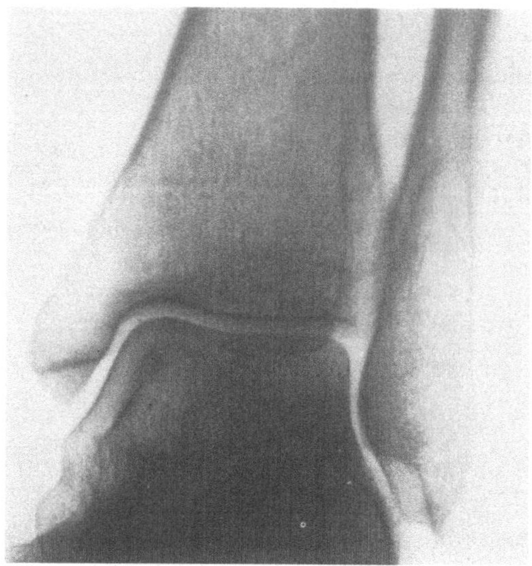

Abb. 3. Röntgenbefund der gesunden Seite, kein pathologischer Befund

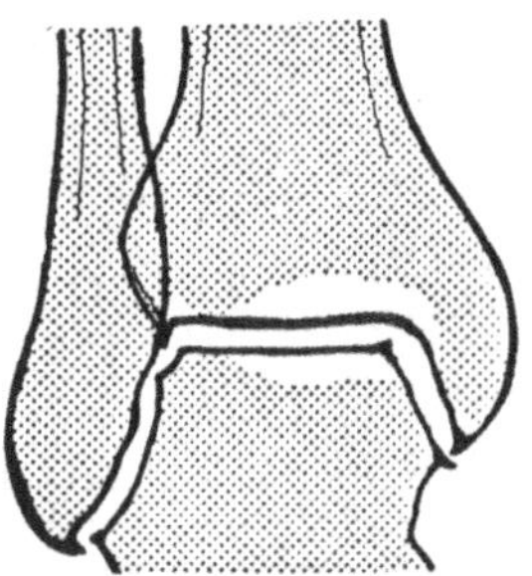

Abb. 4. Arthrosegrad I, Sklerose in der Druckaufnahmezone mit Randwulstbildungen, geringe Verschmälerung des Gelenkspaltes

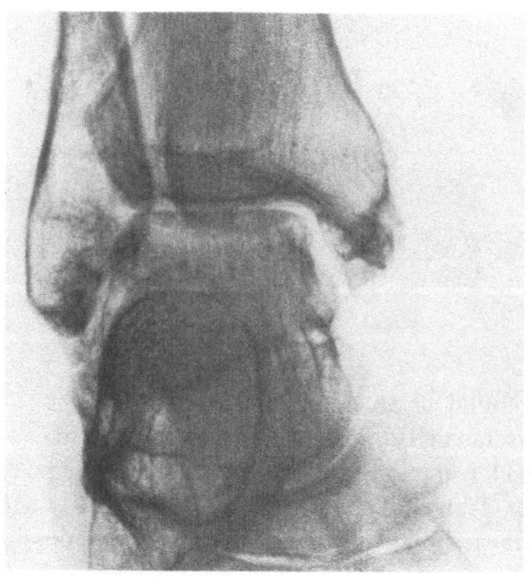

Abb. 5. Arthrosegrad I, Sklerosierung der Druckaufnahmezone der Tibia, geringgradige Höhenminderung des Gelenkspaltes, feine Randausziehung an der Spitze des Malleolus tibialis

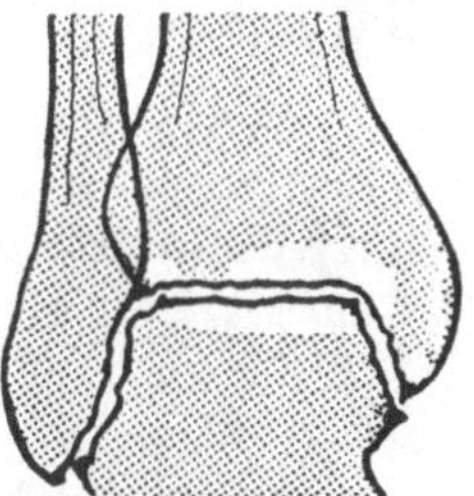

Abb. 6. Arthrosegrad II, Sklerose in der Druckaufnahmezone, Randwulstbildungen, Verschmälerung des Gelenkspaltes, Schliffurche oder Aufrauhung der subchondralen Knochenlamelle

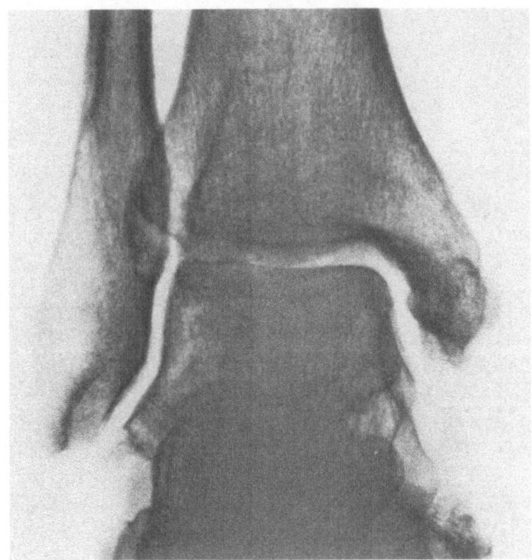

Abb. 7. Arthrosegrad II, Sklerosierung der subchondralen Knochenlamelle der Tibia. Aufrauhung mit Schliffurche der subchondralen Knochenlamelle an der Gelenkfläche der Talusrolle fibular

Die morphologischen Veränderungen des Arthrosegrades II beinhalten eine Sklerose in der Druckaufnahmezone, Randwulstbildungen und eine Verschmälerung des Gelenkspaltes mit Schliffurchen oder Aufrauhungen der subchondralen Knochenlamelle (Abb. 6).

Im Röntgenbild des Arthrosegrades II finden sich eine Sklerosierung der subchondralen Knochenlamelle der Tibia und eine Aufrauhung mit Schliffurche der subchondralen Knochenlamelle an der Gelenkfläche der Talusrolle fibular. Eine Verschmälerung der Gelenkspalte selbst ist auf dieser Aufnahme nicht zu erkennen (Abb. 7).

Der Arthrosegrad III ist charakterisiert durch eine Verschmälerung des Gelenkspaltes, Defekte in der subchondralen Knochenlamelle und cystische Aufhellungen mit Sklerose der angrenzenden Spongiosa (Abb. 8).

Die Röntgenaufnahme dieses Arthrosegrades zeigt eine erhebliche Verschmälerung der Gelenkspalte und eine Sklerosierung der subchondralen Knochenlamelle sowohl des Talus als der Tibia. Eine kleine cystische Aufhellung findet sich subchondral, unmittelbar unter der horizontalen Gelenkfläche des Talus (Abb. 9).

Die Seitenaufnahme der gleichen Patientin läßt hier die subchondrale Sklerosierung, aber auch die subchondrale cystische Aufhellung in der Tibia erkennen, die auf der a.-p. Aufnahme in dieser Ausprägung nicht zu beobachten ist. Der Gelenkspalt ist deutlich

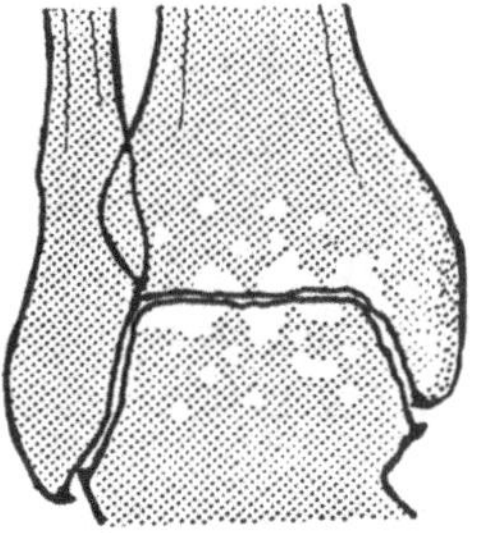

Abb. 8. Arthrosegrad III, Verschmälerung des Gelenkspaltes, Defekte
in der subchondralen Knochenlamelle,
cystische Aufhellung mit Sklerose der
angrenzenden Spongiosa

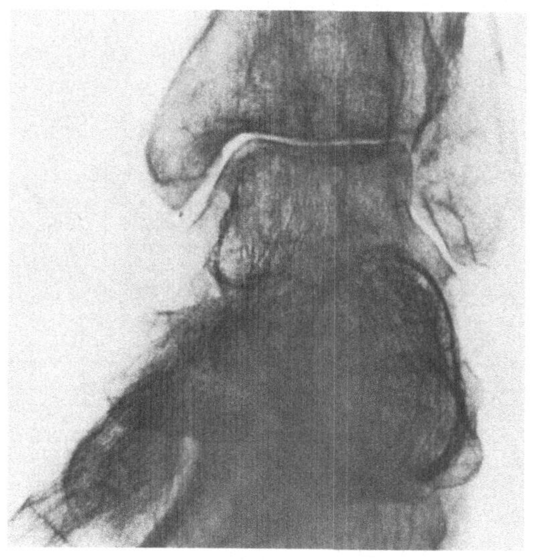

Abb. 9. Arthrosegrad III, Sklerosierung
der subchondralen Knochenlamelle an
Talus und Tibia, erhebliche Verschmälerung des Gelenkspaltes, kleine cystische Aufhellung subchondral unter der
horizontalen Gelenkfläche des Talus

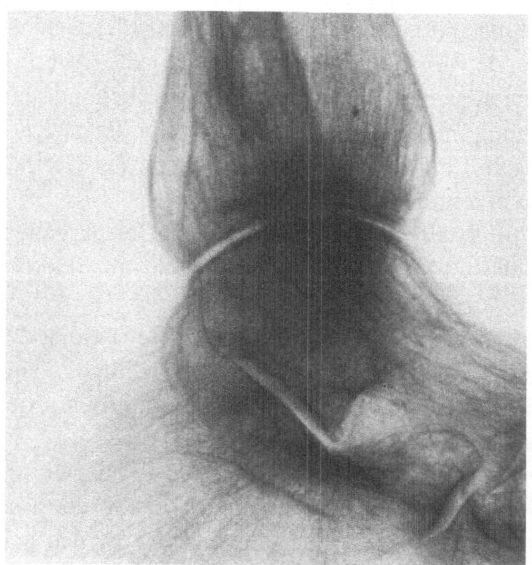

Abb. 10. Seitliche Aufnahme der gleichen Patientin, die Veränderungen
sind hier noch deutlicher ausgeprägt
als in Abb. 9

Tabelle 2. Ergebnisse der Gegenüberstellung röntgenologischer Befund x/x klinischer Befund
(Fallzahl: 42 Patienten, Kontrollzeitraum: 3 Monate bis 5 Jahre)

Arthrose	Patienten	Klinische Bewertung		
		Note 1	Note 2	Note 3
Grad 0	10	3	5	2
Grad I	5	–	–	5
Grad II	4	–	–	4
Grad III	2	–	–	2

verschmälert. An den Rändern der Gelenkfläche der Tibia sind feine Randausziehungen nachweisbar (Abb. 10).

Bei der Langzeitbeobachtung stellten wir fest, daß erste morphologisch faßbare Zeichen einer Arthrose im Röntgenbild zwischen der 26. und 39. Woche sichtbar wurden, die sich im weiteren Verlauf verstärkten. In keinem Fall konnten wir erste Zeichen einer Arthrose später als 39 Wochen beobachten.

Die Tabelle 2 zeigt die Gegenüberstellung der Ergebnisse unserer röntgenologischen Gradeinteilung mit den Ergebnissen der klinisch funktionellen Untersuchungen. Aus dieser Tabelle ergibt sich trotz der relativ kleinen Fallzahl, daß Patienten, die röntgenologisch die Arthrosegrade I–III boten, stärkere Funktionseinschränkungen im oberen und unteren Sprunggelenk aufwiesen. Selbst bei den als Arthrosegrad 0 bezeichneten Gelenkveränderungen boten noch 7 Patienten von 10 eine geringe Funktionseinbuße. Die Ansicht Willeneggers [3], daß eine sekundäre Arthrose nie später als 1–1 1/2 Jahre nach erlittener Fraktur aufträte, können wir auf Grund unserer eigenen Beobachtungen bestätigen.

Die ersten röntgenologischen Zeichen einer Arthrose fanden wir innerhalb des ersten Jahres nach erlittenem Trauma. Keiner unserer Patienten wies bei Spätkontrollen (78 Wochen und mehr) Röntgenzeichen einer posttraumatischen Arthrose auf, die nicht auch schon bei einer Kontrolle nach 38 Wochen deutlich im Röntgenbild zu sehen waren. Wurde eine Arthrose der Grade I–III gefunden, so verschlechterte sich diese Arthrose gesetzmäßig.

Bei allen Patienten mit dem Arthrosegrad 0 konnte bei späteren Kontrollen bis zu 250 Wochen nach dem Trauma kein Übergang zum Arthrosegrad I oder gar Arthrosegrad II beobachtet werden. Diese Feststellung erscheint uns wesentlich, weil hieraus ersichtlich ist, daß der Sklerose der Druckaufnahmezone ohne Gelenkspaltverschmälerung prognostisch und klinisch keine besondere Bedeutung zukommt.

Abschließend läßt sich feststellen, daß ein subtiles Studium der morphologischen Veränderungen im Röntgenbild des oberen Sprunggelenkes eine gewisse Aussage über Grad und Prognose der Arthrose zuläßt.

Literatur

1. Henkemeyer, H.: Experimentelle und klinische Untersuchungen zur Biomechanik der Syndesmose. Habilitations-Schrift Ulm 1975

2. Weber, B.G.: Die Verletzungen des oberen Sprunggelenkes. Bern: Huber 1966
3. Willenegger, H.: Die Behandlung der Luxationsfrakturen des oberen Sprunggelenkes nach biomechanischen Gesichtspunkten. Helv. chir. Acta *28*, 225 (1961)

Diskussionsbemerkungen und Empfehlungen aller Teilnehmer
(Leitung L. Schweiberer)

Zusammengefaßt und redigiert von A. Rüter und C. Burri

Pathophysiologie

Eine für den Gelenkverschleiß ursächliche Knorpelschädigung ist auf verschiedene Weise möglich.

Durch Belastung außerhalb der physiologischen Belastungsgrenzen, sowohl unterhalb wie oberhalb.

Direkt mechanisch durch das Trauma.

Durch normale Belastung eines minderbelastbaren Knorpels (z.B. Gicht).

Durch enzymatische Knorpelschädigung (Hämarthros?, Infekt).

Durch toxische Knorpelschäden.

Die Knorpelschädigung durchläuft drei Stadien:

1. Chondromalacie und Knorpelfibrillation.
2. Knorpelverkalkung.
3. Knorpeldestruktion.

Die Bedeutung einer auf den Knorpel beschränkten mechanischen Schädigung kann nicht sicher abgeschätzt werden. Bei sorgfältiger Erhebung der Anamnese finden sich in der Vorgeschichte häufig Traumatisierungen des oberen Sprunggelenkes. Inwieweit sie Bedeutung für den später einsetzenden Verschleiß haben, muß für den Einzelfall meist dahingestellt bleiben. Oft liegen freie Intervalle von mehreren Jahren vor. Eine sichere ursächliche Zuordnung muß auf die Fälle beschränkt bleiben, bei denen sich eine subchondrale Impaktierung der tragenden Spongiosa nachweisen läßt.

Wiederholte Mikrotraumen haben wahrscheinlich eine größere Bedeutung als einmalige Gewalteinwirkungen.

Gegen die Bedeutung früher erlittener sogenannter Bagatellverletzungen spricht die Tatsache, daß die Arthroserate vom Hüftgelenk über das Kniegelenk zum Sprunggelenk deutlich abfällt, die Häufigkeit anamnestisch erlittener Traumatisierungen sich jedoch hierzu gerade reziprok verhält.

Im Tierversuch ließen sich jedoch fortschreitende Gelenkdestruktionen nach reiner Knorpelanprallverletzung nachweisen. Je nach Geschwindigkeit der verletzenden Kraft fanden sich bei raschen Gewalteinwirkungen Nekrosen in der Tiefe des Knorpels, während langsamere Kräfte zu einem Aufplatzen der Knorpeloberfläche führen.

Solche Schädigungen sind also durch Tierversuche gesichert. Auch bei allen Vorbehalten gegenüber einer Übertragbarkeit und klinischer Bedeutung sollten sie jedoch im Einzelfall in die ätiologischen und gutachterlichen Überlegungen beim Menschen miteinbezogen werden.

Auch die Bedeutung einer posttraumatischen Fehlstellung läßt sich nicht generell und zuverlässig abschätzen. Die Toleranz für solche Veränderungen ist nicht zuletzt ein individuelles Problem. Außerdem spielt der Prozeß der Knorpelanpassung hier eine wesentliche Rolle.

Die Beurteilung wird weiter dadurch erschwert, daß jedes Gelenk altersbedingten Veränderungen unterliegt, die eigentlich nicht als krankhaft bezeichnet werden können. Eine wirkliche Patho-Arthrose stellen nur die Vorgänge dar, die diese altersbedingte Physio-Arthrose überschreiten. Zum Wesen der eigentlichen Patho-Arthrose gehört die Progredienz und die allmähliche Verformung der Gelenkkörper (Arthrosis deformans!).

Dieser Prozeß kann durchaus diskontinuierlich ablaufen. Selbst rückläufige Tendenzen, z.B. nach Osteotomie, gelegentlich auch nach gelenknahen Frakturen, sind möglich.

Klinik und Röntgendiagnostik

Der Arthroseschmerz wird in der Gelenkkapsel ausgelöst. Die Schmerzschwelle unterliegt auch hier erheblichen individuellen Schwankungen.

Ein diskontinuierlicher Verlauf der Beschwerden sowie der Progredienz der röntgenologisch faßbaren Veränderungen entspricht der typischen Verlaufsform.

Wie bei allen Arthrosen differieren auch am oberen Sprunggelenk klinische Beschwerden und Röntgenbefunde oft erheblich. So zeigten Reihenuntersuchungen bei der Mehrzahl aller Leistungssportler röntgenologisch deutliche Gelenkveränderungen. Fast keiner der Untersuchten klagte jedoch über subjektive Beschwerden.

Bei der Beurteilung der Röntgenbilder muß zwichen Osteophyten und Syndesmophyten streng unterschieden werden. Osteophyten liegen auf Höhe der Gelenkfläche und vergrößern diese.

Syndesmophyten liegen metaphysenwärts der Gelenkfläche auf Höhe der Kapsel- und Bandansätze, deren Verknöcherung sie entsprechen. Sie werden auch als Traktionsosteophyten bezeichnet und sind im Gegensatz zur ersteren keine Arthrosezeichen.

Die Indikation zu konservativen oder operativen Behandlungsmaßnahmen orientiert sich ausschließlich an den klinischen Beschwerden. Eine progressivere Indikationsstellung zu operativen Maßnahmen ist nur in den Fällen angezeigt, bei denen korrigierbare Fehlstellungen zu ersten, aber anhaltenden Beschwerden geführt haben.

II. Therapie der Arthrose am OSG

Konservative Therapie von Arthrosen des oberen Sprunggelenkes

R. Fricke

Eine konservative Therapie degenerativer Gelenkerkrankungen, in unserem Fall des oberen Sprunggelenkes wird von der klinischen Symptomatik bestimmt. Im Vordergrund der subjektiven Beschwerden steht der *Schmerz*. Ursache eines Schmerzes kann neben reinen degenerativen Veränderungen eine Sekundärentzündung, auch Reizzustand genannt, sein. Schwellungen als Folge einer *Entzündung* oder eines Sekundärtraumas können ihrerseits zu einem therapeutischen Eingreifen zwingen. Mit den bereits erwähnten klinischen Zeichen, aber auch ohne diese, kann eine *Funktionseinschränkung* als weiterer Faktor zu einer gezielten Therapie Anlaß geben.

Eine Reihe der zu besprechenden therapeutischen Maßnahmen wird für sich genommen eine vielfältige therapeutische Wirkung entfalten. Da jedoch die Symptome Schmerz, Entzündung, Ödem und Funktionseinschränkung getrennt voneinander auftreten können, soll die konservative Therapie unter den Gesichtspunkten der klinischen Symptome besprochen werden. Am Schluß wird die Therapie als Ganzes noch einmal Gegenstand der therapeutischen Überlegungen.

Schmerz

Kryotherapie
Obgleich seit langer Zeit schmerzlindernde Wirkungen von Eis bzw. Schnee (Hippokrates) bekannt sind, hat die Anwendung der Kryotherapie erst in den letzten Jahren wieder an Bedeutung gewonnen.

Eine Kälteanwendung muß mit einer eindeutigen Temperaturerniedrigung einhergehen. Die früher üblichen kalten Wickel und kalten Abwaschungen reichen für eine therapeutische Wirkung nicht aus. Es muß zu einer Erniedrigung der Hauttemperatur unter 8°C kommen. Unterhalb dieses Temperaturpunktes wird die Funktion der Kältereceptoren außer Kraft gesetzt [8]. Die Reizleitungsgeschwindigkeit im Nerven nimmt ab.

Unter diesem Gesichtspunkt ist eine Kryotherapie bis zum Eintritt der therapeutischen Wirkung anzuwenden. Es gibt hierzu 2 Möglichkeiten:
1. *Einschleichende Abkühlung.* Eisauflage 2 min − 5 min Pause, evtl. während des Intervalls gefolgt von einer Bewegungstherapie und anschließend erneut bis zu 2 min Eispackungen. Diese Therapie kann drei- bis viermal wiederholt werden [4]
2. *Langzeitapplikation.* Es kann Eis 15−20 min auf die zu behandelnde Stelle gebracht werden. Damit wird eine schnellere Tiefenwirkung erzielt. Es kommen jedoch Kälteadaptationsfaktoren hinzu. Außerdem muß bedacht werden, daß eine länger dauernde

Tabelle 1. Kryotherapie – therapeutische Wirkungen

Herabsetzung der Gewebstemperatur	Volumenverminderung	Analgetische Wirkung
Reaktive Hyperämie	Ödemrückbildung	Reflexdämpfung
	Gewebestrukturlockerung	Muskeltonuserhöhung
Entzündungshemmung (Enzymkinetik ↓)		

Tabelle 2. Thermotherapie – therapeutische Wirkungen

Erhöhung der Gewebstemperatur	Muskeltonusverminderung
Hyperämie	Analgetische Wirkung
Volumenzunahme	Stoffwechselsteigerung (Enzymkinetik ↑)
Gewebestrukturlockerung	

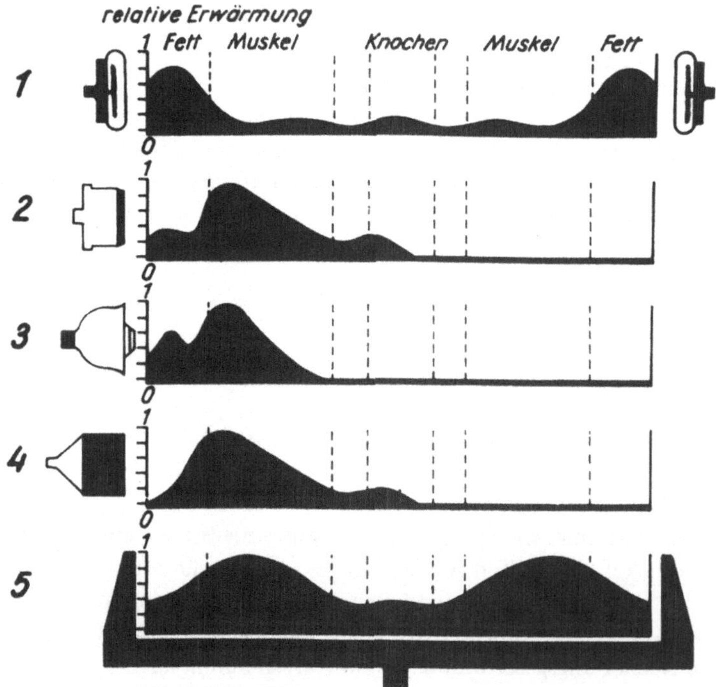

Abb. 1. Entstehung von Wärme im Gewebe unter verschiedenen Formen von Hochfrequenztherapie [5]

Kryotherapie zu einer kontinuierlichen Engstellung der Hautgefäße und damit zu einer Verminderung der Durchblutung führt. Die Langzeitanwendung wird nur toleriert, wenn die Hautdurchblutung intakt ist [5].

Bei Anwendung einer Kryotherapie kommt es in 3 1/2 cm Tiefe bei 20-min-Applikation zu einer Senkung der Gewebstemperatur um ca. 10–15°C [4]. Damit kann auch in der Tiefe die angesprochene analgetische Wirkung ausgeübt werden (Tabelle 1).

Thermotherapie
Auch die Anwendung von Wärme kann eine analgetische Wirkung über eine Lockerung des Gewebes ausüben (Tabelle 2). Externe Wärmeapplikationen, in Form von Packungen oder Wärmflaschen, bieten therapeutische Möglichkeiten. Darüberhinaus kann durch Erzeugung von Wärme in der Tiefe ebenfalls über eine Gewebslockerung, aber auch über eine lokale Milieuänderung durch Zunahme der Durchblutung, eine therapeutische Wirkung erzielt werden. Bekannt ist die Hochfrequenztherapie mit Kurzwelle bzw. Deziwelle (Abb. 1) [2]. Auch Interferenzstromtherapie kann eine therapeutische Wirkung entfalten [10]. Darüberhinaus kann man mit diadynamischen Strömen eine analgetische Wirkung erzielen [1]. Es muß dem Therapeuten jedoch bekannt sein, daß bei der Hochfrequenztherapie in der Tiefe eine Temperaturerhöhung auftritt, die bei entzündlichen Prozessen kontraindiziert ist. Dieses gilt auch für eine Ultraschalltherapie, bei der die therapeutische Wirkung in der Tiefe eher im Bereich der Knochen, denn im Bereich der Muskulatur zu suchen ist [9] (Abb. 2).

Gegebenenfalls können auch rein physikalische Maßnahmen in Form einer kontinuierlichen Entlastung eine analgetische Wirkung erzielen, wenn, insbesondere durch eine Tonuserhöhung der Muskulatur, ein vermehrter Druck auf die Gelenke ausgeübt wird.

In einem solchen Fall ist auch die Anwendung von Muskelmassagen zur Tonusminderung indiziert.

Pharmakotherapie
Im Vordergrund der Pharmakotherapie bei nicht entzündlichen, überwiegend degenerativen Erkrankungen steht die Anwendung von Analgetica. Auch sogenannte Antirheumatica können hier eine therapeutische Wirkung entfalten.

Entzündung

Kryotherapie
Die Kryotherapie ist bei bestehender Entzündung *die* therapeutische Maßnahme der physikalischen Therapie (Tabelle 1). Wie bereits oben ausgeführt, bewirkt die Kryotherapie eine Erniedrigung der Gewebstemperatur um mehrere Grade. Es ist bekannt, daß lysosomale Enzyme und auch die Kollagenase mit Reduzierung der lokalen Gewebstemperatur entsprechend der bekannten Enzymkinetik eine deutliche Herabsetzung der Aktivität aufweisen [6]. Bei Erniedrigung der Gewebstemperatur um 3 Grad nimmt die Enzymaktivität um das Vierfache ab. Umgekehrt würde eine Temperaturerhöhung um 3 Grad eine vierfache Steigerung der Enzymaktivität bewirken. Allein diese Überlegung zeigt, daß bei entzündlichen Prozessen die Anwendung von Wärme kontraindiziert ist. Dieses ist eine Tatsache, die bei der Appendicitis als allgemein gültig anerkannt ist. Bei chronisch entzündlichen Gelenkerkrankungen und sekundär entzündlichen Prozessen wie bei Arthrosen,

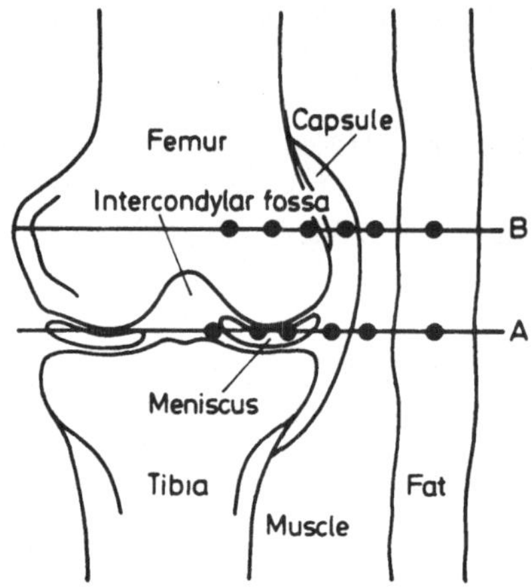

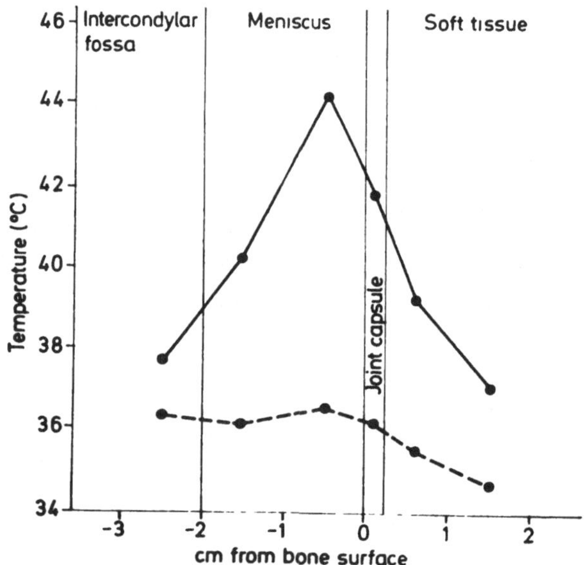

Abb. 2. Lage der Temperatursonde im Kniegelenkspalt (A) und 2 cm oberhalb (B) Temperaturverteilung im Kniegelenkspalt ●----● vor Ultraschallanwendung und ●——● während Ultraschallbehandlung [8]

verwendet man heute jedoch noch weitgehend eine Hochfrequenz- oder andere Formen der Wärmetherapie, die zwangsläufig zur Erhöhung der Gewebstemperatur führen müssen. Dies muß nach unserem heutigen Verständnis jedoch unbedingt vermieden werden.

Pharmakotherapie

Liegt eine bakterielle Entzündung vor, so wird selbstverständlich eine antibiotische Therapie notwendig werden. Bei einem entzündlichen Gelenkprozeß auf bakterieller Grundlage ist nicht nur eine lokale antibiotische Therapie indiziert, es muß vielmehr auch uber orale Gaben ein ausreichend hoher Blutspiegel eines Antibioticums erzielt werden, damit die Entzündung möglichst kurzfristig, gezielt und hoch dosiert behandelt wird, um so weit als möglich Sekundärschäden zu vermeiden.

Antiinflammatorisch wirkende Pharmaka
Bei Bestehen einer abakteriellen Sekundärentzündung wird in erster Linie zu differenzieren sein, ob es sich nicht doch um eine chronisch entzündliche Gelenkerkrankung handelt. Gehen wir jedoch von der Vorstellung aus, daß ein arthrotischer Prozeß vorliegt, so wird bei einer Entzündung eine Behandlung mit antiinflammatorisch wirkenden Pharmaka, die auch zur Therapie chronisch entzündlicher Gelenkerkrankungen verwandt werden, gerechtfertigt sein.

Im Vordergrund der therapeutischen Anwendung müssen nicht corticoidhaltige, milde Antiphlogistica stehen. Diese Pharmaka lassen sich in 3 Gruppen einteilen (Tabelle 3): die Benzoesäurederivate, die Arylesssigsäurederivate und die Pyrazolidinderivate. Allen 3 Gruppen sind chemische Grundeinheiten eigen, die Ursache der therapeutischen Wirkung, aber auch von Nebenwirkungen sind. Im Vordergrund der therapeutischen Wirkung steht die Entzündungshemmung. Über diese wird jedoch zusätzlich eine analgetische Wirkung erzielt.

Vereinzelt kann auch die Injektion von Corticoiden zur Bekämpfung der exsudativen Phase der Entzündung indiziert sein. Es muß jedoch bedacht werden, daß die in den handelsüblichen Präparaten vorhandenen Kristalle eine zusätzliche Fremdkörperwirkung erzielen können. Aus diesem Grunde ist zu empfehlen, daß lediglich die Überstände injiziert werden. Nach Angaben mehrerer Untersucher wird allein mit dem Überstand dieselbe therapeutische Wirkung erzielt wie mit Injektion der gesamten Kristallsuspension. Daß Corticoide nicht über einen längeren Zeitraum wiederholt und auf keinen Fall vor Ablauf einer Woche gegeben werden dürfen, ist allen Beteiligten sicher bekannt. Diese Methode hat heute bei Arthrosen kaum noch Bedeutung.

Tabelle 3. Milde Antiphlogistika

	Chemische Kurzbezeichnung	Handelsname
Benzoesäure-derivate	Acetylsalicylsäure	Aspirin, Boxazin, Colfarit etc.
	Flufenaminsäure	Arlef
	Nifluminsäure	Actol
Arylessigsäure-derivate	Indometacin	Amuno
	Sulindac	Imbaral
	Tolmetin	Tolectin
	Naproxen	Proxen
	Ibuprofen	Brufen
	Ketoprofen	Alrheumun
	Fenoprofen	Feprona
	Diclofenac	Voltaren
Pyrazolidin-derivate	Amidopyrin	Pyramindon
	Metamizol	Novalgin
	Phenylbutazon	Butazolidin, Elmedal etc.
	Oxyphenbutazon	Tanderil
	Bumadizon	Eumotol
	Azapropazon	Prolixan

Tabelle 4. Physikalische Therapie degenerativer Gelenkerkrankungen

Stadien	Akutes Reizstadium	Leichte Arthrose	Schwere Arthrose
Lagerung	Entlastungsstellung Antikontrakturstellung Umlagerungen	=	Entlastungsstellung und Antikontrakturstellung der Gelenkdeformierung angepaßt
Hydro-Thermo-Therapie	Kryotherapie Kühle oder lauwarme Packungen	Intensive Wärmetherapie (feuchte Wärme)	Intensive Wärmetherapie (feuchte Wärme)
Massage	Leichte Streichmassage Knetungen	Klassische Massage Bindegewebsmassage	=
Bewegungs-Therapie	Passives Durchbewegen Leichte aktive Übungen	Aktive Bewegungstherapie Komplexbewegungen zur Muskelkräftigung Haltungskorrektur Gangschulung	Aktive Bewegungstherapie in der Hauptfunktionsrichtung
Ergo-Therapie	Ø	Funktionelle Behandlung mittelschwer	Funktionelle Behandlung Hauptbewegungsrichtung
Elektro-Therapie	Ø	KW, DW, MW, Diadynamische Ströme Stangerbad, Vierzellenbad, Ultraschall	cave Reaktivierung

Funktionseinschränkung

Bei einer bestehenden Funktionseinschränkung wird zu entscheiden sein, ob über kryo-therapeutische Maßnahmen oder durch Thermotherapie eine Funktionsverbesserung eingeleitet werden kann. Die Vorzüge der Kryotherapie sind in einer zusätzlichen gewebelockernden Wirkung zu suchen. Der Eiseinwirkung folgt eine reaktive Hyperämie. In dieser Phase wird das Gewebe ausreichend durchblutet und ausreichend erwärmt, außerdem entsteht eine Ödemrückbildung, so daß eine Lockerung bereits eintreten kann (Tabelle 1). Auch die Thermotherapie kann zu einer Gewebslockerung führen (Tabelle 2). Es muß jedoch darauf geachtet werden, daß die Lockerung des Gewebes nicht gefolgt wird von einer Volumenvermehrung, die ihrerseits wieder eine Funktionsbehinderung darstellen kann. Aus diesem Grunde ist die Anwendung kryotherapeutischer Maßnahmen heute weitgehend der Thermotherapie vorzuziehen, insbesondere postoperativ. Es ist heute von vielen Institutionen die Kryotherapie bereits bei noch liegenden Nähten mit gutem Erfolg angewandt worden.

Den vorbereitenden Maßnahmen der Kryo- und Thermotherapie folgt zur Bekämpfung einer Funktionseinschränkung die aktive Bewegungstherapie, zu Beginn aktiv ohne, später mit dosiertem Widerstand.

Bei einem oberen Sprunggelenk wird eine Belastung im Trockenen erst in zweiter Linie in Frage kommen. Primär kommt es auf eine Funktionsverbesserung an, die ohne wesentliche Belastung angestrebt werden muß. Hierzu werden Behandlungsmaßnahmen im Liegen gefolgt werden von Belastungen im Wasser. Der Auftrieb führt hier bekanntlich zu einer nicht unerheblichen scheinbaren Gewichtsreduzierung. Erst allmählich wird dann die Belastung mit Abnahme der Eintauchtiefe bis hin zum Gehen im Trockenen gesteigert werden.

Es sind mehrere therapeutische Prinzipien zur Behandlung der oberen Sprunggelenksarthrose angesprochen worden. Die konservative Therapie wird sich entsprechend der Schwere der Erkrankung einzelner Behandlungsmaßnahmen bedienen. Da eine kausale Therapie letzten Endes nicht möglich ist, wird die konservative Therapie polypragmatisch vorgehen müssen [3] (Tabelle 4). Es bietet sich eine Kombination kryo- oder thermotherapeutischer Maßnahmen mit aktiver Bewegungstherapie als erste Behandlungsmaßnahme an. Sollte dieser Therapie kein wesentlicher Behandlungserfolg beschert sein, so wird eine Pharmakotherapie ergänzend angewandt werden müssen. Letzten Endes entscheidet der therapeutische Erfolg über die Anwendung der einzelnen Behandlungsmaßnahmen. Auch die Erfahrung des behandelnden Arztes kann über den einzuschlagenden therapeutischen Weg entscheiden. Wir müssen uns jedoch vor Augen führen, daß unter Umständen wiederholt das therapeutische Mittel gewechselt werden muß, bis ein zufriedenstellender Therapieerfolg erreicht werden kann. Auch muß der behandelnde Arzt sich kritisch fragen, ob unter gegebenen Umständen die Anwendung der einen oder anderen Behandlungsmaßnahme sinnvoll ist. Letzten Endes wird darum von einer klaren Diagnostik der therapeutische Weg abhängen. Bei Erkennung der Grenzen einer konservativen Therapie werden Möglichkeiten einer operativen Therapie zu diskutieren sein.

Literatur

1. Edel, H.: Reizstromtherapie mit diadynamischen Strömen nach Bernard. Fibel der Elektrodiagnostik und Elektrotherapie, 2. Auflage. Dresden: 153–166 (1973)

2. Edel, H.: Elektrotherapie im Hochfrequenzbereich. Fibel der Elektrodiagnostik und Elektrotherapie, 2. Auflage. Dresden: 193–201 (1973)
3. Fricke, R.: Physikalische Therapie bei posttraumatischer Arthrose. Hefte z. Unfallheilk. *128*, 130–139 (1976)
4. Fricke, R., Prange, A., Liman, W., Salem, P., Jukka, M., Hohenstein, H., Eilmes, G.: Kryotherapie bei Gelenkerkrankungen. Zeitschr. Physik. Medizin 7, 21 (1978)
5. Fricke, R., Prange, A., Liman, W., Salem, P., Jukka, M., Hohenstein, H., Eilmes, G.: Kryotherapie chronisch entzündlicher Gelenkerkrankungen. Therapiewoche (im Druck)
6. Harris, E.D. et al.: New Engl. Journal of Medicine, 290, 1–6 (1974)
7. Jordan, H., Kleinschmidt, J., Drexel, H.: Zum heutigen Stand der Kryotherapie. Münch. med. Wschr. *119*, Nr. 11, 355–358 (1977)
8. Koppelmann, J.: Zur konservativen Behandlung und Anwendung der Kryotherapie bei posttraumatischen und postoperativen Gelenkkontrakturen. Mschr. Unfallheilk. *74*, 544–549 (1971)
9. Lehmann, J.F.: The role of physical medicine and rehabilitation. Zeitschr. Physik. Medizin *2*, 313–341 (1971)
10. Nikolowa-Troeva, L.: Vergleichende Untersuchungen über therapeutische Erfolge der Interferenztherapie und anderer Methoden bei Arthrosis deformans. Zeitschr. Physik. Medizin Rehabilitation *8*, 66 (1967)

Spätversorgung nach Malleolarfrakturen.
Technik – Ergebnisse

G. Friedebold

Der allgemeine Wandel der Knochenbruchbehandlung der Gegenwart von der klassischen Lehre L. Böhlers [1] zur Osteosynthese ist auf keinem Gebiet so exemplarisch erkennbar wie bei den Luxationsfrakturen des oberen Sprunggelenkes. Der Grund dafür liegt in der relativ hohen Quote sekundärer Arthrosen bei verhältnismäßig geringfügigen posttraumatischen Deformitäten. Allein die frühzeitige anatomiegerechte operative Rekonstruktion der Knöchelgabel und ihrer komplexen Bandstrukturen bietet ausreichende Gewähr für ein zufriedenstellendes Dauerergebnis: Die volle schmerzfreie Funktion.

Unzulängliche Erstbehandlung oder aber Verzögerung der Frühoperation aus örtlichen oder allgemeinen Gründen halten über einen mehr oder weniger langen Zeitraum eine Fehlstellung aufrecht, die schließlich zum Knorpelschaden und damit zur manifesten Arthrose führt. Da es nahe liegt, daß die Dauer dieses Zeitraums von Bedeutung ist, wurde an Hand eines 10-Jahre-Kollektivs der Frage nachgegangen, bis zu welchem Zeitpunkt ein rekonstruktives Vorgehen mit dem Ziel der Wiederherstellung eines funktionstüchtigen Sprunggelenkes noch sinnvoll sein kann. Als terminus a quo wurden 2 Wochen nach Unfall angesetzt, da unterhalb dieses Zeitraums die Verhältnisse bei Luxationsfrakturen noch keine erhebliche Erschwerung gegenüber der Sofortversorgung darstellen.

Innerhalb des gesamten Kollektivs von 654 operativ versorgten Luxationsfrakturen (Tabelle 1) erstreckten sich 107 auf Eingriffe nach Ablauf von 2 Wochen. Von diesen spätversorgten Luxationsfrakturen (Tabelle 2) war in keinem Fall ein verlagertes Volkmannsches Dreieck von relevanter Größe einer Sekundärrekonstruktion unterzogen worden. Die 23 Arthrodesen bezogen sich nahezu ausschließlich auf derartige Situationen; d.h. fast alle in Fehlstellung verheilten Malleolarfrakturen ohne Inkongruenz der Tibiagelenkfläche wurden der Sekundärrekonstruktion zugeführt.

Tabelle 1. Operativ versorgte Luxationsfaktoren des oberen Sprunggelenkes

(1.1.1967–31.12.1976	=	10 Jahre)
Gesamtkollektiv	654 = 100 %	
Davon Spätversorgung (> 2 Wochen)	107 = 16,4 %	

Tabelle 2. Spätversorgte Luxationsfrakturen		
Des oberen Sprunggelenkes	107	= 100%
Davon Arthrodesen	23	= 20%
Rekonstruktionen	84	= 80%

Tabelle 3		
Spätrekonstruktion (15–306 Tage; M.W. 91,8)	84	= 100%
Nicht mehr erfaßbar	38	= 45%
Nachuntersucht	46	= 55%
Davon Frauen	19	
Männer	27	
Altersdurchschnitt	38,3 Jahre	

Eine Nachuntersuchung dieser Patientengruppe (Tabelle 3) war nur in 46 Fällen möglich; 38 waren nicht mehr erfaßbar. Festzustellen ist aber, daß bei keinem der Nachuntersuchten bis zum gegenwärtigen Zeitpunkt eine nachträgliche Arthrodese durchgeführt worden ist.

Für die Bewertung der Ergebnisse wurden *drei* sich unterscheidende Vergleichsskalen gewählt:

I. Der „strenge" Maßstab Webers [2], der sich aus der besonders kritsichen Wertung des Röntgenbefundes ergibt;

II. Die ausschließlich klinische Betrachtung der „Funktion" aus ärztlicher Sicht;

III. Die Bewertung des objektiven klinischen Befundes unter Betonung der *subjektiven* Einschätzung des Patienten.

Zugrunde gelegt wurde das von Weber aufgestellte Punktesystem, das auch in der Sammelstudie Wellers [3] zur Anwendung gelangte. Um jedoch für den Fortfall der Röntgenbewertung in den Skalen II und III einen größeren Differenzierungsspielraum zur Verfügung zu haben wurde neben „sehr gut" und „gut" noch zwischen „befriedigend" und „schlecht" unterschieden.

Folgende Erkenntnisse sind festzuhalten:

1. Erwartungsgemäß sind die Ergebnisse nach Spätrekonstruktion bei Typ A nach Weber am besten, beim Typ C am schlechtesten, da hier trotz Verbesserung der *mechanischen* Verhältnisse eine *biologische* Regeneration des durch Storung der Funktion der Bandhaft inzwischen mehr oder weniger stark geschädigten Knorpels nicht in ausreichendem Maße erwartet werden kann.

2. Eine Art „Zeitschwelle", die eine Sekundärrekonstruktion sinnlos erscheinen läßt, ist aus dem untersuchten Kollektiv nicht abzuleiten. Schlechten Einzelergebnissen nach relativ früher Wiederherstellung stehen zum Teil hervorragende Ergebnisse nach sehr späten Eingriffen gegenüber. Hier spielt die verhältnismäßig kleine Gesamtzahl gegenüber der Heterogenität anderer Parameter, nicht zuletzt auch der verschiedenen Operateure, sicher eine entscheidende Rolle.

3. Der strenge ärztliche Maßstab der Weberskala deckt sich keinesfalls mit dem klinischen Ergebnis, schon gar nicht mit der Selbsteinschätzung durch den Patienten. Nur bei einem Teil der röntgenologisch unbefriedigenden Ergebnisse muß mit einer progredienten Arthrose gerechnet werden. Ein nicht unwesentlicher Teil der röntgenologischen Veränderungen bei gutem klinischen Resultat ist als *Anpassung* anzusehen, wie sie unter anderen Bedingungen und an anderen Gelenken ebenfalls bekannt ist.

Die Erkenntnis, einerseits auch bei sehr späten Rekonstruktionen noch gute Ergebnisse erzielen zu können, andererseits selbst bei röntgenologisch höchsten Ansprüchen nicht gerecht werdenden Situationen zufriedene Patienten haben zu können, war Anlaß, das Gesamtkollektiv auf jene Luxationsfrakturen des oberen Sprunggelenkes einzuengen, die erst *nach* einem *Zeitraum von 6 Wochen* der Rekonstruktion zugeführt wurden (Tabelle 4).

Nach Ablauf von 42 Tagen, d.h. 6 Wochen nach Verletzung wurden 35 Patienten wegen bestehender Deformität eines oder beider Knöchel einer operativen Spätrekonstruktion zugeführt. 12 von ihnen waren nicht mehr erfaßbar; nur 23 Patienten, d.h. 2/3 dieser Fälle konnten nachuntersucht werden. Es waren 7 Frauen und 16 Männer. Im Mittel betrug der Zeitraum zwischen Unfall und Rekonstruktion 175 Tage; im Extremfall 306 Tage. Die Altersverteilung lag zwischen 16 und 59 Jahren, im Durchschnitt bei 36,6. Bei allen Patienten, die bereits ihr Sprunggelenk belasteten, waren *Schmerzen* der Anlaß

Tabelle 4

Rekonstruktion *nach* 6 Wochen	35
Davon nicht mehr erfaßbar	12 = 1/3
Nachuntersucht	23 = 2/3
	(7 ♀ ; 16 ♂)

Tabelle 5

Spätrekonstruktionen	23
Nur Außenknöchel	8
Nur Innenknöchel	10
Beide Knöchel	5
Mit Pseudarthrosen	14

für die ärztliche Konsultation. Konservative Maßnahmen wurden zu diesem Zeitpunkt nicht mehr als aussichtsreich angesehen.

Die Deformitäten (Tabelle 5) erstreckten sich entweder allein auf den Außenknöchel oder den Innenknöchel oder auf beide Knöchel gemeinsam. Von den 23 erfaßten Fällen waren 9 in ihrer Fehlstellung bereits knöchern verheilt; in 14 Fällen ging die Fehlstellung mit einer Pseudarthrose einher.

Die möglichen Fehlstellungen der Malleolen sind auf Tabelle 6 aufgeführt und in Abb. 1 und 2 skizziert.

Ziel der Operation ist die Wiederherstellung funktionsgerechter anatomischer Verhältnisse, d.h. der *Außenknöchel* muß in der Frontalebene aber auch im Hinblick auf seine Länge und seine Drehstellung um die Längsachse in eine Position gebracht werden, die seiner Bedeutung als Stabilisator des Gelenkes ebenso gerecht wird wie der federnden Gabelspannung, ohne die der Effekt einer Verstarrungsarthrose entspricht. Hier liegt der Schwerpunkt des rekonstruktiven Eingriffs aber auch seine Hauptschwierigkeit. Für den *Innenknöchel* bedarf es einer ausreichenden Formschlüssigkeit ohne einen gleich hohen Anspruch auf einwandfreie Kongruenz. Mehr noch als bei der Versorgung frischer Frakturen ist bei der Sekundärrekonstruktion *Übungsstabilität* anzustreben, da der bereits geschädigte Knorpel weitere Ruhigstellung schlecht verträgt und möglichst bald seiner biologischen Beanspruchung wieder zugeführt werden sollte. Eine geeignete Osteosynthese ist daher unerlässlich; Drahtspickungen reichen nicht aus. Bei Vorliegen einer Pseudarthrose ist eine Knochenspanimplantation erforderlich. Im eigenen Krankengut wird der Beckenkamm als Entnahmestelle bevorzugt.

Die notwendigen Korrekturen der Malleolenachsen ergeben sich aus den Fehlstellungen (Abb. 1 und 2).

Die notwendige Osteotomie im Bereich des Außenknöchels sollte möglichst oberhalb der Syndesmose erfolgen, um reaktive Veränderungen, die zu einer Verstarrung führen

Tabelle 6. Fehlstellungen, die eine Spätrekonstruktion rechtfertigen

1. *Außenknöchel*	a) Außendrehung
	b) Verkürzung
	c) Verlängerung
	d) Valgisierung
	e) Varisierung
mit oder *ohne*	Pseudarthrose
2. *Innenknöchel*	Stufenbildung nach Meißel- oder Querfraktur
mit oder ohne	Pseudarthrose

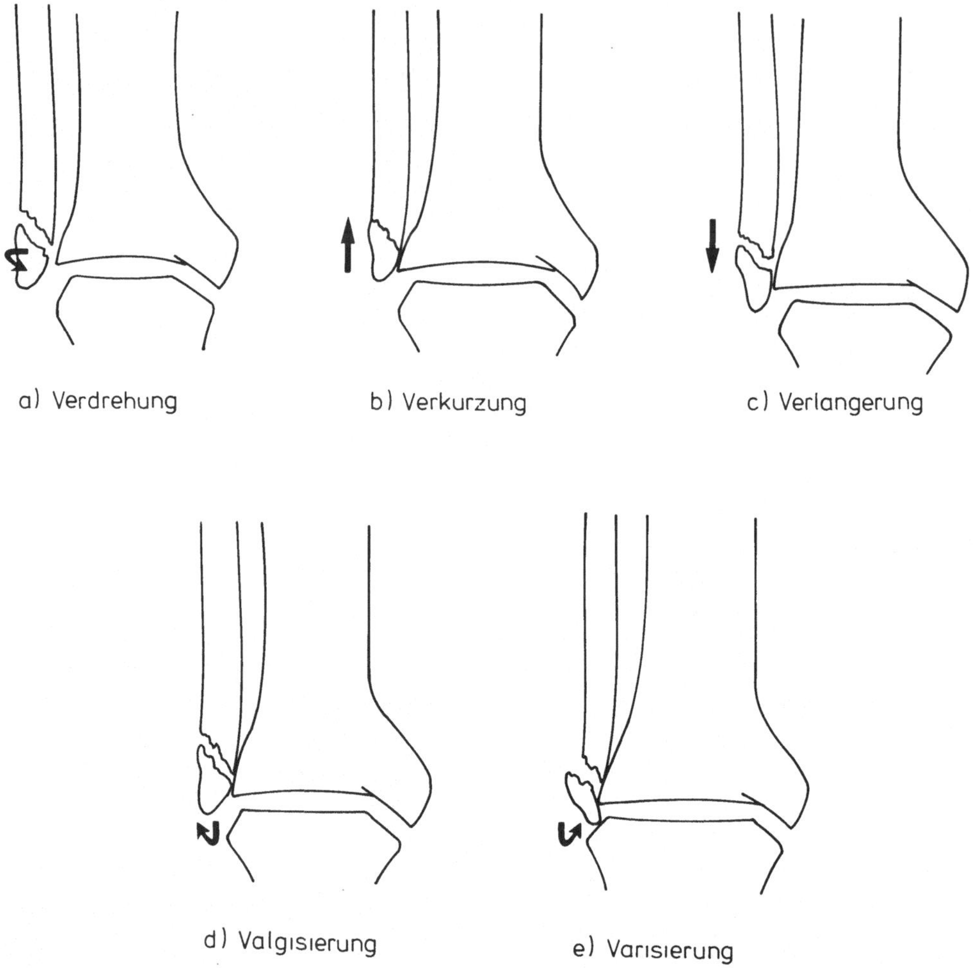

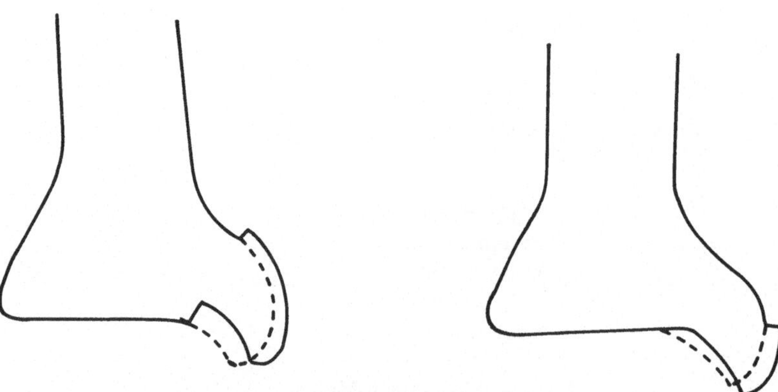

Abb. 1a-e. Fehlstellungen am Außenknöchel. **a** Verdrehung, **b** Verkürzung, **c** Verlängerung, **d** Valgisierung, **e** Varisierung

Abb. 2. Fehlstellungen am Innenknöchel

Tabelle 7. Operationstechnik

1. Typischer Bogenschnitt lateral, medial oder bds.
2. Arthrotomie und Entfernung des bestehenden Weichteilinterponats
3. Korrekturosteotomie am Außenknöchel
4. Korrekturosteotomie am Innenknöchel
5. Übungsstabile Osteosynthese am Außenknöchel mit oder ohne Span
6. Übungsstabile Osteosynthese am Innenknöchel mit oder ohne Span
7. Intraoperative Röntgenkontrolle
8. Wundverschluß

Tabelle 8. Die Ergebnisse

Ergebnis I[a]	1 Fall	sehr gut	1
	3 Fälle	gut	2
	2 Fälle	befriedigend	3
	15 Fälle	schlecht	4
Ergebnis II	5 Fälle	sehr gut	1
	5 Fälle	gut	2
	0 Fälle	befriedigend	3
	13 Fälle	schlecht	4
Ergebnis III	5 Fälle	sehr gut	1
	5 Fälle	gut	2
	7 Fälle	befriedigend	3
	6 Fälle	schlecht	4

[a]Hier sind nur 21 Fälle aufgeführt, da 2 Patienten die Anfertigung einer Röntgenaufnahme abgelehnt haben.

könnten, zu vermeiden. In den meisten Fällen auch des Typs Weber B ist dies möglich, vor allem wenn nur in einer Ebene korrigiert werden muß. Die Operation erfolgt in den in Tabelle 7 aufgelisteten Schritten.

Die anfangs noch durchgeführte Ruhigstellung im Unterschenkelliegegipsverband wurde aus den dargestellten Gründen seit Jahren verlassen, das Bein vielmehr auf einer Gipsschale gelagert, die das frühzeitige Aufnehmen der Übungsbehandlung gestattet.

Die Nachuntersuchungsergebnisse der 23 erfaßten Patienten zeigen innerhalb der *drei* unterschiedlichen Bewertungsskalen folgendes Bild: (Tabelle 8)

Eine Aufschlüsselung dieser Ergebnisse nach den 3 Grundtypen A, B und C wurde zwar vorgenommen, läßt aber infolge des relativ kleinen Kollektivs keine wesentlichen Schlußfolgerungen zu, so daß auf eine Darstellung hier verzichtet wird.

Die Tabelle läßt — wie bereits bei der früheren Betrachtung des Gesamtkollektivs von Spätrekonstruktionen — auf den ersten Blick die deutliche Diskrepanz zwischen der Bewertung durch den Arzt und der persönlichen Einschätzung durch den Patienten erkennen. Ohne Zweifel sollte das bessere anatomische Resultat, wie es röntgenologisch dokumentiert wird, auch mit einer besseren Funktion und weniger Beschwerden einhergehen. Der

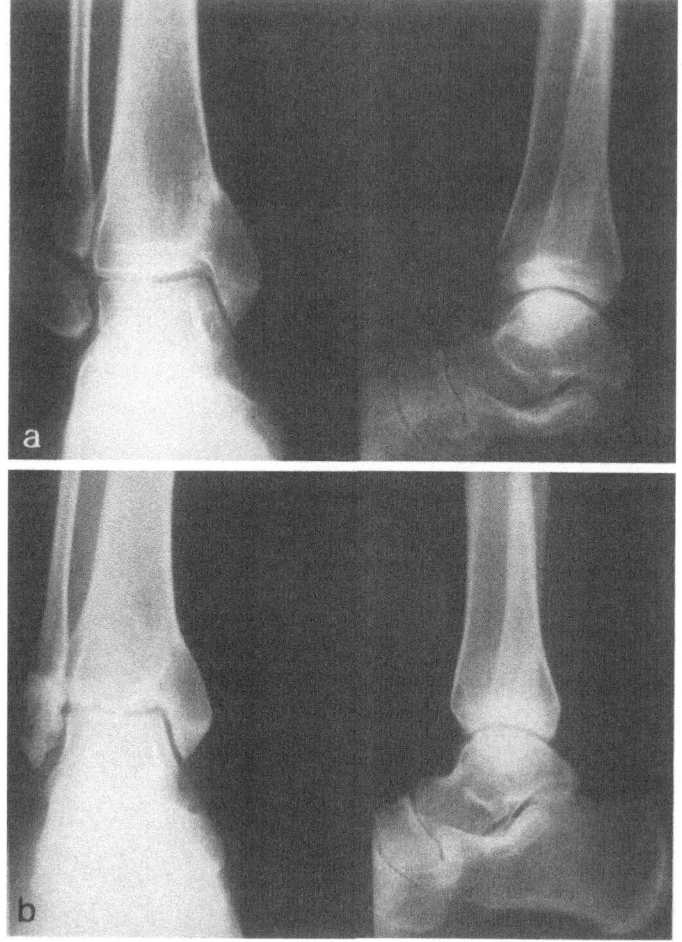

Abb. 3a und b. 30-jähriger Mann; 196 Tage nach Unfall operiert. Erg.: I–II–III = 2. N.U.: 2,5 J.

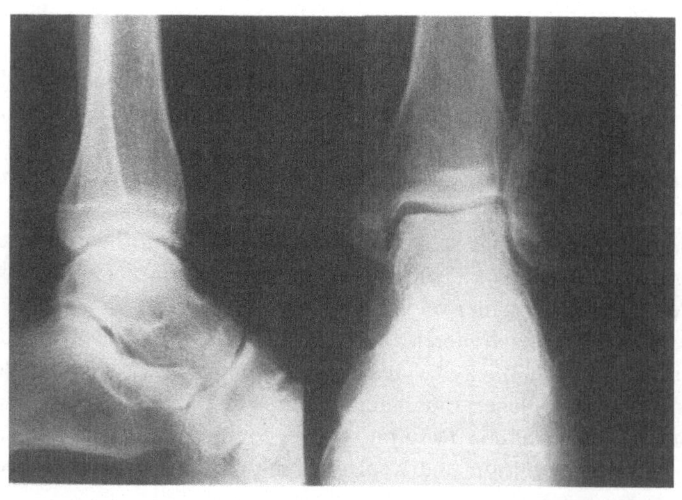

Abb. 4a.
(Legende s. Seite 51)

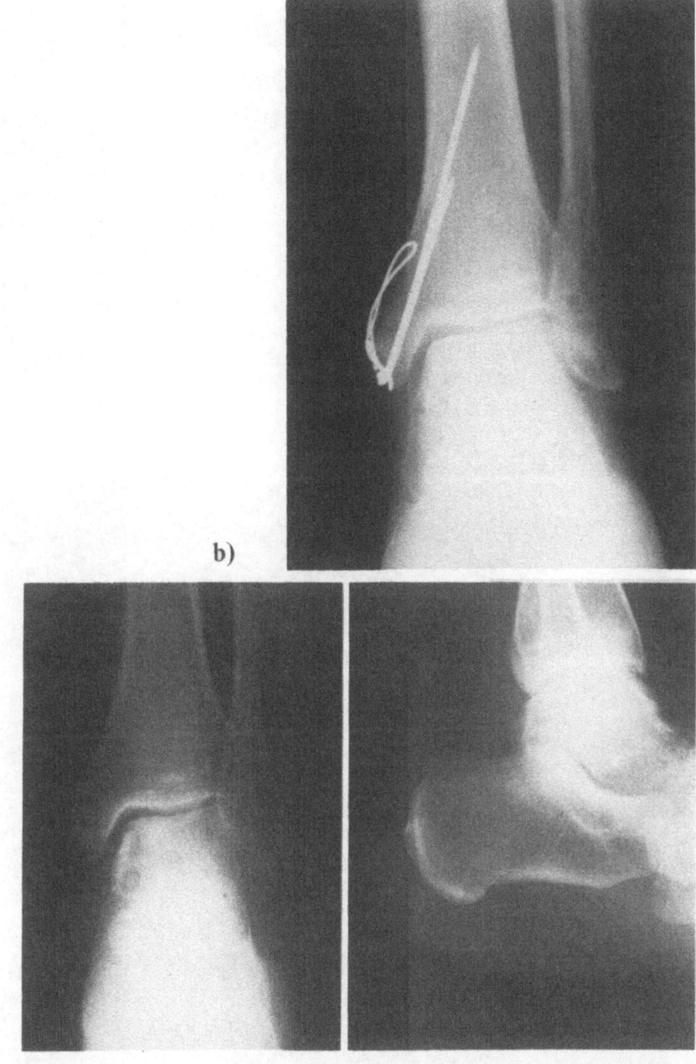

Abb. 4a-c. 41-jähriger Mann; 150 Tage n.U. Op. Erg.: I–II–III = 2. N.U.: 2,0 J.

ärztliche Maßstab, der unser Handeln bestimmt, kann daher nur ein strenger sein. Als Erkenntnis läßt sich aber einer derartigen Studie auch entnehmen, daß der Anspruch des Patienten auf ein schmerzfreies und funktionstüchtiges Sprunggelenk auch in Fällen erfüllt wird, die uns als Ergebnis unseres rekonstruktiven Eingriffs unbefriedigend erscheinen wollen. So bleibt die Frage, ob jene Fälle, in denen diese unterschiedliche Einschätzung besteht, nur relativ frühen Nachuntersuchungen entsprechen und mit weiterer Dauer eine progrediente Arthrose erwartet werden muß, die schließlich auch den Patienten zu einer anderen Einstellung gelangen läßt.

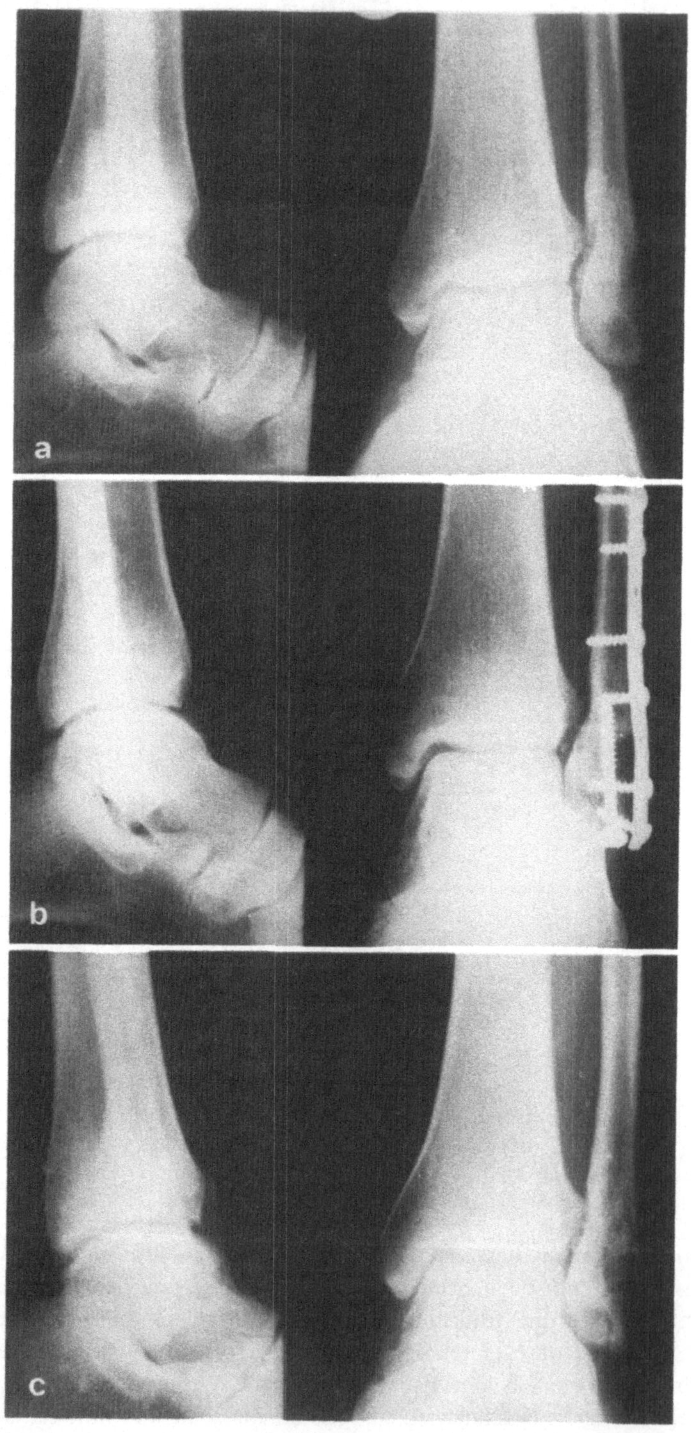

Abb. 5a-c. 32-jähriger Mann; Erg.: I = 4; II = 4; III = 3. N.U.: 2,9 J.

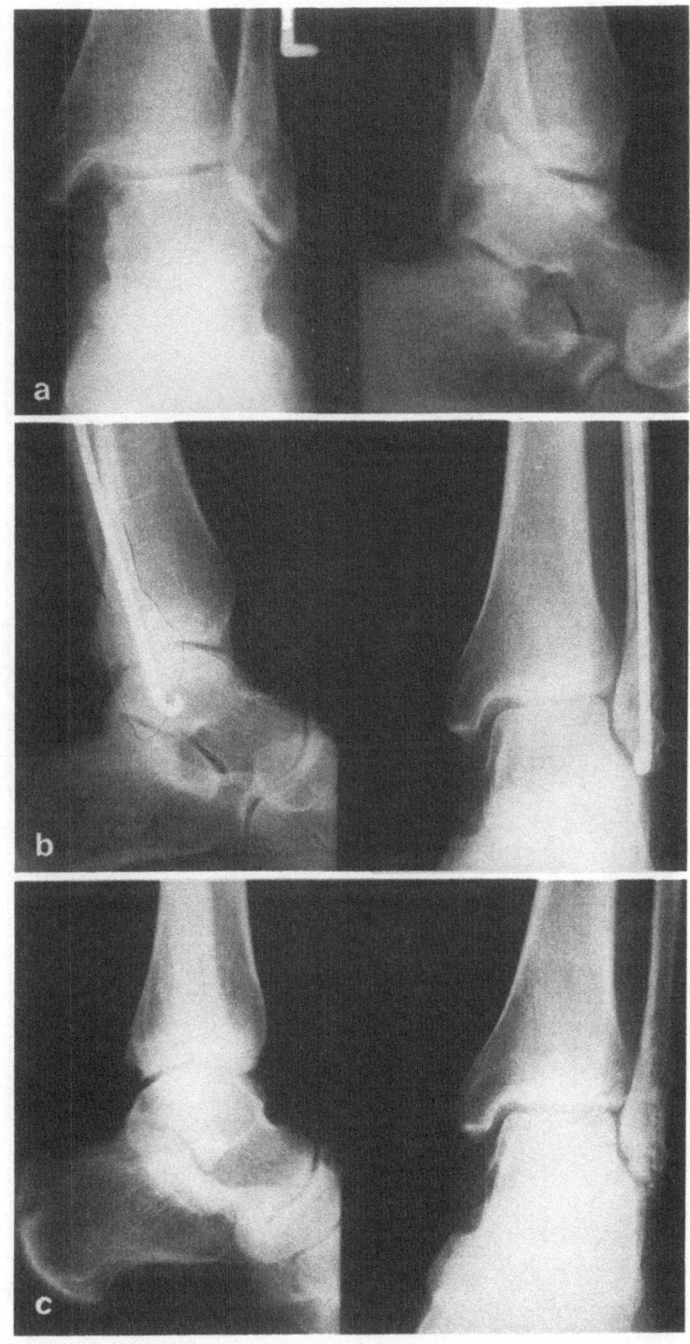

Abb. 6a-c. 45-jährige Frau. 210 Tage n.U. Op. Erg.: I = 2; II = 1; III = 1. N.U.: 10 J.

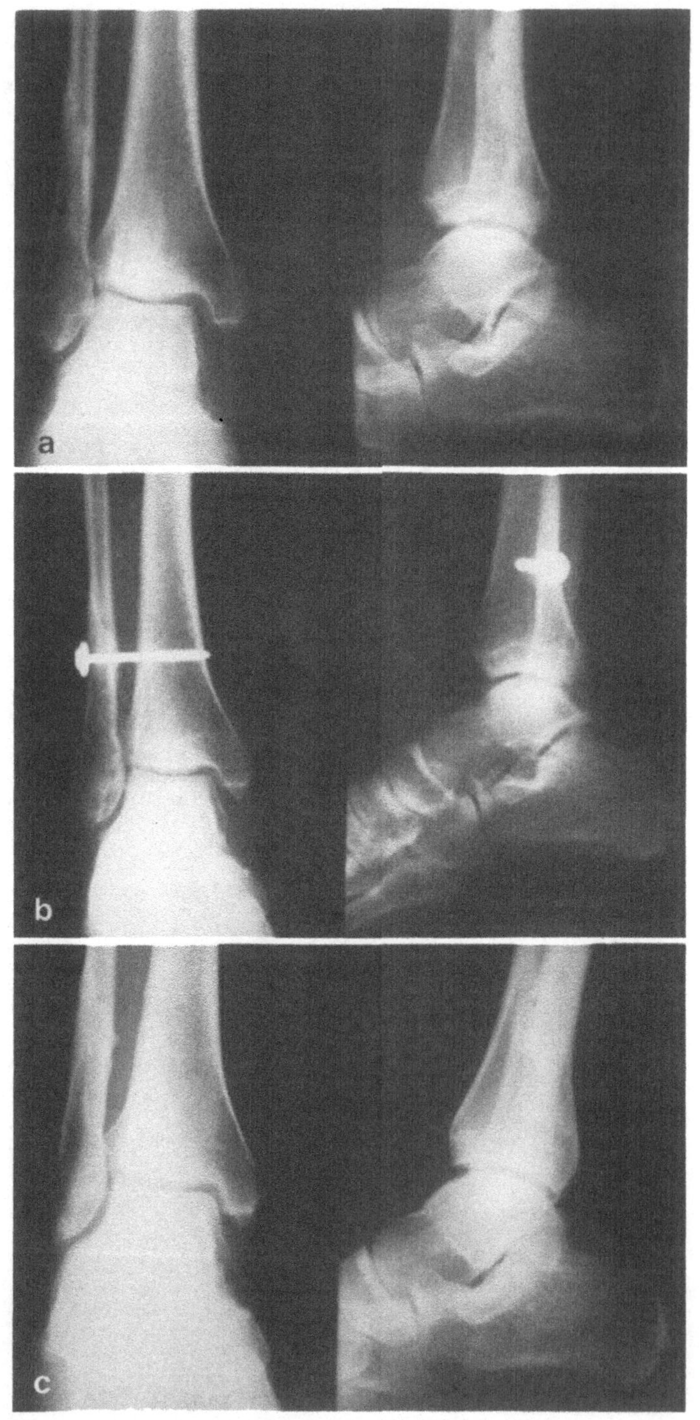

Abb. 7a-c. 25-jähriger Mann. 158 Tage n.U. Op. Erg.: I = 4; II = 4; III = 3. N.U.: 4,4 J.

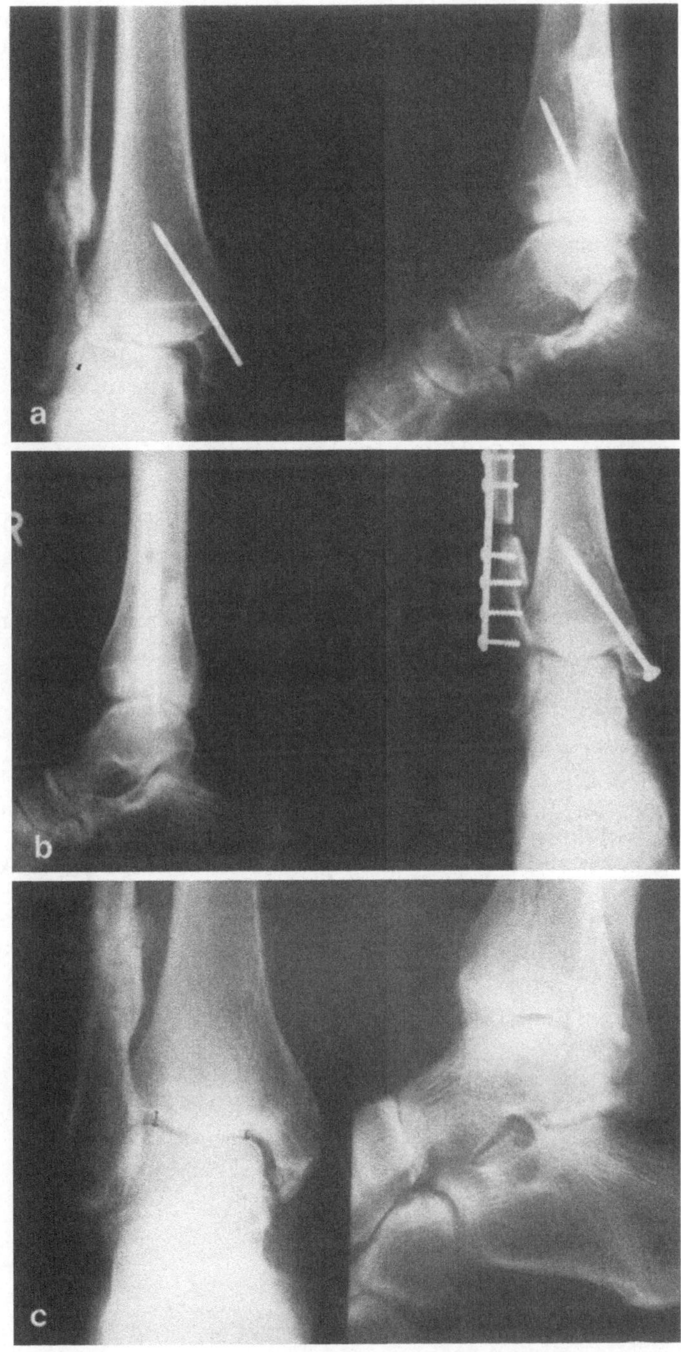

Abb. 8a-c. 24-jähriger Mann. 213 Tage n.U. Op. Erg.: I = 4; II = 4; III = 3. N.U.: 3,0 J.

Rontgenologische Veränderungen, die dem Bild einer Arthrose entsprechen, wurden in 12 Fällen festgestellt, ein Fehlen derartiger Veränderungen in 9 Fällen. Ein Zusammenhang dieser Arthrosen mit dem Zeitraum zwischen Verletzung und Operation ließ sich in diesem Kollektiv nicht ermitteln. Sowohl bei einem Intervall von 306 als auch von 48 Tagen ließen sich Zeichen einer Arthrose nachweisen; während umgekehrt nach 265 Tagen keinerlei Veränderungen vorlagen. Besonders ungünstig sind auch hier die Verhältnisse beim Typ C, wie die Aufschlüsselung zeigt. Das Gesamtkollektiv ist jedoch zu klein, um hieraus zwingende Schlußfolgerungen ableiten zu können. Umso aufschlußreicher ist der Einzelfall; der an typischen Beispielen in den Abb. 3 bis 8 demonstriert werden soll.

Die Ergebnisse lassen folgende vorsichtige *Schlußfolgerung* zu:

1. Der *Versuch einer Spätrekonstruktion* lohnt auch noch nach Ablauf von 10 Monaten, wenigstens bei Verletzungstyp A und B nach Weber; da selbst bei unbefriedigendem röntgenanatomischen Resultat eine für eine Reihe von Jahren schmerzfreie Funktion erhalten werden kann.
2. *Arthrodesen* sollten zunächst auf jene Fälle beschrankt bleiben, bei denen ein größeres Volkmannsches Dreieck zu einer schmerzhaften Bewegungseinschränkung geführt hat.
3. Ein sicherer Nachweis, daß jede rontgenologische Veränderung bereits als initialer Faktor für eine progrediente Arthrose anzusehen ist, kann nicht erbracht werden, da — wie bei anderen posttraumatischen Gelenkdeformierungen — ein gewisses Maß an Veränderungen als Ausdruck von Anpassung anzusehen ist.

Literatur

1. Böhler, L.: Die Technik der Knochenbruchbehandlung, Bd. II, 2. Teil, 12. u. 13. Aufl. Wien-Bonn-Bern: Maudrich 1957
2. Weber, B.G.: Die Verletzungen des oberen Sprunggelenkes, 2. Aufl. Bern-Stuttgart-Wien: Huber 1972
3. Weller, S., Knapp, U., Eck, Th.: Ergebnisse nach Korrektureingriffen am oberen Sprunggelenk. Sammelstudie der Deutschen Sektion der AO-International. Unfallheilk. *80*, 213 (1977)

Korrigierende Eingriffe am oberen Sprunggelenk

S. Weller und U. Knapp

Die komplizierte Biomechanik des oberen Sprunggelenkes läßt bei Verletzungen nur dann eine vollständige Wiederherstellung der Beweglichkeit und Belastbarkeit erwarten, wenn die Läsionen an Knochen, Knorpel und Bandapparat anatomisch exakt zur Ausheilung gebracht werden können. Grundvoraussetzung für eine normale Funktion und Stabilität des oberen Sprunggelenkes ist der genaue Schluß der Knöchelgabel. Bei der Versorgung von Sprunggelenksfrakturen muß deshalb besonderer Wert gelegt werden auf die Rekonstruktion einer längen- und rotationsgerechten Fibula und auf die Wiederherstellung einer intakten tibio-fibularen Syndesmose. Der Innenknöchel ist demgegenüber nur von sekundärer Bedeutung.

Der Unfallchirurg und Orthopäde wird leider nicht selten mit schlechten Ergebnissen konservativ oder auch operativ versorgter Malleolarfrakturen konfrontiert. Es erhebt sich dann immer wieder die Frage, kann durch eine geeignete Korrekturoperation die Sekundärarthrose noch verhindert oder ihr Fortschreiten wenigstens verzögert werden, oder bleibt in diesen Fällen letztlich nur die Versteifung des oberen Sprunggelenkes übrig.

Einteilung der Fehlstellungen

Die nach konservativer und operativer Behandlung von Sprunggelenksfrakturen auftretenden Fehlstellungen lassen sich im wesentlichen in fünf Gruppen einteilen. Die erste Gruppe der posttraumatischen Fehlstellungen ist gekennzeichnet durch eine zu lange Fibula mit

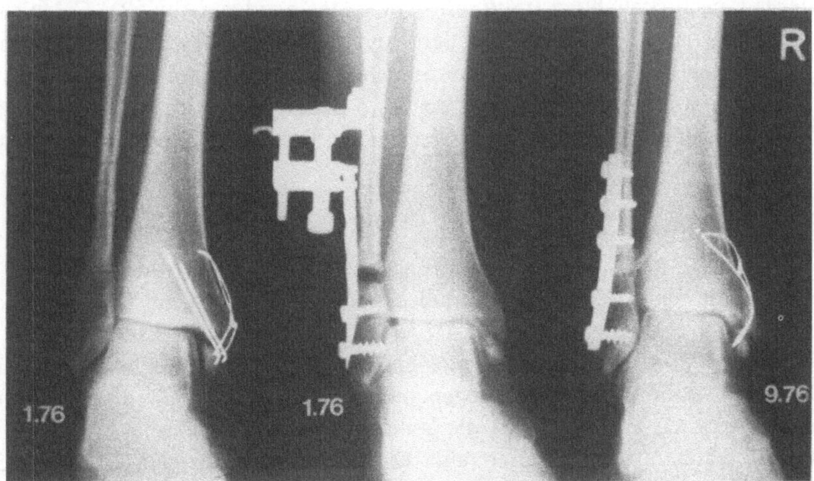

Abb. 1. Unter Verkürzung und Außendrehfehlstellung verheilte Fibulafraktur mit Valgus-Kippung des Talus und Innenknöchelpseudarthrose. Korrektur durch eine Verlängerungsosteotomie; intraoperativer Befund bei noch liegendem Distraktionsgerät. Nach 9 Monaten knöcherne Ausheilung der Osteotomie bei jetzt normalem Gabelschluß

58

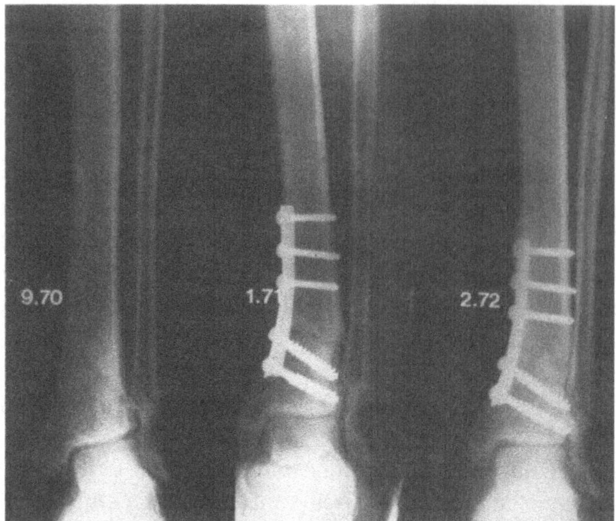

Abb. 2. Supramalleoläre Valgusfehlstellung des oberen Sprunggelenkes. Korrektur durch eine supramalleoläre Osteotomie. Knöcherne Ausheilung ein Jahr später

Varus-Kippung des Talus. Charakteristisch für die zweite Gruppe ist dagegen eine zu kurze Fibula mit Valgus-Kippung des Talus (Abb. 1). Durch die Verkürzung der Fibula paßt der Außenknöchel nicht mehr in die Incisura tibiae, er wird nach lateral und dorsal verlagert und nach außen verdreht. Die Knöchelgabel wird zu weit, sodaß der Talus die Möglichkeit hat nach fibular auszuweichen und in Valgusstellung zu kippen. Die dritte Gruppe bilden die supra-malleolären Fehlstellungen des oberen Sprunggelenkes, die vorwiegend nach Stauchungsfrakturen beobachtet werden (Abb. 2). Gelenkstufenbildungen durch ungenügend reponierte größere hintere oder vordere Tibiakantenfragmente bilden eine weitere Gruppe der posttraumatischen Fehlstellungen des oberen Sprunggelenkes, die ebenso wie Verknöcherungen der tibio-fibularen Syndesmose — als letzte Gruppe der Fehlstellungen — zu einer Arthrose des oberen Sprunggelenkes führen müssen.

Technik der Korrektureingriffe

Solange die Fehlstellung einer Malleolarfraktur noch nicht knöchern konsolidiert ist, können die Frakturebenen operativ vom bindegewebigen Kallus befreit und in anatomisch exakter Stellung durch eine entsprechende Osteosynthese versorgt werden. Die Operationstechnik bei diesen sogenannten *Frühkorrekturen* entspricht im wesentlichen der bei frischen Frakturen. Ist die Malleolarfraktur aber bereits in Fehlstellung knöchern verheilt, kann nur noch durch eine Osteotomie die Normalisierung der Sprunggelenksanatomie angestrebt werden. Ohne Zweifel sind solche *Spätkorrekturen* des oberen Sprunggelenkes technisch wesentlich schwieriger. Ihre Durchführung ist prinzipiell nur sinnvoll, solange noch keine wesentliche Sekundärarthrose des oberen Sprunggelenkes besteht. Bei den Spätkorrekturen überwiegen die Osteotomien zur Verlängerung der Fibula. Fibulafrakturen haben ja die Tendenz, unter Verkürzung und Außendrehung des distalen Fragmentes knöchern zu heilen – eine Insuffizienz der Gelenkgabel ist dann die zwangsläufige Folge. Medial findet sich häufig ein rupturiertes und interponiertes Ligamentum deltoideum oder aber eine Pseudarthrose des Innenknöchels. Hier muß als erster Schritt das im inneren Gelenkspalt befindliche Narbengewebe entfernt und eine vorhandene Fehlstellung des Innenknöchels beseitigt werden. Erst nach Entfernung des meist millimeterdicken Pannus aus dem inneren Gelenkspalt läßt sich die Subluxationsfehlstellung des Talus korrigieren. Nach suprasyndesmaler Osteotomie der Fibula wird diese mit dem Distraktionsgerät so weit verlängert bei gleichzeitiger Korrektur der Außendrehfehlstellung,. bis schließlich eine anatomisch exakte Artikulation des oberen Sprunggelenkes erreicht ist. Die entstandene Lücke wird mit einem autologen Spongiosablock überbrückt, die Fixierung erfolgt in der Regel mit einer Halb- oder Drittelrohrplatte.

Bei einer Valgus- oder Varusfehlstellung der Sprunggelenksachse über 10 Grad ist eine supra malleoläre Korrekturosteotomie indiziert, sofern sekundärarthrotische Veränderungen noch fehlen.

Krankengut

Im Rahmen einer Sammelarbeit der Deutschen Sektion der Internationalen Arbeitsgemeinschaft für Osteosynthesefragen wurden die Korrektureingriffe am oberen Sprunggelenk an 6 deutschen Kliniken durch dortige Mitarbeiter zusammengestellt und in Tübingen zentral ausgewertet. Die Auswertung umfaßt insgesamt 135 Korrektureingriffe am oberen Sprunggelenk, die in den Jahren 1962 bis 1974 an den Kliniken Bochum, Duisburg, Hannover, Mainz, Tübingen und Ulm durchgeführt worden sind. Die operative Versorgung lag zum Zeitpunkt der Nachkontrolle mindestens 12 Monate zurück. Keine Berücksichtigung fanden Eingriffe wegen alleiniger fibularer oder tibialer Bandinsuffizienz ohne knöcherne Verletzung.

Komplikationen

Wie aus Tabelle 1 hervorgeht, stehen bei den 135 Korrektureingriffen Wundheilungsstörungen, die zum Teil auf die schlechten Weichteilverhältnisse durch die oft lange Vorbehandlung zurückzuführen sind, im Vordergrund der Komplikationen. Die Infektionsrate ist mit 4.4% auffallend hoch.

Tabelle 1. Komplikationen

Bei 135 Korrektureingriffen am oberen Sprunggelenk

Verzögerte Wundheilung (Wundrandnekrose, Wunddehiszens)	5,2%
Infektion	4,4%
Hämatom	3%
Ausbleiben der knöchernen Heilung	3%
Peronaeusparese	0,7%

Ergebnisse

Die Auswertung der Spätergebnisse erfolgte in Anlehnung an Weber nach einem Punkte-system, unter Berücksichtigung der Funktion des oberen und unteren Sprunggelenkes, des Gangbildes, der Beschwerden und des Rontgenbefundes. Die Nachuntersuchung der Patienten erfolgte frühestens zwölf Monate, im Durchschnitt 29 Monate nach dem durch-geführten Korrektureingriff. Die Ergebnisse wurden in sehr gute, gute und unbefriedigende Resultate gegliedert.

Das Ergebnis wurde nur dann als „sehr gut" bezeichnet, wenn klinisch und röntgeno-logisch eine Restitutio ad integrum eingetreten war. Dieses Ergebnis konnte freilich nur relativ selten erreicht werden, was im Hinblick auf die Ausgangssituation, die zur Korrek-tur Anlaß gab, auch nicht verwundern darf. Konnte bei regelrechten Verhältnissen im Röntgenbild auch eine wesentliche Besserung der Beschwerden und der Sprunggelenks-beweglichkeit festgestellt werden, wurde das Ergebnis noch als „gut" bezeichnet. In Noten ausgedrückt heißt dies 1 bis 5 Negativpunkte. Bei sehr guten und guten Spätergebnissen konnten weder eine präarthrotische Deformität noch Zeichen einer bereits bestehenden Arthrose nachgewiesen werden. Von einem „unbefriedigenden" Ergebnis wurde gespro-chen bei Fortbestehen stärkerer Beschwerden mit Gehstörung oder wesentlicher Ein-schränkung der Sprunggelenksbeweglichkeit und beim Nachweis einer praarthrotischen Deformität oder bereits bestehender sekundärarthrotischer Veränderungen im Röntgen-bild. In der Notengebung bedeutet dies 6 oder mehr Negativpunkte. Unser Maßstab zur Beurteilung der Spätergebnisse nach wiederherstellenden Korrektureingriffen am oberen Sprunggelenk ist bewußt streng gewählt. Im Gegensatz zu den Statistiken anderer Au-toren [1, 2, 8] bewerten wir präarthrotische Veränderungen und beginnende Arthrose-zeichen als ein unbefriedigendes Ergebnis, auch dann, wenn sie den Verletzten zum Zeit-punkt der Nachuntersuchung noch wenig in seiner beruflichen oder außerberuflichen Aktivität behindern. Experimentelle Untersuchungen von Riede u. Mitarb. [5] ergaben, daß schon kleinste Inkongruenzen der Gelenkfläche genügen, um über kurz oder lang eine Sekundärarthrose hervorzurufen. Bei der Beurteilung von Spätergebnissen nach Korrektureingriffen am oberen Sprunggelenk kommt deshalb u.E. der Arthrosegefährdung durch präarthrotische Veränderungen größte Bedeutung zu. Lediglich bei der Beurteilung geringer anatomischer Unstimmigkeiten am Innenknöchel sind wir etwas toleranter, da bekanntermaßen die Stoßrichtung beim Gehen und Laufen immer in Richtung des Außen-knöchels erfolgt, wobei der Stoß durch eine intakte Syndesmose mit abgefedert wird. So führen auch schon minimale Unstimmigkeiten im Bereich der Funktionseinheit Syndes-mose-Außenknöchel zur Sekundärarthrose, während kleine Stufenbildungen am Innen-knöchel sich in aller Regel nicht so deletär für die Gelenkmechanik auswirken.

Die Spätergebnisse können bei den 135 nachuntersuchten Patienten insgesamt in 45% der Fälle als gut oder sogar sehr gut bezeichnet werden. Bei Auswertung der Ergebnisse, getrennt nach dem ursprünglichen Verletzungstyp, bietet sich allerdings ein etwas anderes Bild.

Luxationsfrakturen vom Typ A

Wie die Tabelle 2 zeigt, beschränkten sich die Korrektureingriffe bei ursprünglichen Luxa-tionsfrakturen des oberen Sprunggelenkes vom Typ A fast ausschließlich auf die in aller Regel problemlose Stabilisierung einer Innenknöchelpseudarthrose. So verwundert es nicht, daß die Spätergebnisse hier bei 11 der 15 Patienten sehr gut oder gut waren. Ob-

Tabelle 2. Korrektureingriffe und deren Ergebnisse
bei 15 Luxationsfrakturen vom Typ A

Korrektureingriffe		Ergebnisse	
Osteosynthese einer Innenknöchelpseudarthrose	14	sehr gut	6
		gut	5
Osteosynthese einer Außenknöchelpseudarthrose	1	unbefriedigend	4

wohl bei Intaktheit der Syndesmose und der distalen Fibula, selbst bei Verlust des Innenknöchels, noch eine ausreichende Stabilität und Funktion des oberen Sprunggelenkes gewährleistet sein kann, wäre es falsch, der Versorgung des Innenknöchels jede Bedeutung abzuerkennen. So kann eine Fehlstellung oder Pseudarthrose des Innenknöchels Anlaß zur Ausbildung einer lokalen, schmerzhaften Inkongruenzarthrose sein. Aus gelenkmechanischen Gründen ist außerdem eine normale Spannung des Ligamentum deltoideum anzustreben, da dieses in der ersten Hälfte der Standphase unter Zug gesetzt wird und so der Valgisationstendenz des oberen Sprunggelenkes in dieser Phase entgegenwirkt [7]. Wir sind mit Leitz und Weber der Auffassung, daß Innenknöchelpseudarthrosen durchaus nicht grundsätzlich operationsbedürftig sind. Die Indikation zur operativen Stabilisierung einer isolierten Innenknöchelpseudarthrose bei erhaltenem Gabelschluß sollte immer nur individuell in Abhängigkeit der Beschwerden und auch des Lebensalters des Patienten gestellt werden. Die überwiegend guten Spätergebnisse nach operativer Stabilisierung einer isolierten Innenknöchelpseudarthrose sprechen eher für eine großzügigere Indikationsstellung. Innenknöchelpseudarthrosen treten freilich viel häufiger nicht isoliert, sondern als Folge einer Gabellockerung bei verkürzter Fibula auf, weshalb bei bestehender Innenknöchelpseudarthrose meist in erster Linie die fibulare Knöchelregion der operativen Korrektur bedarf.

Luxationsfrakturen vom Typ B

Bei ursprünglichen Luxationsfrakturen vom Typ B waren rekonstruktive Eingriffe vorwiegend wegen bestehender Außen- und Innenknöchelpseudarthrosen notwendig (Tabelle 3).

Tabelle 3. Korrektureingriffe und deren Ergebnisse bei 44 Luxationsfrakturen vom Typ B

Korrektureingriffe		Ergebnisse		
Osteosynthese einer Außenknöchelpseudarthrose	29	sehr gut	11	
Osteosynthese einer Innenknöchelpseudarthrose	20			52%
Verlängerungsosteotomie der Fibula	5	gut	12	
Verkürzungsosteotomie der Fibula	1	unbefriedigend	21	48%
Bandplastik oder Naht	9			

Von den 44 Patienten der Sammelstatistik wiesen hier immerhin noch 52% ein sehr gutes oder gutes Spätergebnis auf. Die gelenkmechanische Sonderstellung des Malleolus fibularis unterstreicht die Notwendigkeit zur Korrektur von Außenknöchelfehlstellungen und zur operativen Stabilisierung einer bestehenden Pseudarthrose des Malleolus fibularis. Die mit 52% guten Spätergebnisse rechtfertigen auch durchaus den Versuch eines wiederherstellenden Korrektureingriffes.

Luxationsfrakturen vom Typ C

Bei Luxationsfrakturen vom Typ C stellen Verlängerungsosteotomien der Fibula mit gleichzeitiger Stabilisierung einer Innenknöchelpseudarthrose mit Abstand die häufigsten Korrektureingriffe dar (Tabelle 4). In Anbetracht der Schwere dieser präarthrotischen Deformität des oberen Sprunggelenkes sind die nach Verlängerung des Außenknöchels in 43% der Fälle erreichten guten Spätergebnisse ein beachtenswerter Erfolg. Größte Zurückhaltung ist geboten mit rekonstruktiven Eingriffen im Bereich der Syndesmose. Bei erhaltener hinterer Syndesmose ist die alleinige Distalisierung des Außenknöchels zur Beseitigung der Gabellockerung ausreichend. Im Gegensatz zu Leitz halten wir in diesen Fällen eine Syndesmosen-Plastik mit temporärer tibio-fibularer Transfixation nicht für erforderlich. Allenfalls bei vollständiger Insuffizienz der Syndesmose und der Membrana interossea ist die Durchführung einer Syndesmosen-Plastik mit temporärer supra-syndesmaler tibio-fibularer sog. Stellschraube gerechtfertigt. Die Gefahr der Ausbildung von Verknöcherungen im Bereich der rekonstruierten Syndesmose mit späterer Verstarrungsarthrose ist gerade hier besonders groß.

Stauchungsfrakturen

Nach Pilon-Tibial-Frakturen war in 15 Fällen wegen einer Varus- oder Valgusfehlstellung der Sprunggelenksachse eine supra-malleoläre Korrekturosteotomie durchgeführt worden. Bei 5 weiteren Patienten war eine Osteosynthese wegen bestehender Pseudarthrose der Tibia oder Fibula notwendig (Tabelle 5). Die Spätergebnisse sind hier am schlechtesten: Nur bei 4 der insgesamt 20 Patienten konnte das Spätergebnis als gut bezeichnet werden. Daß Korrektureingriffe gerade nach Pilon-Tibial-Frakturen mit Abstand die schlechtesten Spätergebnisse aufweisen, darf in Anbetracht der Schwere der ursprünglichen Gelenkzertrümmerung mit entsprechender Knorpelschädigung nicht verwundern. Hier ist sicher in der Mehrzahl der Fälle die frühzeitige Arthrodese des oberen Sprunggelenkes die bessere Behandlung.

Tabelle 4. Korrektureingriffe und deren Ergebnisse bei 56 Luxationsfrakturen vom Typ C

Korrektureingriffe		Ergebnisse		
Verlängerungsosteotomie der Fibula	35	sehr gut	3	
Osteosynthese einer Innenknöchelpseudarthrose	31			43%
Osteosynthese einer Fibulapseudarthrose	13	gut	21	
Bandplastik oder Naht	23	unbefriedigend	32	57%

Tabelle 5. Korrektureingriffe und deren Ergebnisse
bei 20 Stauchungsfrakturen (Pilon-Tibial-Frakturen)

Korrektureingriffe		Ergebnisse	
Supramalleoläre Korrektureingriffe	15	sehr gut	1
Osteosynthese einer Tibiapseudarthrose	3	gut	3
Osteosynthese einer Fibulapseudarthrose	2	unbefriedigend	16

Zusammenfassung

Die Analyse der Spätergebnisse aller durchgeführten wiederherstellenden Korrektureingriffe am oberen Sprunggelenk zeigt deutlich: Die Indikation zu einer Korrekturoperation am oberen Sprunggelenk muß grundsätzlich streng gestellt werden. Der Erfolg einer Korrekturoperation wird umso fraglicher, je später der Korrektureingriff durchgeführt wird, je höher das Lebensalter des Patienten und je komplexer die zu korrigierende Fehlstellung ist. Die Korrektureingriffe müssen so früh wie möglich durchgeführt werden — bei Frühkorrekturen noch vor Auftreten der posttraumatischen Knochendystrophie, bei Spätkorrekturen vor Manifestwerden einer Sekundärarthrose.

Beim Fehlen von sekundärarthrotischen Veränderungen im Röntgenbild sollte vor allem bei jüngeren Patienten auf jeden Fall eine Korrekturoperation versucht werden. Liegt aber bereits eine deutliche Sekundärarthrose vor, sind rekonstruktive Eingriffe aussichtslos. Hier bleibt an operativen Behandlungsmaßnahmen nur noch die Arthrodese des oberen Sprunggelenkes übrig. In besonders ausgewählten Fällen käme auch noch der alloarthroplastische Gelenkersatz in Frage: wir selbst verfügen allerdings über keine eigenen Erfahrungen mit der totalen Sprunggelenksendoprothese.

Literatur

1. Lauge Hansen, N.: Fractures of the ankle. Analytic historic survey as the basis of new experimental, roentgenologic and clinical investigations. Arch. Surg. *56*, 259 (1948)
2. Lauge Hansen, N.: Knöchelbrüche und Bandverletzungen des Fußgelenkes und des Fußes. Zbl. Chir. *15*, 545 (1963)
3. Leitz, G.: Korrekturoperationen bei in Fehlstellung verheilten Knöchelfrakturen. H. Unfallheilk. *92*, 137 (1967)
4. Leitz, G.: Die operative Korrektur veralteter Knöchelgabelsprengungen. Arch. orthop. Unfallheilk. *70*, 36 (1971)
5. Riede, U., Willenegger, H., Schenk, R.: Experimenteller Beitrag zur Erklärung der sekundären Arthrose bei Frakturen des oberen Sprunggelenkes. Helv. chir. Acta *36*, 343 (1969)
6. Weber, B.G.: Die Verletzungen des oberen Sprunggelenkes. Bern-Stuttgart-Wien: Huber 1966
7. Weller, S., Knapp, U., Eck, Th.: Ergebnisse nach Korrektureingriffen am oberen Sprunggelenk. Unfallheilk. *80*, 213 (1977)
8. Ziller, R., Seyfarth, H.: Erfahrungen bei der operativen Behandlung veralteter Verletzungen im Bereich des oberen Sprunggelenkes. Zbl. Chir. *95*, 772 (1970)

Pseudarthrosen des oberen Sprunggelenkes

E. Beck

Pseudarthrosen der Knochel entstehen sowohl bei konservativer als auch bei operativer Behandlung von Knochelbrüchen. Die Ursachen für Knochelpseudarthrosen bei konservativer Behandlung sind meist in einer ungenügenden Reposition zu suchen, wobei die Interposition von Periost und Fascie, insbesondere am Innenknochel, von Bedeutung ist; oder in einer ungenügend langen Ruhigstellung im Gipsverband, wenn die Schwere der begleitenden Bandverletzung nicht erkannt wird. Sicher kommt auch der mechanischen Ursache durch die Bewegung der tibialis-posterior-Sehne, insbesondere bei kleinen Frakturen der Innenknöchelspitze Bedeutung zu. Die Entstehung einer Außenknöchelpseudarthrose nach einer Ermüdungsfraktur durfte wohl ein seltenes Ereignis sein [3].

Bei der operativen Behandlung sind fehlerhafte Osteosynthesen und Infekte die Hauptursachen für das Auftreten von Pseudarthrosen.

Pseudarthrosen nach Knochelfrakturen sind heute ein eher seltenes Ereignis, weil es sich hier um Frakturen im spongiösen Knochen mit guter Heilungstendenz handelt. So fand Snepen [6, 7] unter 4.760 Fibulafrakturen nur 23 Pseudarthrosen des Außenknöchels. Die Pseudarthrosen betreffen häufiger den Innen- als den Außenknöchel. Weller u. Mitarb. [9] fanden in einer Sammelstatistik der deutschen AO 65 Innenknöchel- und 45 Außenknöchelpseudarthrosen. In den 11 Jahren von 1966 bis 1976 wurden in 6 Arbeitsunfallkrankenhäusern Österreichs 7 Pseudarthrosen beider Knöchel, 38 Außenknochel- und 143 Innenknöchelpseudarthrosen, zusammen also 188 Knöchelpseudarthrosen dokumentiert (Tabelle 1).

Bei konservativer Behandlung ist mit einer Pseudarthrose des Innenknöchels haufiger zu rechnen als bei operativer Behandlung. Fekete u. Mitarb. [2] fanden bei 314 Knöchelbrüchen, die konservativ behandelt wurden, 44 Pseudarthrosen des Innenknochels, das sind 14 Prozent. Riess [5] fand sogar 30,9 Prozent Pseudarthrosen und unter den konservativ besonders ungünstig zu behandelnden Pronationsfrakturen sogar 62,8 Prozent Pseudarthrosen. Durchschnittlich ist mit etwa 10% Pseudarthrosen bei konservativer Behandlung zu rechnen [4].

Unter 334 operativ behandelten Knochelbrüchen fanden wir in unserem Krankengut keine einzige Pseudarthrose. Die Abnahme der Häufigkeit der Knöchelpseudarthrose ist bei den 188 Fällen der österreichischen Arbeitsunfallkrankenhäuser in Abb. 1 zu erkennen, wobei zu erwähnen ist, daß die Zahl der behandelten Knochelbrüche zunimmt. Die Ab-

Tabelle 1. Knöchelpseudarthrosen der 6 Arbeitsunfallkrankenhäuser Österreichs in 11 Jahren 1966–1976

Beide Knöchel	7
Außenknöchel	38
Innenknöchel	143
Gesamt	188

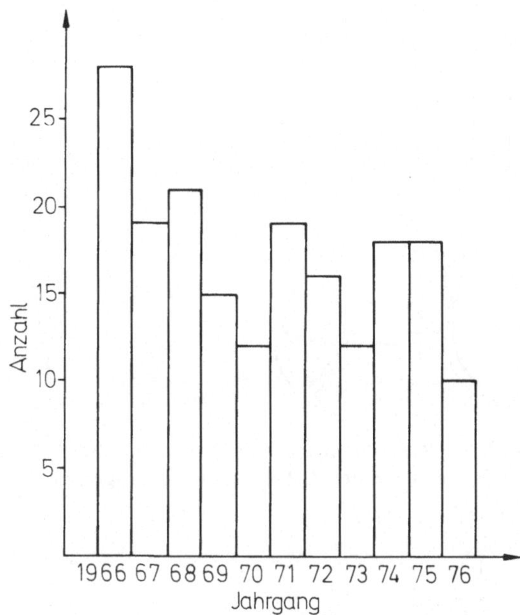

Abb. 1. Häufigkeitsverteilung der 188 Knöchelpseudarthrosen auf 11 Jahre. Es ist eine deutliche fallende Tendenz der Häufigkeit erkennbar

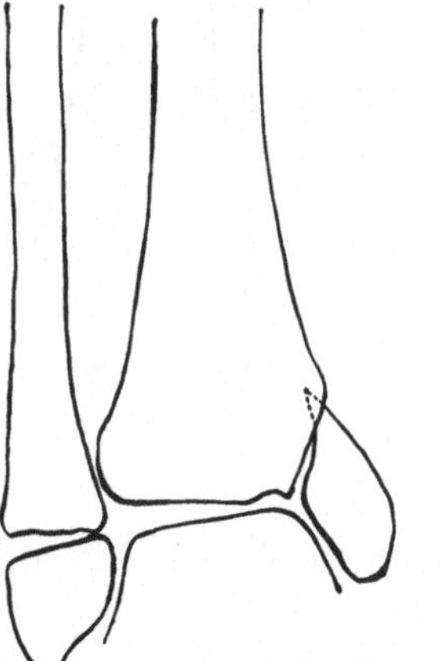

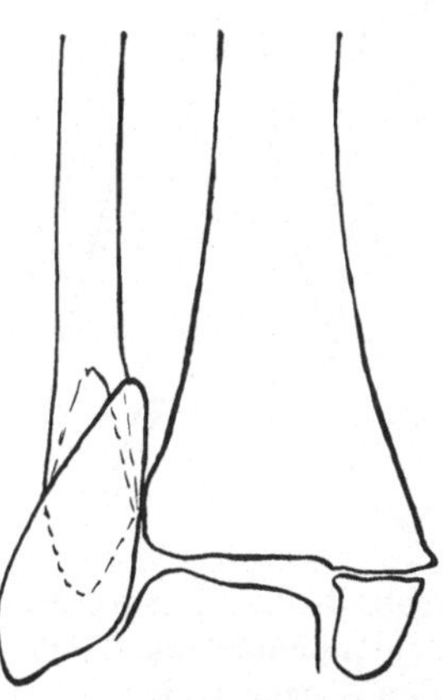

Abb. 2. Knöchelpseudarthrosen mit Varusstellung des Sprungbeines sind Pseudarthrosen nach Knöchelbrüchen vom Typ A nach Weber, während bei Valgusstellung des Sprungbeines die Knöchelpseudarthrosen Verkürzung, Außendrehfehlstellung und Valgusstellung nach Frakturen vom Typ B und C nach Weber zeigen

nahme der Pseudarthrosen ist sicher auf die vermehrte und bessere operative Behandlung der Knochelbrüche zurückzuführen.

Bei Knöchelpseudarthrosen in Fehlstellung überwiegt naturgemäß die Verkürzung, Valgus- und Außendrehfehlstellung des Außenknöchels beim Typ B und C nach Weber mit Valguskippung des Talus gegenüber der Verlängerung und Varusfehlstellung der Fibula beim Typ A nach Weber (Abb. 2). Bei Pseudarthrosen ohne Fehlstellung überwiegen die Pseudarthrosen des Innenknöchels, sie konnen in Höhe der distalen Schienbeingelenksfläche oder mehr zur Knöchelspitze hin gelegen sein (Abb. 3). Die Diagnose der Innen-

Abb. 3. Pseudarthrosen des Innenknöchels ohne Fehlstellung des Sprungbeines liegen entweder in Höhe der distalen Schienbeingelenksfläche oder der Knöchelspitze zu

 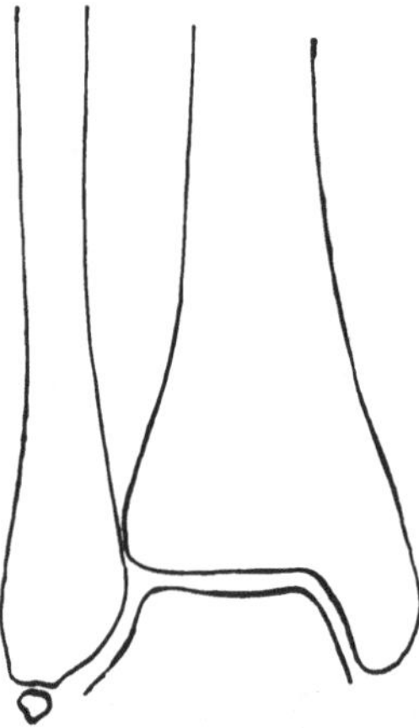

Abb. 4. Pseudarthrosen des Außenknöchels ohne Verschiebung liegen in Höhe der distalen Schienbeingelenksfläche oder in Richtung der Außenknöchelspitze nach Frakturen vom Typ A nach Weber

knöchelpseudarthrose kann auf dem a.p.-Bild Schwierigkeiten bereiten, wenn sie — wie nicht selten — von hinten-oben nach vorne-unten schräg verläuft. Der Innenknöchel erscheint dann einfach verlängert. In der Seitenaufnahme oder eventuellen Schrägaufnahme kann die Diagnose aber gestellt werden.

Am Außenknöchel kann fast nur die Pseudarthrose unterhalb der Schienbeingelenksfläche oder an der Knöchelspitze nach Frakturen vom Typ A nach Weber, ohne Fehlstellung des Sprunggelenkes auftreten (Abb. 4). Nicht selten heilt der Außenknöchel oder das Wadenbein in Fehlstellung und der Innenknöchel pseudarthrotisch.

Behandlung. Ziel der Behandlung von Knöchelpseudarthrosen muß die Stabilisierung der Knöchelgabel bei schmerzfreier Beweglichkeit des Gelenkes sein. Die Knöchelpseudarthrosen sind im spongiösen, gut vascularisierten Knochengewebe gelegen. Es steht daher die Stabilisierung der vitalen Pseudarthrose im Vordergrund, während Knochentransplantate nur für Defektpseudarthrosen erforderlich sind.

Behandlung der Innenknöchelpseudarthrosen

Lorenz Böhler [1] hat zwischen stabilen und instabilen Knöchelpseudarthrosen unterschieden. Die stabile, straffe Pseudarthrose ist oft schmerzfrei und bedarf dann keiner operativen Therapie. Sie wird oft zufällig entdeckt, manchmal aber auch im Rahmen einer neuerlichen Verletzung. Dem medialen Knöchel kommt ja für die Stabilität des Sprunggelenkes weit weniger Bedeutung zu als dem lateralen [10]. Selbst das Fehlen des medialen Knöchels muß nicht zu einer Gabelinstabilität führen [8]. Wesentlicher Faktor in der Behandlung der Pseudarthrosen des medialen Knöchels ist die Stabilität der Syndesmose. Ist sie stabil, was durch gehaltene Aufnahmen nachgewiesen werden kann, dann wird die Pseudarthrose am Innenknöchel meist straff und schmerzfrei sein. Fekete u. Mitarb. [2] haben bei Spätkontrollen von medialen Knöchelpseudarthrosen gefunden, daß diese ausheilen, wenn es zur Synostose zwischen Schien- und Wadenbein gekommen war. Schmerzhafte, instabile Pseudarthrosen sollen aber operiert werden. Die Behandlung der Innenknöchelpseudarthrose mit Cerclage, Nägeln, Spreiznägeln nach Küntscher, Federschrauben, Zuelzer-Klammer u.s.w. haben ebenso wie Verschiebe-, Umkehr- und Falzspäne nur mehr historische Bedeutung. Für diese Pseudarthrosen in Höhe der distalen Schienbeingelenksfläche hat sich die Verschraubung entweder mit der Malleolarschraube oder mit 2 Kleinfragment-Spongiosaschrauben, unter Umständen in Kombination mit einem Bohrdraht, bewährt (Abb. 5). Bei lockeren Pseudarthrosen mit Verschiebung wird das Pseudarthrosengewebe entfernt, um den Knöchel besser reponieren zu können. Bei straffer Pseudarthrose ist dies nicht notwendig. Ein zusätzlicher Verschiebespan ist nicht erforderlich, wenn die Pseudarthrose ausreichend unter Druck kommt und damit stabilisierbar ist. Damit ist eine frühzeitige funktionelle Nachbehandlung gewährleistet.

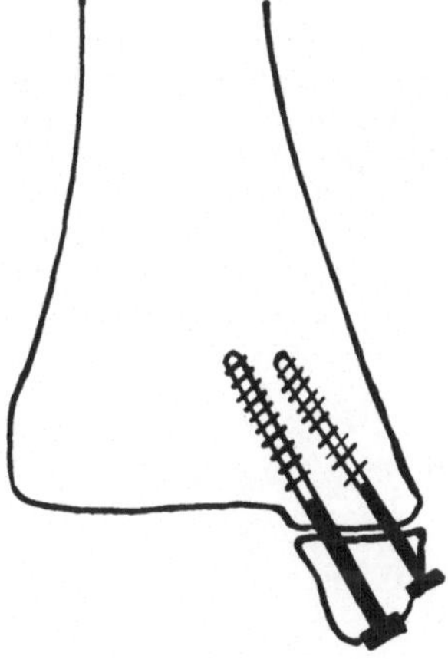

Abb. 5. Osteosynthese bei Pseudarthrose des Innenknöchels mit großem Fragment durch Verschraubung mit 2 Kleinfragmentspongiosaschrauben

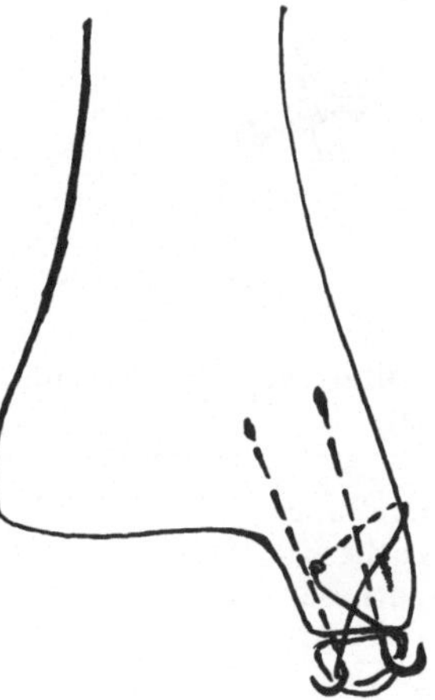

Abb. 6. Versorgung von Innenknöchelpseudarthrosen distal der Schienbeingelenksfläche mittels Zuggurtung

Bei Pseudarthrosen, die distal der Schienbeingelenksfläche liegen, ist der verbliebene Knöchelanteil meist so klein, daß er nicht mehr mit Schrauben gefaßt werden kann. Hier kann die Zuggurtungsosteosynthese zur Ausheilung der Pseudarthrose führen (Abb. 6).

Kleinere Pseudarthrosen der Knöchelspitze können ohne Gefährdung der Stabilität des Gelenkes reseziert werden. Das Ligamentum deltoideum soll aber reinseriert werden (Abb. 7).

Wenn die Pseudarthrose des Innenknöchels mit einer Fehlstellung des Außenknöchels verbunden ist, darf man sich mit der Operation der Innenknöchelpseudarthrose nicht begnügen. Vielmehr ist durch Osteotomie auch die Fehlstellung des Außenknochels zu beseitigen. Hierzu eignet sich die schräge Osteotomie unter Korrektur der Valgusfehlstellung und Verlängerung des Wadenbeines und Osteosynthese mit Kleinfragmentschrauben.

Die Standardtherapie ist aber die Osteotomie und Verlängerung des Wadenbeines und Stabilisierung mit Drittelrohrplatte und Schrauben und Interposition eines corticospongiösen Knochenspans. Unter 143 Pseudarthrosen des Innenknöchels, die in den 6 Arbeitsunfallkrankenhäusern Österreichs dokumentiert wurden, war in 82 Fällen keine wiederherstellende Operation vorgenommen worden.

Die Tabelle 2 ergibt Aufschluß über die durchgeführten Operationen:

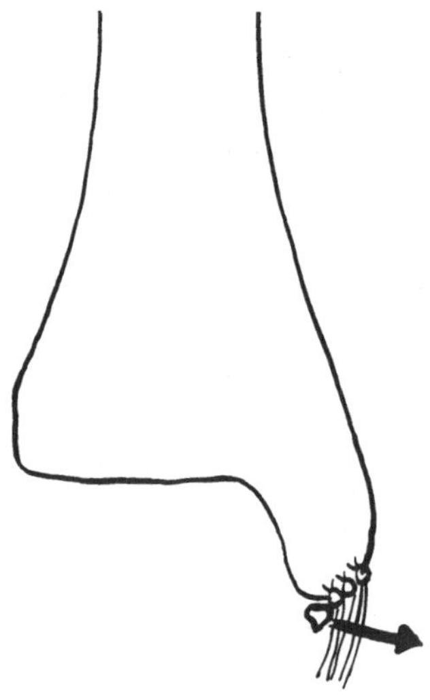

Abb. 7. Technik bei Pseudarthrose der Knöchelspitze mit Entfernung des kleinen Fragmentes und Reinsertion des Ligamentum deltoideum

Tabelle 2. Behandlung von 143 Pseudarthrosen des Innenknöchels

Konservative Behandlung	82
Bohrdrahtosteosynthese	3
Schraubenosteosynthese	16
Zuggurtung	4
Spanverpflanzung	9
Osteosynthese und Spanverpflanzung	17
Resektion	12
Arthrodese	0

Behandlung der Außenknöchelpseudarthrosen

Pseudarthrosen am Außenknöchel ohne Verschiebung können mit einer Drittelrohrplatte versorgt werden, wenn das Fragment noch genügend groß ist. Durch exzentrisches Bohren der Schraubenlöcher kann die Pseudarthrose unter Druck gesetzt werden (Abb. 8). Bei Defektpseudarthrosen kann ein corticospongiöser Span den Defekt überbrücken. Bei kleineren Fragmenten wird man auch hier zu der Zuggurtung greifen (Abb. 9). Pseudarthrotische Knöchelspitzen können entfernt werden, die fibularen Bänder werden reinseriert (Abb. 10). Bei Pseudarthrosen mit Verkürzung des Knöchels muß diese unbedingt ausgeglichen werden.

Unter den 188 dokumentierten Knöchelpseudarthrosen waren 6 septische Pseudarthrosen. Hier wurde das Osteosynthesematerial zweimal entfernt, eine Fistel wurde revidiert und bei 3 weiteren Fällen konservativ behandelt. Bei septischen Pseudarthrosen der Knöchel wird eine Rekonstruktion nur selten möglich sein. Meist muß man sich mit der Beherrschung des Infekts begnügen. Sekundär können gelegentlich Osteosynthesen in Frage kommen, meist wird aber das Gelenk so weitgehend zerstört sein, daß man nur mehr mit der Arthrodese ein stabiles und schmerzfreies Ergebnis erzielen kann.

Zusammenfassend kann zur Behandlung der Knöchelpseudarthrosen folgendes festgehalten werden:

1. stabile und schmerzfreie Innenknöchelpseudarthrosen bedürfen keiner Behandlung;
2. bei instabiler Pseudarthrose erfolgt die Osteosynthese mit Malleolar- oder Kleinfragment-Spongiosaschraube, wenn der pseudarthrotische Innenknöchel noch genügend groß ist;
3. bei Innenknöchelpseudarthrosen mit kleinem pseudarthrotischen Knöchel kann die Zuggurtung genügend Stabilität bringen;
4. Pseudarthrosen der Knöchelspitze werden reseziert und das Deltaband reinseriert;
5. Pseudarthrosen des Außenknöchels werden, wenn der Knöchel distal der Pseudarthrose genügend groß ist, mit Drittelrohrplatte versorgt. Fehlstellungen müssen korrigiert, Verkürzungen ausgeglichen werden. Hier ist oft eine autologe Spongiosa erforderlich;

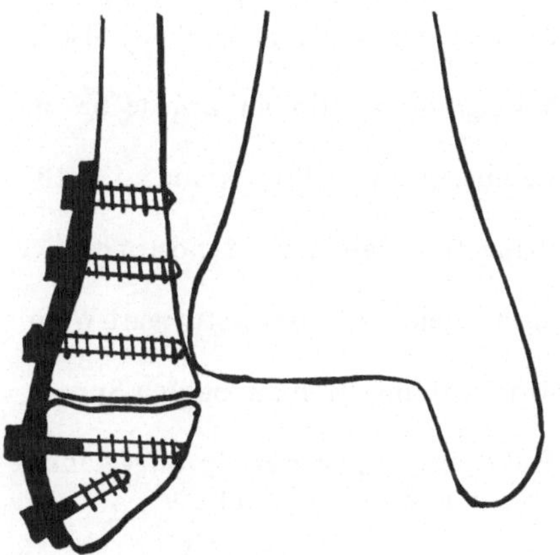

Abb. 8. Osteosynthese bei Pseudarthrose des Außenknöchels mit großem Fragment durch Drittelrohrplatte

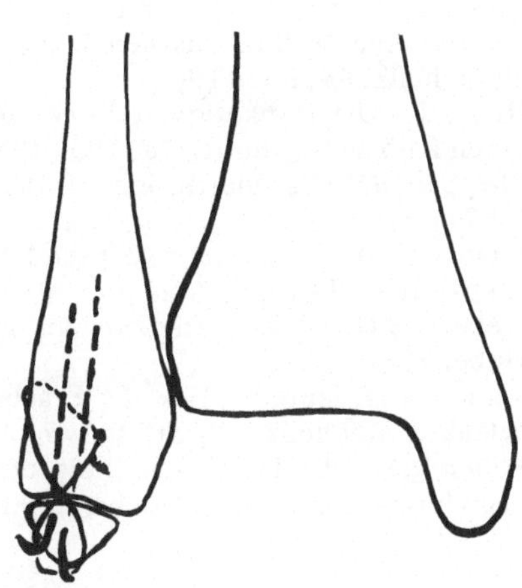

Abb. 9. Versorgung kleinerer Fragmente durch Zuggurtung

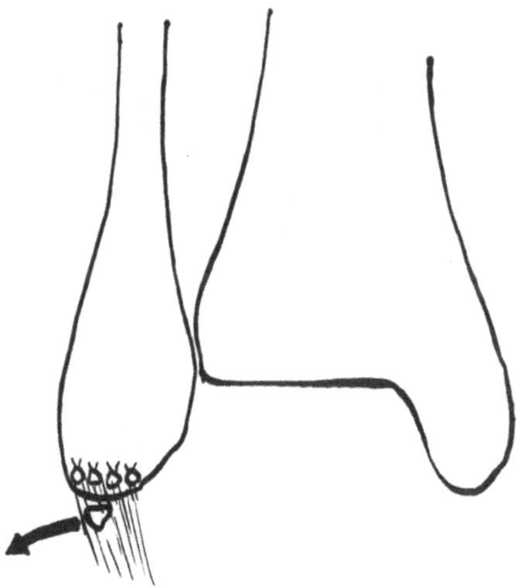

Abb. 10. Technik bei Pseudarthrose der Knöchelspitze mit Entfernung des kleinen Fragmentes und Reinsertion der fibularen Bänder

6. Bei Pseudarthrose mit kleinem peripheren Knöchel tritt die Zuggurtung in ihr Recht;
7. Pseudarthrosen der Knöchelspitze werden reseziert und die fibularen Bänder reinseriert.

Die wichtigste Behandlung der Knöchelpseudarthrosen ist aber ihre Verhütung durch eine primär exakte Osteosynthese nach den Richtlinien der AO.

Literatur

1. Böhler, L.: Die Technik der Knochenbruchbehandlung. 12.–13. Aufl. Wien: Maudrich 1957
2. Fekete, G., Kazar, G.: Die Wirkung der Verkalkung der Syndesmolyse auf das Schicksal der Pseudarthrose des inneren Knöchels. Unfallheilk. *79*, 523 (1976)
3. Meyer, S., Müller, W.: Non-union of the lower leg after fetique-fracture. 8. Int. Symposium. Luzern 1978
4. Nigst, H.: Über Malleolarfrakturen: Pronations-Dorsalflexions-Frakturen, Bedeutung des hinteren Volkmannschen Dreiecks, Pseudarthrosen des Malleolus tibialis. Mschr. Unfallheilk. *64*, 351 (1961)
5. Riess, J.: Die Indikationsstellung zur operativen Behandlung frischer Brüche des inneren Knöchels. Chirurg *26*, 103 (1955)
6. Sneppen, O.: Pseudarthrosis of the lateral malleolus. Acta orthop. scand. *42*, 187 (1971)
7. Sneppen, O.: Treatment of pseudarthrosis involving the malleolus. A postoperative follow up of 34 cases. Acta orthop. scand. *42*, 201 (1971)
8. Weber, B.G.: Die Verletzungen des oberen Sprunggelenkes. Bern-Stuttgart-Wien: Huber 1966
9. Weller, S., Knapp, U., Eck, T.: Ergebnisse nach Korrektureingriffen am oberen Sprunggelenk. Unfallheilk. *80*, 213 (1977)
10. Willenegger, H.: Die Behandlung der Luxationsfrakturen des oberen Sprunggelenkes nach biomechanischen Gesichtspunkten. Helv. chir. Acta *28*, 225 (1961)

Zur Technik der Arthrodese des oberen Sprunggelenkes (OSG)

R. Marti

Einleitung

Arthrodesen aller Lokalisationen gehören zu den klassischen orthopädischen Eingriffen. Trotz der ungewissen Langzeitprognose haben die Kunstgelenke die Arthrodese mehr und mehr verdrängt, wobei leicht vergessen wird, daß eine gute Arthrodese in vielen Fällen eine ideale, definitive Lösung bedeutet. Dies gilt ganz speziell für das OSG. Durch die moderne Entwicklung der Orthopädie wurde eine große Anzahl von Techniken teilweise modifiziert, teilweise neu eingeführt. Zu dieser Entwicklung hat nicht zuletzt eine Verschiebung der Indikationen beigetragen. Waren es früher Lähmungen und Infekte, so werden wir heute in erster Linie mit posttraumatischen Situationen konfrontiert.

Wir werden im Folgenden versuchen, die einzelnen Techniken in große Gruppen einzuteilen und sie auch in Bezug auf Indikationen gegeneinander abzugrenzen. Abgesehen von einigen klassischen Verfahren werden wir darauf verzichten, Eigennamen zu gebrauchen. Die Modifikationen sind so vielfältig, daß das Zitieren aller Autoren auf Kosten der Übersicht geht. Die gewählte Technik soll nicht allein von der Vorliebe des Chirurgen für bestimmte Methoden abhängen, die technischen Möglichkeiten sollten vielmehr bei jedem Patienten individuell geprüft werden. Ganz entscheidend für das Vorgehen ist die Fußform und die Beweglichkeit der übrigen Fußgelenke, sowie die Qualität des Knochens. Bei Infekten, bei Hämophilie und Rheuma wird man sich den speziellen Situationen technisch anpassen müssen. Bei Kindern sind Arthrodesen kaum indiziert, ergibt doch die Korrekturosteotomie auch bei deformiertem Gelenk oft ein erstaunliches Resultat.

Für die extraarticuläre Spanarthrodese sehen wir kaum noch Indikationen. Dank der modernen Chemotherapie und den äußeren Fixationsmethoden kann auch hier die Resektionsarthrodese durchgeführt werden. Diese Resektionsarthrodese ist auch praktisch allen anderen Methoden gemeinsam, die Art der Fixation variiert jedoch. Waren es in der Frühzeit einfache Periostnähte und Gipsfixation, so folgten später Spanplastiken aller Art, erst als reine Verschiebespäne, später wurden sie verschraubt. Wir können dieselbe Tendenz beobachten wie in der Frakturbehandlung, das heißt, die moderne Entwicklung geht in Richtung Kompression der Arthrodesenflächen. Es war Charnley [3], der die eigentliche Kompressionsarthrodese unter Verwendung des Fixateur extern einführte, Müller [10] modifizierte und vereinfachte die Technik. Parallel dazu wurden Kompressionstechniken mit interner Fixation eingeführt, die ebenfalls eine frühfunktionelle Nachbehandlung möglich machten. Altbewährte Spanplastiken finden wir bei einem Teil dieser Techniken wieder.

Technik

Wir können die Technik der Arthrodese des oberen Sprunggelenkes in drei große Gruppen einteilen.
1. Die reinen Spanplastiken.

2. Die Kompressionsarthrodesen mit äußerer Fixation.

3. Die Schrauben- und Plattenkompressionsarthrodesen.

Alle diese drei Gruppen von Techniken werden noch immer gebraucht, alle haben ihre Vor- und Nachteile und im Folgenden wird versucht, die Indikationen gegeneinander abzugrenzen. Über die Stellung des Fußes in Bezug auf die Unterschenkelachse gehen die Meinungen noch immer auseinander. Verschiedene Autoren finden einen Spitzfußstand wünschenswert, um vor allem bei posttraumatischen Situationen, Lähmungen etc. einen Beinlängenausgleich zu erreichen. Dies bedingt auf der einen Seite die absolute Notwendigkeit einer Schuhanpassung, auf der anderen Seite das erschwerte Gehen ohne Schuhe. Unseres Erachtens ist deshalb die Arthrodese im Spitzfußstand einzig noch zur Stabilisierung des Kniegelenkes bei Paresen des Quadriceps indiziert, oder aber bei völlig steifen Füssen, bei denen ohnehin eine Orthese notwendig ist. Unsere Erfahrungen haben gezeigt, daß für die Frau der Neutralstand anzustreben ist, der dem modischen Schuhwerk entgegen kommt und gleichzeitig das Barfußlaufen erlaubt. Beim Mann hingegen sind 5--10º Dorsalflexion des Fußes erstrebenswert. Durch diesen Stand der Arthrodese wird das Abrollen des Fußes wesentlich erleichtert, da vor allem bei den posttraumatischen Situationen der Vorfuß ohnehin in Spitzfußstand steht. Bestehen keinerlei Kontraktionen, so ist eine Plantarflexion im Mittelfuß von 20–30º möglich, was umgerechnet einer Absatzhöhe von 3–4 cm entspricht. Die moderne Lebensgewohnheit und die stark wechselnde Mode lassen es auf jeden Fall sinnlos erscheinen, den Stand der Arthrodese dem Konfektionsschuhwerk anzupassen. Wir haben in unserer Serie von Korrekturen nach Arthrodesen bis anhin in mehreren Fällen des Spitzfußstand korrigieren müssen, niemals jedoch den Hackenstand. In Bezug auf Rotation und Varus/Valgus imitieren wir die gesunde Seite. Normalerweise entspricht dies einer leichten Valgusstellung und einer Außenrotation von zirka 20º. Wir glauben, daß es sinnvoll ist, den Fuß etwas zu dorsalisieren, um den Abrollvorgang zu erleichtern und die Kräfte auf den Mittelfuß zu verteilen. Je nach Länge des Fußes beträgt diese Rückverlagerung 1–2 cm, was zirka einem Drittel der distalen Tibiaresektionsfläche entspricht. Es lohnt sich, intraoperativ den Fußstand und die Beweglichkeit exakt zu prüfen, eventuell sogar röntgenologisch festzuhalten. Die von anderen Autoren erwähnte Achillessehnenverlängerung war in unseren Fällen nie notwendig, nach der Gelenksresektion und der Capsulektomie läßt sich auch ein extremer Spitzfuß gut einstellen.

Zugänge

Mit drei Standardincisionen läßt sich das Talocruralgelenk darstellen.

1. Längsincision vorne lateral. Das Sehnenfach und die A. tibialis anterior werden nach medial gehalten, die vorderen lateralen Anteile des Gelenkes können mühelos eingesehen werden. Durch dieselbe Incision ist es ohne weiteres möglich, medial des tibialis anterior den Innenknöchel einzusehen. Größere Korrekturen und vor allem das Verschieben des Fußes nach dorsal sind jedoch erschwert.

2. Lateraler Bogenschnitt. Durch einen parallelen Hautschnitt hinter dem Außenknöchel und entlang dem unteren Sprunggelenk können die lateralen Anteile des Gelenkes ohne Gefährdung wichtiger Strukturen eingesehen werden. In den meisten Techniken wird die Fibula osteotomiert und subperiostal herausgeschält, sodaß die lateralen Gelenksanteile übersichtlich dargestellt werden können. Der so erhaltene Span wird je nach Technik als Überbrückungstransplantat gebraucht.

3. Medialer Bogenschnitt. Hier erfolgt der Hautschnitt ebenfalls bogenförmig hinter dem Innenknöchel. Nach der Osteotomie können die medialen und hinteren Gelenksanteile mühelos eingesehen werden.

Alle diese drei Zugänge können ohne Risiko für die Weichteile kombiniert werden. Im queren Zugang nach Charnley sehen wir keinerlei Vorteile.

Im folgenden werden die einzelnen Techniken beschrieben und diskutiert.

1. Span- und Verriegelungsarthrodese. Das Prinzip der Operation besteht darin, die Gelenksfläche mittels eines lokal gewonnenen Spanes zu überbrücken. Entweder wird die resezierte Fibula gebraucht oder aber ein Verschiebespan aus der distalen Tibia (Abb. 1, 2). In der ursprünglichen Technik wie sie unter anderem durch Lange [7] beschrieben wurde,

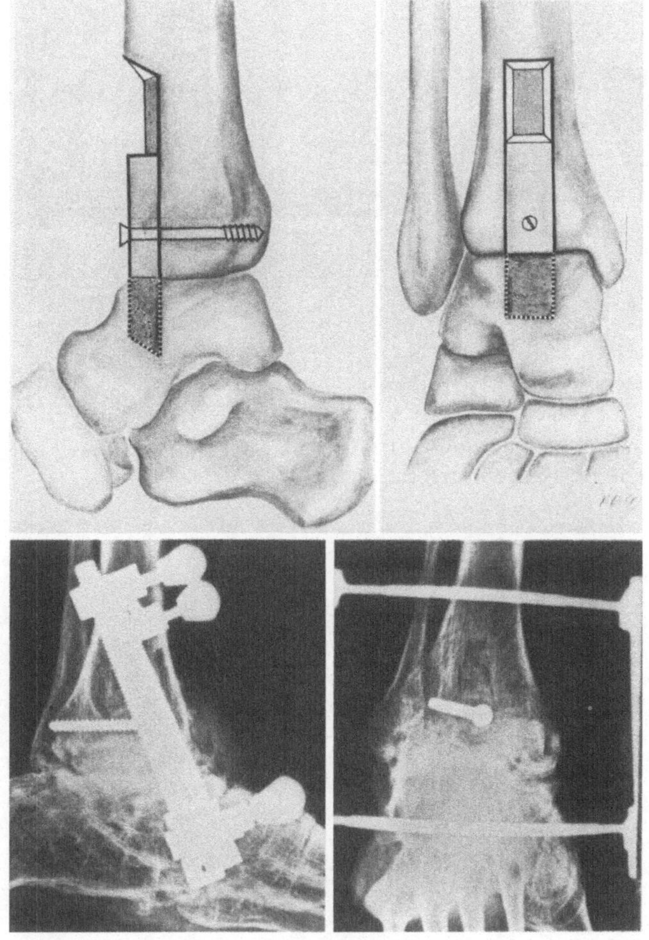

Abb. 1. Oben: Verriegelungsarthrodese vom Typ Lange, in diesem Fall unter Verwendung einer Schraube.
Unten: Bei diesem Poliomyelitispatienten genügte ein kleiner Zugang vorne, der Verschiebespan zusammen mit dem Fixateur extern führte zur raschen Konsolidation

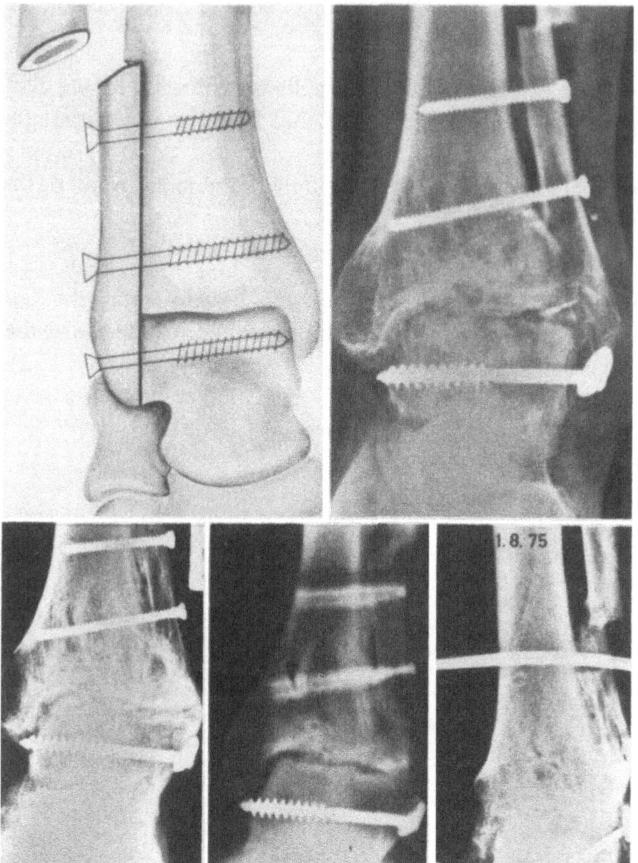

Abb. 2. Verriegelung mittels Fibula, der Fall unten konsolidierte nicht, die Pseudarthrose heilt mit Fixateur extern

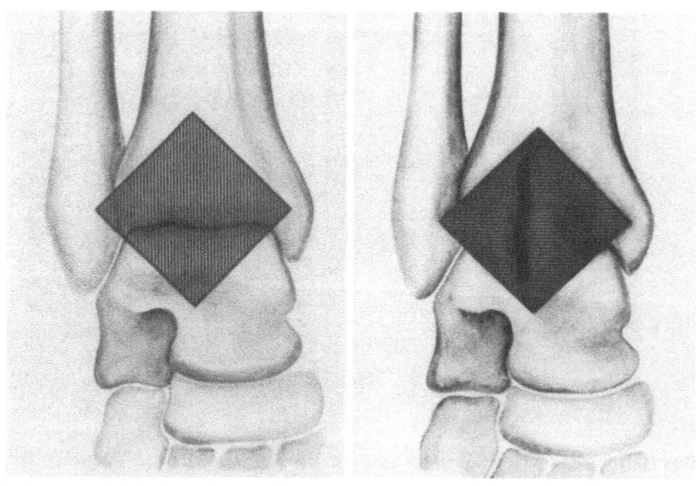

Abb. 3. Technik nach Roeren: Der ausgestanzte Block wird um 90° gedreht und wieder eingebracht

erfolgte keine zusätzliche Fixation, in den Modifikationen werden die Verschiebespäne festgeschraubt. Diese Technik hat noch immer ihre Berechtigung, vorausgesetzt, daß keine großen Korrekturen an der Fußform notwendig sind. Der Tibiaverschiebespan eignet sich beispielsweise dann, wenn bei einem steifen Fuß nur der Spitzfußstand korrigiert werden muß, was durch einen kleinen vorderen Zugang leicht möglich ist. In einem solchen Fall kann auf eine ausgedehnte Resektion der Gelenksfläche verzichtet werden (Abb. 1). Spezielle Formen von Spanplastiken sind die Würfelarthrodesen nach Roeren [6] (Abb. 3) sowie die Technik nach Gallie [4], die nach Huggler [2] bei Pseudarthrosen ihre Anwendung findet. Intraarticuläre Aufrichtungsarthrodesen unter Verwendung von Spänen sind bei Infekten, Pseudarthrosen und bei Arthrodesen bei Kindern indiziert.

Zusammenfassend: Es eignet sich diese Arthrodesenform für Fälle, bei denen wenig Korrekturen notwendig sind. Es handelt sich sicher um eine biologische Form von Operation mit dem Nachteil der sofortigen und langdauernden Immobilisation. In unseren Händen hat sie sich vor allem in Kombination mit dem Fixateur extern bewährt. Ohne axiale Kompression sind sekundäre Standsveränderungen möglich (Abb. 4).

2. Kompressionsarthrodese nach Charnley. Wir verwenden hier im Gegensatz zu Charnley die Modifikation von Müller mit einem doppelten Zugang lateral und medial. Dadurch ge-

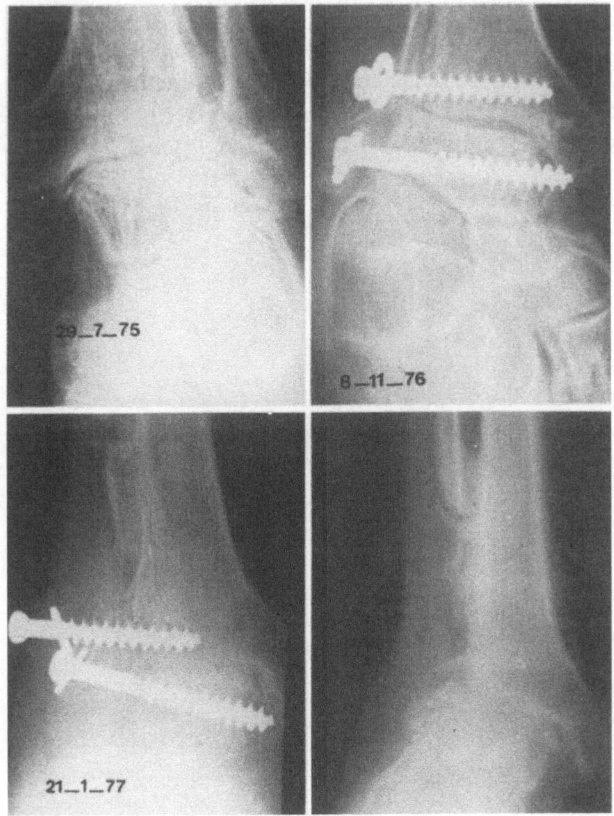

Abb. 4. Bei diesem Hämophiliker konsolidierte die Arthrodese rasch, jedoch mit ungewünschter Fehlstellung

lingt es mühelos, den medialen Malleolus zu entfernen, den lateralen zu osteotomieren und das Gelenk zu resezieren inkl. des Malleolus tertius. Es empfiehlt sich in dieser Phase, den Fuß im gewünschten Stand mittels zweier Kirschner-Drähte zu fixieren und dann durch separate Stichincisionen die zwei Steinmann-Nägel einzubringen. Der eine liegt vorne im Taluskörper von Hand gebohrt und der zweite ebenfalls eher vorne in der distalen Tibia mit dem 3,2 mm Bohrer vorgebohrt. Je nach Form des Fußes empfiehlt es sich, die Operation mit dem Einbringen der Steinmann-Nägel zu beginnen. Zur Verbesserung der Stabilität kann es notwendig werden, zwei Nägel in den Talus einzutreiben oder aber in Ausnahmefällen einen zweiten durch den Calcaneus. Wir empfehlen, nicht zuletzt aus kosmetischen Gründen, den angefrischten Außenknöchel als Überbrückungsspan festzuschrauben. In unserer Technik erfolgt die Osteotomie zirka 2 cm oberhalb des Gelenkes und der laterale Malleolus wird subperiostal präpariert und an seinen Ligamenten zum Talus und Calcaneus gestielt belassen, bis er am Ende der Operation als Überbrückungsspan gebraucht wird (Abb. 5).

Zusammenfassend eignet sich die Kompressionsarthrodese nach Müller für praktisch alle Indikationen. Ihr Vorteil besteht darin, daß die übrigen Gelenke nicht immobilisiert werden müssen und daß die Konsolidation rasch erfolgt. Die Nachteile sind diejenigen des Fixateur extern, die Einstichstellen müssen täglich gepflegt werden. Wir haben jedoch keine Veranlassung, den Patienten während der sechs Wochen klinisch zu behandeln. Die Hospitalisationszeit beträgt dadurch zwei Wochen.

3. Kompressionsosteosynthese unter Verwendung von innerer Fixation. In den letzten Jahren sind verschiedene Techniken beschrieben worden, allen gemeinsam ist die Resektion der Gelenksfläche, die dann mittels Schrauben oder Platte unter Kompression gebracht wird. Die einfache Schraubenosteosynthese wurde von Zimmermann [13] beschrieben

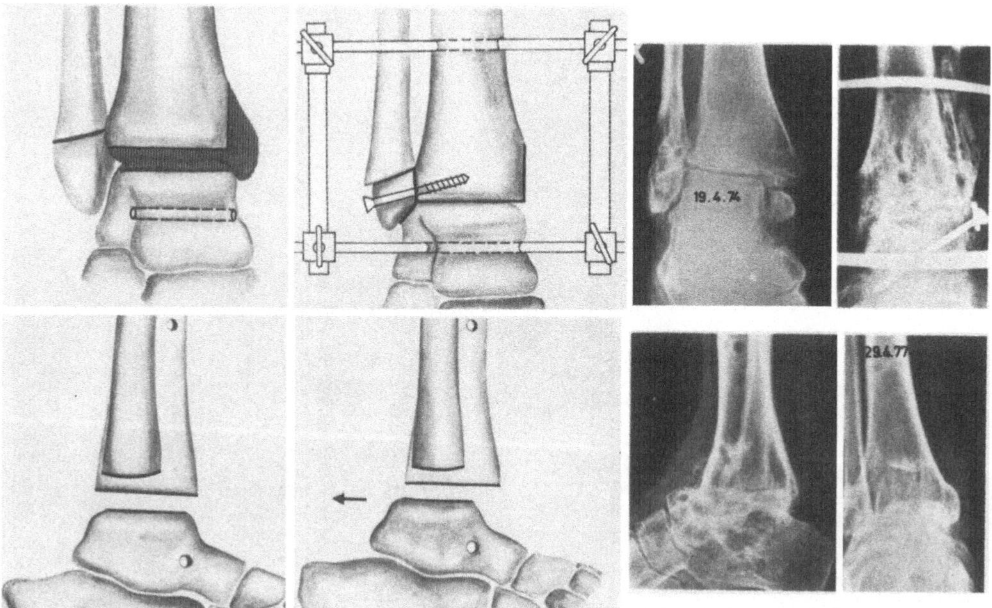

Abb. 5. Kompressionsarthrodese nach Charnley, modifiziert nach Müller; ein entsprechender Fall rechts

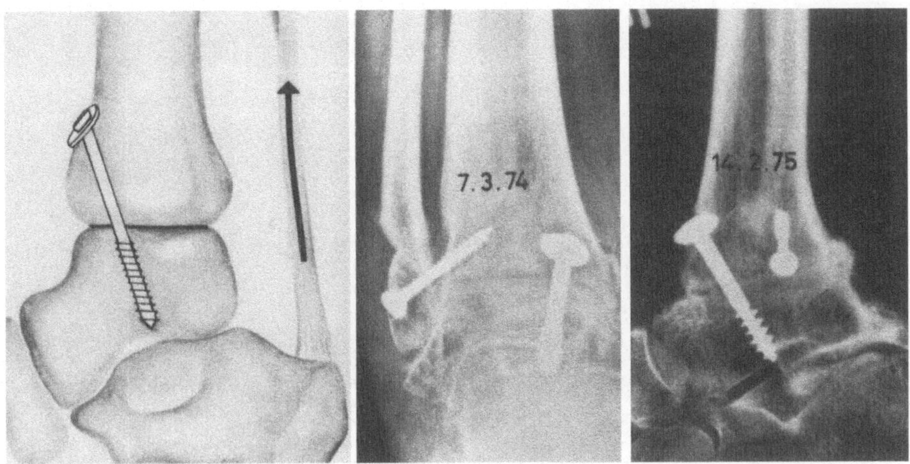

Abb. 6. Schraubenosteosynthese nach Zimmermann; der Fall stammt vom Autor selbst. Die Unterlagscheibe ist absolut erforderlich, die Achillessehne wirkt als Zuggurtung

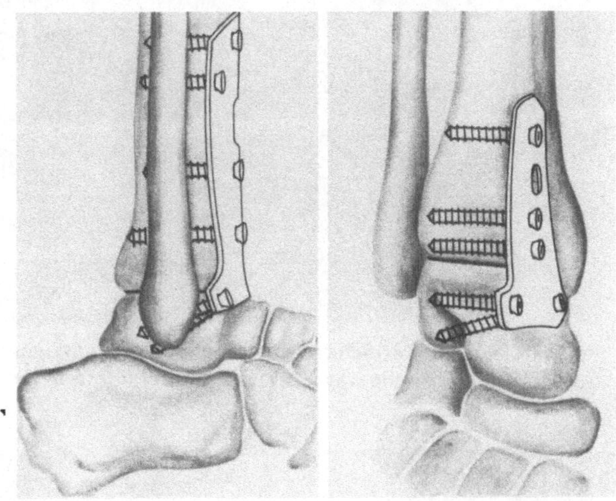

Abb. 7. Die Löffelplattenarthrodese der AO

(Abb. 6). Im neuen AO Manual wird die Löffelplatte vorgestellt (Abb. 7), in unserer Klinik haben wir ebenfalls verschiedene Modifikationen durchgeführt (Abb. 8, 9).

Diese Arthrodesenformen eignen sich vor allem bei posttraumatischen Spätsituationen mit guter Knochenqualität, jedoch weniger bei Osteoporose und Rheuma. Der Vorteil besteht in der kurzen Hospitalisation und der frühfunktionellen Nachbehandlung. Der Patient erhält erst bei Spitalentlassung nach zirka zwölf Tagen einen Unterschenkelgehgipsverband, in Einzelfällen ist selbst die vollkommen funktionelle Nachbehandlung möglich.

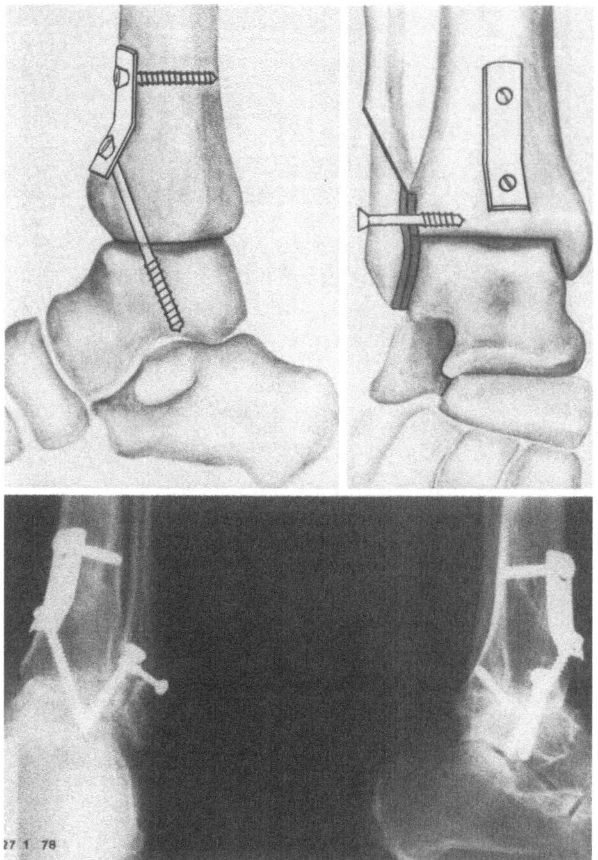

Abb. 8. Unsere Modifikation, eine platt geschlagene Halbrohrplatte stützt ideal ab, eine zusätzliche Schraube kann lateral von der Tibia in den Talus gebracht werden

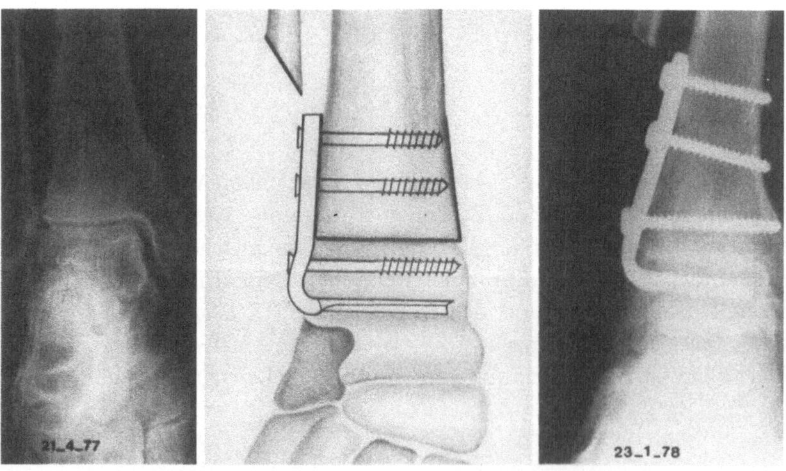

Abb. 9. Winkelplattenarthrodese: Die Schulterderotationswinkelplatte eignet sich besser als die Kinderhüftplatte, eine zusätzliche Schraube kann in den Talus eingebracht werden

Spezielle Situationen

1. Primäre Arthrodese. Bei nicht rekonstruierbaren Gelenkszertrümmerungen führt die primäre Arthrodese des oberen Sprunggelenkes zu einem funktionell hervorragenden Resultat (Abb. 10). Die Technik besteht darin, daß die distale Tibiafläche mittels Schrauben und Plattenosteosynthese rekonstruiert, reseziert und gegenüber dem entknorpelten Talus mit dem Fixateur extern stabilisiert wird. Dasselbe Vorgehen empfiehlt sich bei Talustrümmerfrakturen, wobei dann der Talus verschraubt und mittels Fixateur extern eine pantalare Arthrodese durchgeführt wird. In diesen Fällen kommen alle Möglichkeiten der modernen Osteosyntheseverfahren zur Anwendung.

2. Rheuma. Nach den Erfahrungen von Gschwend bewährt sich auch in diesen Fällen trotz der Osteoporose die Kompressionsarthrodese mit Fixateur extern.

3. Hämophilie. Dies ist wahrscheinlich die einzige Ausnahme, bei der sich die Kompressionsarthrodese nach Charnley nicht bewährt, weil der Patient, solange der Fixateur extern

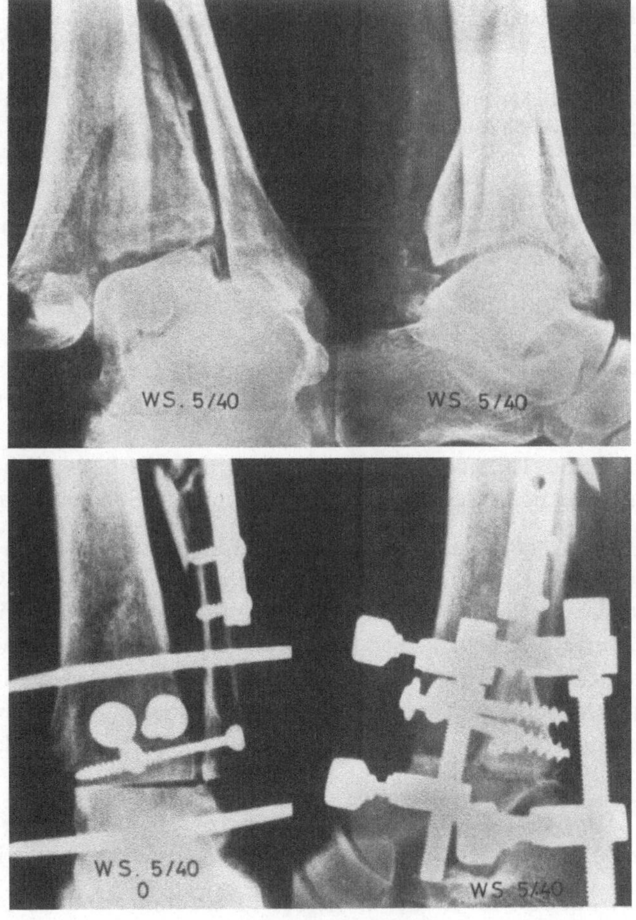

Abb. 10. Bei dieser Stauchungsfraktur wird die Gelenkfläche mittels zweier Schrauben rekonstruiert, dann reseziert und mit dem Fixateur extern unter Kompression gebracht (Fall Weber, St. Gallen)

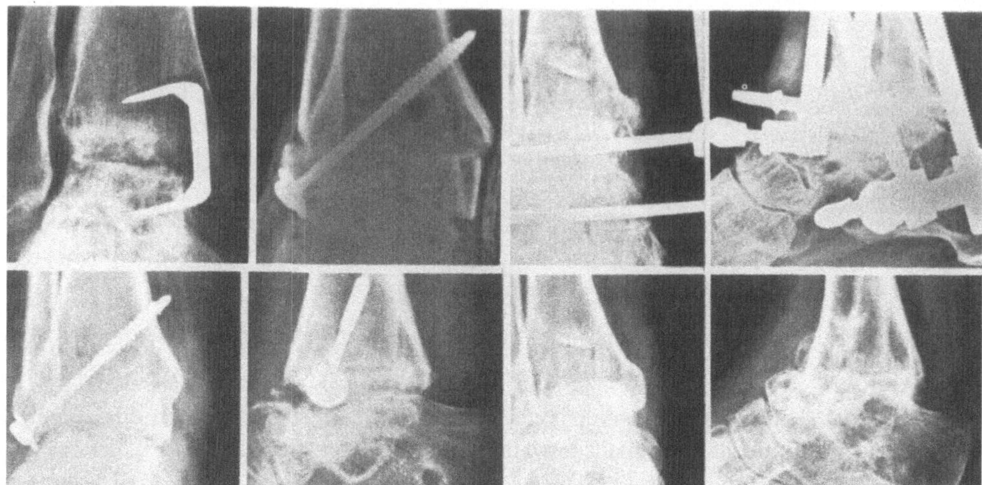

Abb. 11. Status nach Talusfraktur mit Nekrose, Versuch der Arthrodese mit staple, Versuch der Arthrodese mit Interposition von Spänen und Fıxateur extern, erneute Pseudarthrose, erneute Interposition von Spänen, kombiniert mit Dekortikation und Fixateur extern. Die zweimalige Pseudarthrose ist vermutlich Folge des Fortschreitens der Talusnekrose. Auch hier konnte das Chopart-Gelenk erhalten werden

liegt, hohe prophylaktische Dosen an Gerinnungsfaktoren braucht. Eine der möglichen internen Fixationen hat hier ihre Berechtigung.

4. Pseudarthrosen. Gerade bei der Pseudarthrose hat sich bei uns die Decortication und Kompressionsarthrodese mittels Fixateur extern bewährt (Abb. 11). Je nach vorliegender Sklerose bohren wir die Pseudarthrosenflächen an und verwenden eine autologe Spongiosaplastik. Aber auch die Winkelplatte in Form der Kinderhüftplatte oder aber der Schulterderotationsplatte nach Weber haben hier ihre Berechtigung (Abb. 12). Huggler beschreibt die Gallie Technik, wobei die Pseudarthrosefläche ähnlich wie bei der Würfelarthrodese nach Roeren ausgestanzt und mit autologen Spongiosaspänen aufgefüllt wird (Abb. 3).

5. Infekt. Bei Infektionen nach Sprunggelenksfrakturen und Talusluxationsfrakturen empfiehlt es sich nach unserer Erfahrung, den Defekt mittels autologen Spongiosaplastiken aus dem Beckenkamm zu überbrücken und keine direkt tibiocalcaneare Arthrodese durchzuführen. Die Behandlungsdauer wird dadurch eventuell etwas länger, das funktionelle und kosmetische Resultat jedoch bedeutend besser. In diesen Fällen empfiehlt es sich, den Fuß stark zu dorsalisieren, sodaß die vordere Tibiakante mit dem meist noch vitalen Taluskopf in Kontakt kommt (Abb. 11, 13). Das Chopart-Gelenk bleibt dabei erhalten im Gegensatz zur totalen Talektomie.

6. Arthrodese nach Gelenksprothese. Hier besteht dieselbe Situation wie nach Infekt. Auch hier empfiehlt es sich, den Defekt auszufüllen, um die Fußform zu erhalten (Abb. 14)

7. Arthrodese bei Kindern. Wie bereits erwähnt, sind dies Ausnahmeindikationen, die Arthrodese hat unter Schonung der Epiphysenfugen zu erfolgen, die Technik variiert von Indikation zu Indikation.

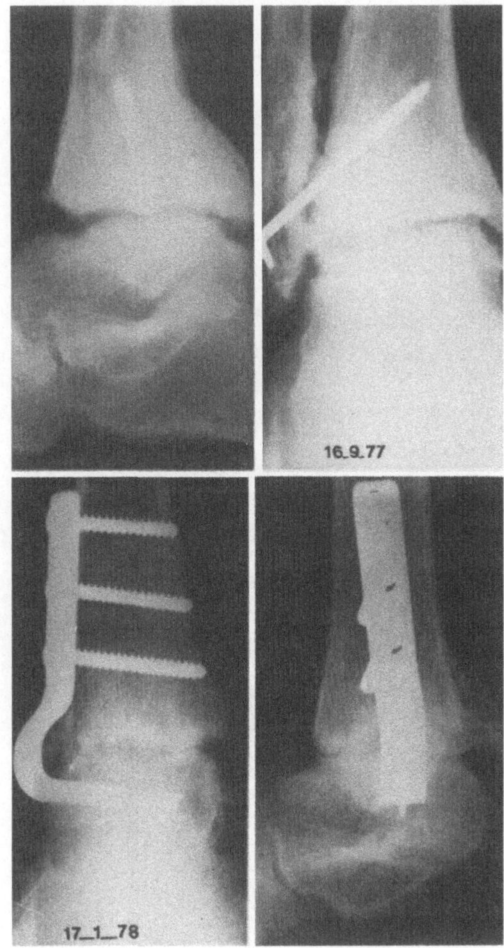

Abb. 12. Pseudarthrose nach Arthrodesenversuch, die Kompressionsarthrodese mit Winkelplatte führte zur Konsolidation

Diskussion

Wir versuchten eine Übersicht über die verschiedenen Techniken von Sprunggelenksarthrodesen zu geben und haben diese in Gruppen eingeteilt. Nach den Autoren führen alle erwähnten Techniken in einem hohen Prozentsatz zum gewünschten Resultat. Unser Streben muß es sein, die Hospitalisationszeit, die Behandlungsdauer und die Invalidation so kurz wie möglich zu halten. Deshalb ist es sicher sinnvoll, technische Verbesserungen weiter zu verfolgen, die Kompressionsarthrodese hat hier sicher Vorteile gebracht. Die von Müller modifizierte Technik nach Charnley ist technisch einfach, erlaubt postoperativ leichte Stellungskorrekturen und führt rasch zur Konsolidation. Die Resultate, vor allem auch in Bezug auf Pseudarthrosen, werden von allen Autoren als hervorragend angegeben [2].

Für den routinierten Operateur ist die Schrauben- und Plattenfixation ein elegantes Verfahren, das vom Patienten geschätzt wird. Für die reinen Span- und Verriegelungsarthrodesen bestehen unseres Erachtens nur wenig Indikationen, wie sie im entsprechen-

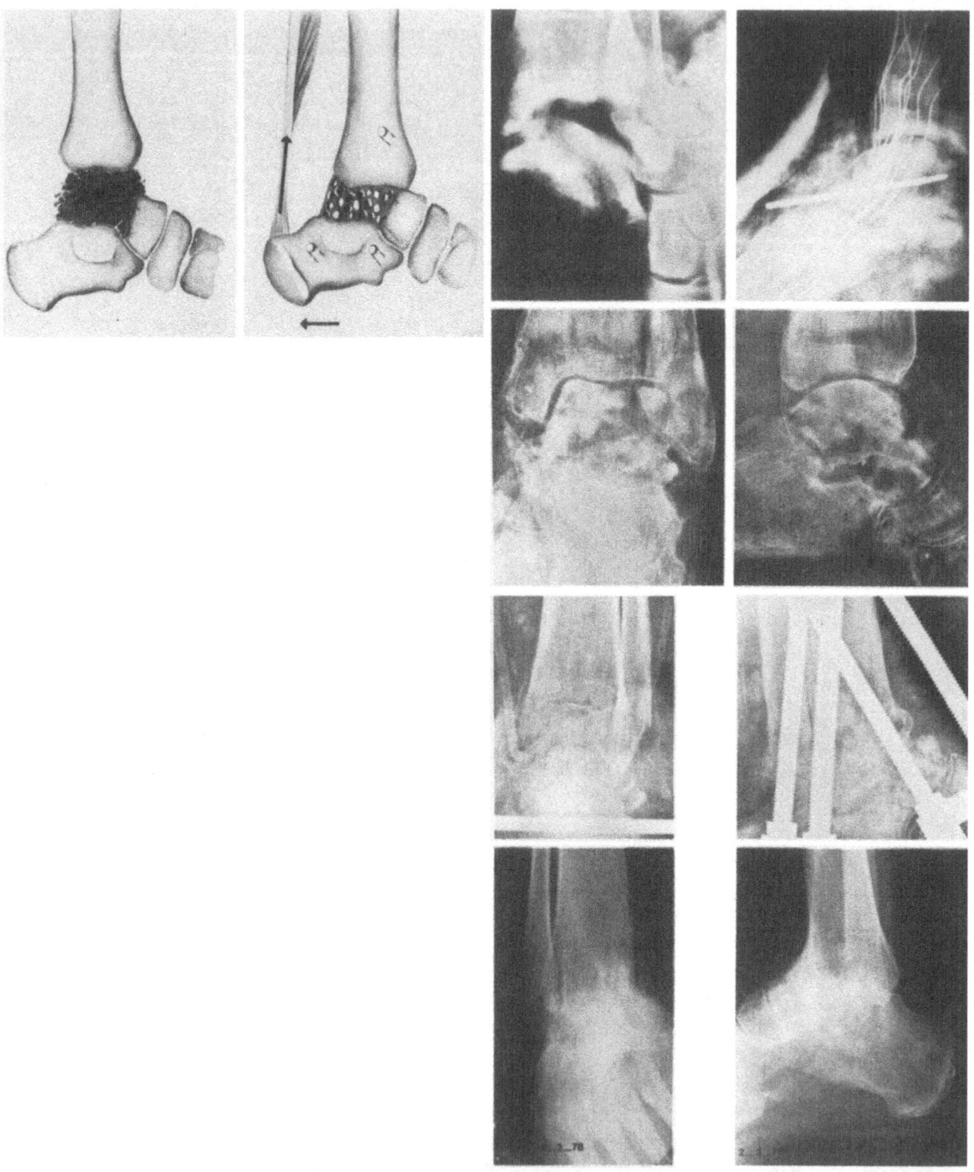

Abb. 13. Schwerster Infekt nach Talusluxationsfraktur. Die vordere Tibiakante wird mit dem Taluskopf in Kontakt gebracht, der Talus entfernt, distale Tibia und Calcaneus angefrischt und mit autologer Spongiosa aufgefüllt. Konsolidation innerhalb von 5 Monaten, sowohl funktionell wie kosmetisch gutes Resultat

den Kapitel erwähnt wurden. Die lange Ruhigstellung und Konsolidationsdauer sind nachteilig.

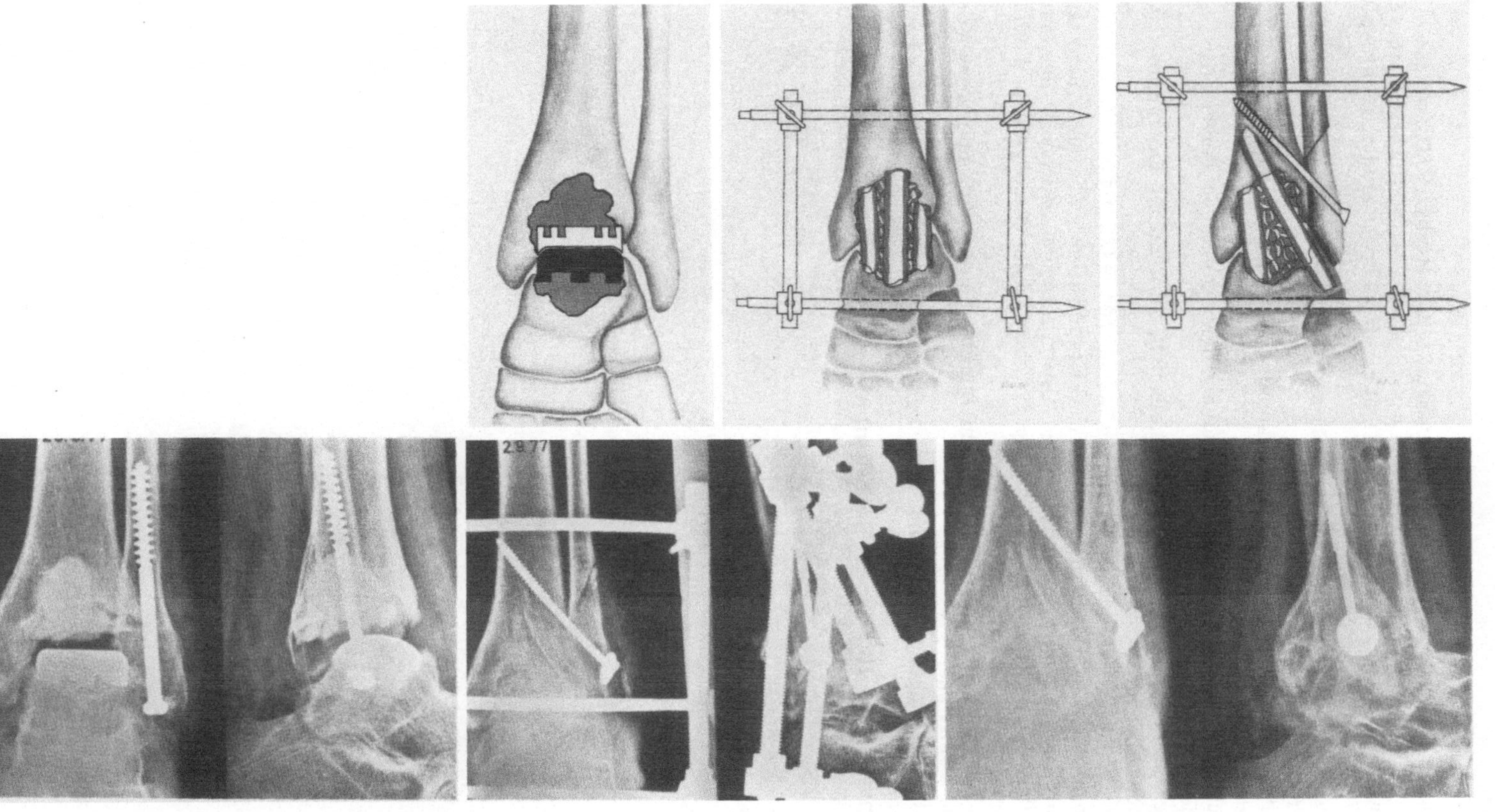

Abb. 14. Steifes, schmerzhaftes Gelenk nach Gelenksprothese. Entfernen derselben, Intersposition von corticospongiösen Spänen und reiner Spongiosa, Konsolidation innerhalb von 3 Monaten

84

Literatur

1. Campbell, W.C.: Operative Orthopädie. Saint Louis: Mosby 1971
2. Chapchal, G., Weller, S., Brunner, Ch., Huggler, A.H., Rettig, H., Barta, O., Ruszkowski, I., Matasovic, T., Rimoldi, M., Marti, R.: The Arthrodesis. Stuttgart: Thieme 1975
3. Charnley, J., Lowe, H.G. Compression arthrodesis of the ankle. J. Bone Jt Surg. *41 B*, 524 (1959)
4. Gallie, W.E.: Subtalar fusion for malunited fractures of the calcaneus. J. Bone Jt Surg. *25*, 731 (1943)
5. Gschwend, N.: Die operative Behandlung der chronischen Polyarthritis. Stuttgart: Thieme 1977
6. Hackenbroch, M., Witt, A.N.: Orthopädisch-chirurgischer Operationsatlas. Berlin, Heidelberg, New York: Springer 1973
7. Lange, F.: Die Arthrodesen. Wien. med. Wschr. *105*, 256 (1955)
8. Lange, M.: Orthopädisch-chirurgische Operationslehre. München: Bergmann 1962
9. Lange, M.: Orthopädisch-chirurgische Operationslehre. München: Bergmann 1968
10. Müller, M.E., Allgöwer, M., Willenegger, H.: Manual der Osteosynthese. Berlin, Heidelberg, New York: Springer 1977
11. Watson-Jones, R.: Fractures and Joint Injuries. Edinburgh-London-New York: Churchill Livingstone 1976
12. Weber, B.G.: Die Verletzungen des oberen Sprunggelenkes. Bern-Stuttgart-Wien: Huber 1973
13. Zimmermann, H.: Die Schraubenarthrodese des oberen Sprunggelenkes. Orthop. Prax. *10*, 426 (1973)

Die obere Sprunggelenksarthrodese. Indikation — Technik und Ergebnisse

M. Jäger

Trotz der Möglichkeit, den degenerativen Verschleiß des oberen Sprunggelenkes mit einer Alloarthroplastik zu versorgen, wird heute die obere Sprunggelenksarthrodese immer noch bevorzugt.

Dies mag sowohl mit dem Entwicklungsstand der Alloarthroplastik des oberen Sprunggelenkes, der Exposition des oberen Sprunggelenkes für postoperative Komplikationen wie auch der Leistungsfähigkeit der Arthrodese zusammenhängen.

Die Entwicklung der Alloarthroplastik wird jedoch Fortschritte machen. Die Leistungsfähigkeit der oberen Sprunggelenksarthrodese sollte deshalb klar herausgestellt werden. Es erschien uns aus diesem Grunde angezeigt, an Hand eines großen Patientenbestandes durch Nachuntersuchungen unserer Indikation und operativen Technik in bezug auf viele Fragestellungen hin zu untersuchen, so z.B. die Frage, *welche Operationsmethode* führt zum *schnellsten knöchernen Durchbau*? Eine sozialmedizinische Bedeutung ist dieser Problematik nicht abzusprechen. Behauptungen wie die *Zunahme der Beweglichkeit* der an das arthrodesierte Gelenk angrenzenden Gelenke sollten überprüft werden genauso wie die Frage des evt. Auftretens von *Belastungsarthrosen* in diesen Gelenken. Darüber hinaus ist die Diskussion über die *beste Winkelstellung* bei der Arthrodesierung immer noch nicht abgeschlossen. Des weiteren sind die Fragen nach der Alltagsbelastung des Patienten mit einer oberen Sprunggelenksversteifung sowie seine evt. Sportfähigkeit von Interesse.

Es wurden deshalb 90 Patienten, die im Zeitraum zwischen 1955 bis 1971 an der Orthopädischen Klinik München operiert wurden, nachuntersucht. 76 Patienten erhielten dabei nur eine Arthrodese des oberen Sprunggelenkes, 4 eine Arthrodese des oberen und unteren Sprunggelenkes und 10 eine Tripelarthrodese.

In unserem Krankenbestand war die obere Sprunggelenksarthrodese am häufigsten wegen posttraumatischer Arthrose erforderlich. Die in früheren Jahrzehnten wohl häufigste Indikation des Lähmungsfußes war bei uns nur noch selten Indikation, ebenso wie entzündliche Erkrankungen. Die Früharthrodese wurde in 5 Fällen durchgeführt.

Bei der Arthrosis deformans stand die Schmerzbefreiung und die damit verbundene Funktionsverbesserung im Vordergrund unserer Indikationsstellung. Bei den Lähmungsfüßen strebten wir durch die Arthrodesierung die Stabilisierung und wo erforderlich die Befreiung vom Gehapparat an. Bei Entzündungen des oberen Sprunggelenkes wurde durch die Arthrodese die Ausheilung bzw. Schmerzbefreiung angestrebt. Die Früharthrodese des oberen Sprunggelenkes wurde bei Zertrümmerungsbrüchen des distalen Tibiaendes von uns indiziert.

Die angewandten Operationsverfahren können der Tabelle 1 entnommen werden. Auffallend ist bei dieser Aufschlüsselung der Operationsverfahren die zahlenmäßige Häufung der Verriegelungsarthrodese, erst an zweiter Stelle die Druckarthrodese nach Charnley bzw. Greifensteiner, an dritter Stelle die Würfelarthrodese. Die Nachuntersuchung, durchgeführt mit W. Kossyk und F. Kern, erfolgte immer nach dem gleichen Schema. Klinisch legten wir Wert auf die Feststellung der *Stellung des Fußes*, die *Narbenbildung*, die *Beschwielung des Fußes* und das *Gangbild*, die *Auftrittsfläche* — untersucht durch Fußab-

Tabelle 1. Angewandte Operationsverfahren

Anfrischungsarthrodese	3 Fälle
Verriegelungsarthrodese (M. Lange)	44 Fälle
Druckarthrodese nach Charnley	18 Fälle
Druckarthrodese nach Greifensteiner	5 Fälle
Würfelarthrodese	14 Fälle
Bolzungsarthrodese	6 Fälle
	90 Fälle

Tabelle 2. Knöcherner Durchbau in Beziehung zum Operationsverfahren

Verriegelungsarthrodese	15 Wochen
Kompressionsarthrodese	13 Wochen
Würfelarthrodese	20 Wochen

druck –, die *Beweglichkeit* der *angrenzenden Gelenke*, gemessen nach der Neutral-Null-Methode im Vergleich zur gesunden Seite, sowie die Feststellung der *Umfangsmaße*.

Röntgenologisch führten wir grundsätzlich Aufnahmen des betroffenen Sprunggelenkes und Fußes in 2 Ebenen durch und verglichen diese Aufnahmen sowohl mit den präoperativen Röntgenbildern wie mit den Röntgenbildern der gesunden Seite.

Bei den subjektiven Angaben unterschieden wir zwischen ganztägiger Gehleistung, die wir als gut einstuften, einer Gehleistung von 2–4 Std., die wir als ausreichend und einer Gehleistung unter 2 Std., die wir als schlecht bezeichneten.

Die Frage der Sportfähigkeit war nur bei den Patienten relevant, die präoperativ ebenfalls Sport getrieben haben.

Wenn wir nun die Ergebnisse unter den anfangs gegebenen Fragestellungen betrachten, so kann in bezug auf die Gipsfixation festgestellt werden, daß die Kompressionsarthrodesen eindeutig die kürzeste Fixationsdauer hatten (s. Tabelle 2), ebenso wie der *knöcherne Durchbau* am raschesten bei den *Kompressionsarthrodesen* zu beobachten war. Interessant war auch der knöcherne Durchbau in bezug zur Operationsindikation. Die *Früharthrodesen* zeigten die rascheste Durchbautendenz, was auch für die Gesamtkrankheitsdauer bei distalen Tibiatrümmerfrakturen von Bedeutung ist.

In bezug auf die gewählten Operationsverfahren zeigten die Kompressionsarthrodesen nach Charnley die besten Erfolgsquoten des knöchernen Durchbaus, gefolgt von den Verriegelungsarthrodesen und den Würfelarthrodesen nach Roeren (Tabelle 3).

Bei der subjektiven Beurteilung hinsichtlich der Gehleistung schnitten ebenfalls die Druckarthrodesen am besten ab. (Für die subjektive Beurteilung konnten lediglich die Patienten herangezogen werden, die selbst zur Nachuntersuchung erschienen.) Nachuntersuchungsergebnisse an Hand der poliklinischen röntgenologischen und klinischen Verlaufsuntersuchungen konnten hier verständlicherweise nicht mitberücksichtigt werden (Tabelle 4).

Unabhängig von dem gewählten Operationsverfahren zeigten etwa ein knappes Drittel der Patienten ein relativ unauffälliges Gangbild, während über 1/3 der Patienten den Fuß über den Innen- oder Außenrand abrollten und etwa 1/3 der Patienten eines orthopädischen Hilfsmittels bedurften (Tabelle 6).

Tabelle 3. Knöcherner Durchbau bei den verschiedenen Operationsverfahren

Operationsmethode	Patientenzahl	durchgebaut	Prozentzahl
Verriegelung	44	38	86,3%
Kompression Charn.	18	18	100,0%
Kompression Greif.	5	4	80,0%
Würfelarthrodese	14	12	86,0%
Anfrischungsarthrodese	3	3	
Bolzungsarthrodese	6	6	
Gesamt	90	81	90%

Tabelle 4. Subjektive Beurteilung des Operationsverfahrens hinsichtlich der
Gehleistung (n = 64)

Operationsmethode	gut	%	ausreichend	%	schlecht	%
Verriegelung	17	50	11	32,4	6	17,6
Druck (gesamt)	9	64,5	3	21,4	2	15,1
Würfel	3	–	5	–	–	–
Bolzung	3	–	1	–	1	–
nur Anfrischung	1	–	2	–	–	–

Tabelle 5. Gangbild ohne orthopädische Hilfsmittel

Abrollen über Vorfuß, sicher und flott	28,5%
Abrollen über Innen- oder Außenrand	39,7%
Abrollen ohne orthopäd. Hilfsmittel nicht möglich	31,8%

Tabelle 6. Plantarflexion

55 Arthrodesen	0 Grad	bis 10 Grad	bis 15 Grad	über 15 Grad
	14	33	3	9

Die besten subjektiven Resultate wurden aus der Gruppe „bis 10
Grad" angegeben.

In bezug auf die gegebene Arthrodesenstellung konnten 55 Gelenke erfaßt werden. Die
besten subjektiven Resultate hatte dabei die Gruppe bis 10° Plantarflexion (Tabelle 6).
Von den 16 Patienten, die *vor und nach der Operation Sport trieben*, wiesen 4 eine Versteifung bei 0° auf, 11 zählten zur Gruppe bis 10°, ein einziger gehörte der Gruppe über
15° an. Ein Patient gab sportliche Betätigung an, obwohl weder klinisch noch röntgenologisch das obere Sprunggelenk versteift war.

Das Bewegungsausmaß der angrenzenden Gelenke (Tabelle 7) war in der Mehrzahl der Fälle eingeschränkt, zum Teil auch vollkommen aufgehoben. Interessant ist, daß das Chopartgelenk wesentlich häufiger seine volle Beweglichkeit behielt als das Talocalcanealgelenk. Besonders deutlich wird das beim prozentualen Vergleich der Beweglichkeit in diesen Gelenken. Die Arthrosenzunahme war bei den nachuntersuchten Patienten hauptsächlich im Chopartgelenk und den kleinen Fußwurzelgelenken festzustellen (Tabelle 8). Außerdem konnte eine Zunahme der Arthrose bei länger bestehenden Arthrodesierungen festgestellt werden (Tabelle 9).

Bei den Komplikationen überrascht die hohe Zahl der Wundheilungsstörungen und Osteomyelitiden. Die Wundheilungsstörungen können z.T. auf präexistente schlechte Durchblutungsverhältnisse durch Narbenbildungen und Lähmungszustände zurückgeführt werden. Für die Osteomyelitis war in 3 Fällen eine frühere, durch die Operation wieder aufgeflackerte Osteomyelitis verantwortlich. In 2 Fällen handelte es sich um superinfizierte Tuberkulosefälle und in einem Fall bestand eine Talusnekrose. 9 Arthrodesen bauten nicht durch. In einem Fall mußte wegen nicht beherrschbarer Osteomyelitis in unserer Klinik die Amputation vorgenommen werden.

Welche Schlußfolgerungen können wir an Hand unserer Nachuntersuchungsergebnisse für unsere Indikationsstellung und Operationstechnik sehen?

Tabelle 7. Bewegungsausmaß der angrenzenden Gelenke

	Talocalcanealgelenk	Chopartgelenk
3/3 voll beweglich	2	20
2/3	7	15
1/3	23	14
wackelsteif	11	2
ankylosiert	9	3

Tabelle 8. Arthrosenzunahme (n = 64)

im Talocalcanealgelenk	7
im Talonaviculargelenk	5
im Calcaneocuboidgelenk	1
im Chopartgelenk	10
in den kleinen Fußwurzelgelenken	13

Tabelle 9. Abhängigkeit von Anzahl der Arthrosen und postoperativem Zeitraum

	Patientenzahl	Arthrosen	Prozentzahl
bis 2 Jahre	9	6	66,6
bis 5 Jahre	15	9	60,0
bis 10 Jahre	16	12	75,0
über 10 Jahre	24	21	87,5

1. Hinsichtlich der Fixationszeit als auch der knöchernen Durchbauzeit bringen die Kompressionsarthrodesen die besten Resultate. Wir führen deshalb an unserer Klinik fast ausschließlich die Kompressionsarthrodese nach Charnley durch. Bei schlechten knöchernen Verhältnissen, wie z.B. Teilnekrosen des Talus, kombinieren wir die Kompressionsarthrodese mit einer zusätzlichen autoplastischen Verriegelung. Wir kombinieren dadurch die beiden besten Arthrodesenarten miteinander.
2. Eine kompensatorische Beweglichkeitszunahme im Bereich der angrenzenden Gebiete tritt nicht ein. Dagegen ist eine Zunahme der Arthrose in den angrenzenden Gelenken zu beobachten. Die alte Erfahrungstatsache, daß subjektive Beschwerden und röntgenologisch sichtbare arthrotische Veränderungen in keinem Verhältnis zueinander stehen, konnte bestätigt werden. Von einer sowohl objektiv als subjektiv erfolgreichen oberen Sprunggelenksarthrodese kann bei etwa 80–85% der Patienten gesprochen werden.
3. Bei entsprechend motivierten Patienten, die präoperativ Sport trieben, besteht die Möglichkeit, auch nach der oberen Sprunggelenksarthrodese unter Auswahl entsprechender Sportarten weiterhin sportlich tätig zu bleiben.
4. Als beste Winkelstellung bei der oberen Sprunggelenksarthrodese hat sich die Neutralstellung bis 10° Spitzfuß bewährt.
5. Die Früharthrodese bei distalen Tibiatrümmerfrakturen kann als bewährtes Verfahren der Abkürzung der Gesamtkrankheitsdauer aufgefaßt werden. Dies wird erreicht sowohl durch die frühzeitige Arthrodesierung als auch durch den raschen knöchernen Durchbau nach distalen Tibiatrümmerfrakturen.

Ergebnisse nach oberen Sprunggelenksarthrodesen

H. Zollinger und A. Schreiber

Einleitung

Die recht unterschiedlichen Angaben über Spätresultate von Witt und Cotta [19], Speiser [15], Becker und Kastner [2], Weber [18] und Meinhardt [9], der von Hohmann [6], Witt und Cotta [19] und schon Zimmermann [21] verschieden gewertete Einfluß auf die Funktion und Arthrosehäufigkeit der Nachbargelenke wie auch die divergierenden Auffassungen über die optimale Stellung des zu arthrodesierenden Gelenkes von Lange [7], Meinhardt [9] und Müller u. Mitarb. [10] veranlaßten uns, unsere eigenen in den Jahren 1954 bis 1969 durchgeführten oberen Sprunggelenksarthrodesen nachzukontrollieren.

Im besonderen interessierte uns dabei die Frage, 1. wie weit der Beweglichkeitsverlust durch Versteifung des oberen Sprunggelenkes kompensatorisch durch Nachbargelenke übernommen werden kann und 2. wie rasch sich vermehrte Beanspruchung als Verschleißerscheinung in den Nachbargelenken manifestiert.

Biomechanische Studien von Murray u. Mitarb. [11], Sammarco u. Mitarb. [13], Wright u. Mitarb. [20] sowie Stauffer und Assenmacher [16] zeigen, daß der gesamte Bewegungsumfang im oberen Sprunggelenk zwischen 35 und 40 Grad beträgt. Die Messungen von Sammarco u. Mitarb. [13] mittels cinéröntgenographischer Aufnahmen im belasteten und unbelasteten Zustande ergaben für die Dorsal- und die Plantarflexion je ungefähr 20° Bewegungsumfang. Nach Murray u. Mitarb. [11] sowie Sammarco u. Mitarb. [13] beträgt beim normalen Gang die Dorsalextension 10 Grad und die Plantarflexion 25 Grad, Stauffer und Assenmacher [16] sowie Wright u. Mitarb. [20] fanden 10 Grad Dorsalextension und ca. 15 Grad Plantarflexion. Damit scheint der Bewegungsumfang im oberen Sprunggelenk wesentlich geringer als bisher angenommen wurde. Die Nachbargelenke des oberen Sprunggelenkes sind somit an der funktionellen Plantarflexion und Dorsalextension in wesentlichem Maße mitbeteiligt. Dies würde theoretisch vermuten lassen, daß nach Versteifung dieses Gelenkes grundsätzlich eine kompensatorische Beweglichkeit in den Nachbargelenken stattfinden könnte.

Die Mehrzahl neuerer Autoren ist sich darüber einig, daß beträchtliche Kräfte auf das obere Sprunggelenk einwirken. Debrunner [4] berechnete für ein Körpergewicht von 70 kg beim einseitigen Zehenstand eine Belastung von 170 kp. Brewster u. Mitarb. [3] zeigen in einer zwei-dimensionalen Kraftanalyse beim jüngeren Menschen während des Gehens eine maximale Druckkraft im oberen Sprunggelenk von etwa dem 5-fachen des Körpergewichtes. Bei extremer Belastung kommt es zu maximalen Druckkräften vom 6- bis 9-fachen des Körpergewichtes im oberen Sprunggelenk. Vergleichbar damit berechnet Debrunner [4] für einen Ballendruck von 280 kg beim Weitsprung eine Gesamtkraft von 682 kp im oberen Sprunggelenk. Es darf somit angenommen werden, daß die bisher nicht berechneten Druckkräfte in den Nachbargelenken nach einer Versteifung des oberen Sprunggelenkes erheblich zunehmen. Kräfte bei Inversions- und Eversionsbewegungen können im unteren Sprunggelenk mindestens teilweise absorbiert werden, nicht aber die Kräfte, die bei Dorsal- und Plantarflexion des Fußes zustande kommen.

Operationstechnik

Wir stellen die Indikation zur oberen Sprunggelenksarthrodese nicht vor dem 12. Lebensjahr bei schweren, schmerzhaften Arthrosen nach Frakturen, Arthritiden sowie bei anders nicht korrigierbaren Fußdeformitäten und Instabilitäten.

Wir führen die obere Sprunggelenksarthrodese als Druckarthrodese modifiziert nach Charnley durch (Abb. 1b). Von einem bogenförmigen, knapp hinter dem Außenknöchel gelegten Hautschnitt aus (Abb. 1a) erfolgt die subperiostale Darstellung des Außenknöchels. Das distale Fibulaende wird reseziert und kann allenfalls als Überbrückungsspan angeschraubt werden. Nach Darstellung des oberen Sprunggelenkes führen wir eine quere, senkrecht zur Tibiaachse liegende Osteotomie unmittelbar proximal der Tibiagelenkfläche durch. Anschließend erfolgt die Osteotomie der Talusrolle parallel zur Tibiaosteotomie. Zur Verkleinerung des vorderen Fußhebelarmes wird die Ferse um mindestens 1 cm nach

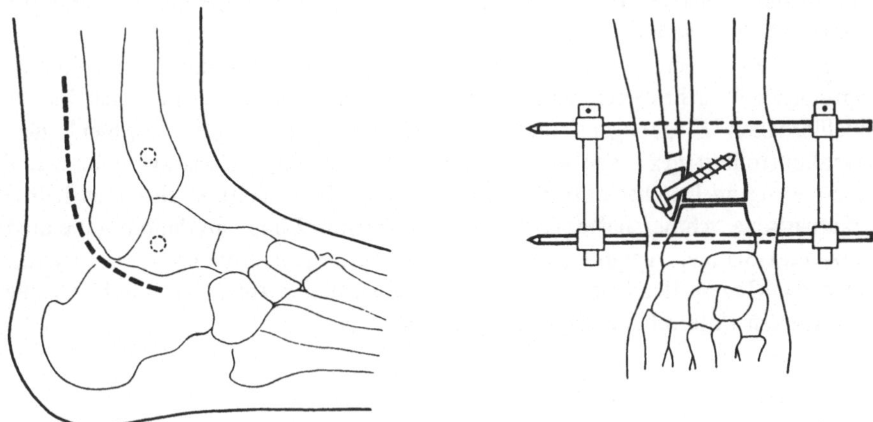

Abb. 1. a Hautschnitt **a** und **b** schematische Operationstechnik bei der nach Charnley modifizierten oberen Sprunggelenkskompressionsarthrodese

dorsal versetzt. Je ein Steinmann-Nagel wird durch die distale Tibiadiaphyse und den vorderen Talusabschnitt eingebracht. Die Osteotomieflächen werden über äußere – an den Steinmann-Nägeln ansetzende – Spanner unter Druck gesetzt. Der Zuggurtungswirkung der Achillessehne wird begegnet durch den nach ventral verlagerten Kompressionsdruck.

Bei zeitgerechtem knöchernem Durchbau werden die Spanner 6 Wochen postoperativ entfernt und ein Unterschenkelgehgips für weitere 6 Wochen angelegt.

Eigenes Krankengut

An der Orthopädischen Universitätsklinik Balgrist haben wir in den Jahren 1952 bis 1977 728 Arthrosen des oberen Sprunggelenkes behandelt. In 208 von diesen Fällen war eine operative Therapie notwendig, wobei in 50 Fällen gelenkerhaltende Eingriffe wie beispielsweise supramalleoläre Korrekturosteotomien, Dissecatverschraubungen, Spongiosaplastiken bei Gelenkcysten und andere durchgeführt wurden. In 150 Fällen mußte ein gelenkdestruktiver Eingriff, also eine obere Sprunggelenksarthrodese und in 8 Fällen ein

Tabelle 1. Krankengut Klinik Balgrist

1. OSG-Arthrodesen (1952–1977)	150 Fälle
2. Nachuntersuchte Fälle (1954–1969)	49 Fälle
3. Durchschnittliche Nachkontrollzeit (6–21 Jahre)	12 Jahre
4. Grundleiden:	
– Trauma	29
– Lähmung	16
– anderes	4

künstlicher Gelenkersatz in Form einer oberen Sprunggelenkstotalendoprothese Typ „Balgrist" durchgeführt werden.

Von den zwischen 1954 und 1969 in beschriebener Weise durchgeführten 72 oberen Sprunggelenksarthrodesen wurden 49 Fälle durch einen Nachuntersucher anhand eines ausführlichen Fragebogens und aufgrund neu angefertigter Röntgenbilder persönlich nachkontrolliert [12]. Die postoperative Beobachtungszeit lag zwischen 6 und 21 Jahren und betrug im Durchschnitt 12 Jahre. Ätiologisch handelte es sich mehrheitlich um posttraumatische schmerzhafte Arthrosen, in zweiter Linie um lähmungsbedingte Instabilitäts- und Schmerzzustände, meist Poliomyelitisfolgen (Tabelle 1). Gelegentliche Zweifel über die Genese der beklagten Schmerzen wurden präoperativ durch Abgabe eines probatorischen Unterschenkelgehgipses beseitigt.

Resultate

Postoperative Behinderung zum Zeitpunkt der Nachuntersuchung und Ausmaß der Schmerzbefreiung sind die Hauptkriterien für die subjektive Beurteilung des Spätresultates in der nachuntersuchten Patientengruppe. 5 Patienten klagten präoperativ über mäßige Beschwerden, 44 über mittelstarke bis starke Schmerzen im oberen Sprunggelenk. Bei der Nachuntersuchung gaben 36 Patienten keine oder nur leichte Schmerzen an, die anderen 13 Patienten klagten über stärkere bis schwere belastungsabhängige Schmerzen (Tabelle 2).

Während die präoperative Gehfähigkeit bei allen außer 2 Patienten unter 2 Std. lag, erreichten 2/3 der Patienten postoperativ eine Gehfähigkeit von über 2 Std. (Abb. 2).

Tabelle 2. Schmerzen im OSG

	präoperativ	bei Nachkontrolle
keine oder leichte Schmerzen	5	36
mäßige bis starke Schmerzen	44	13
	49	49

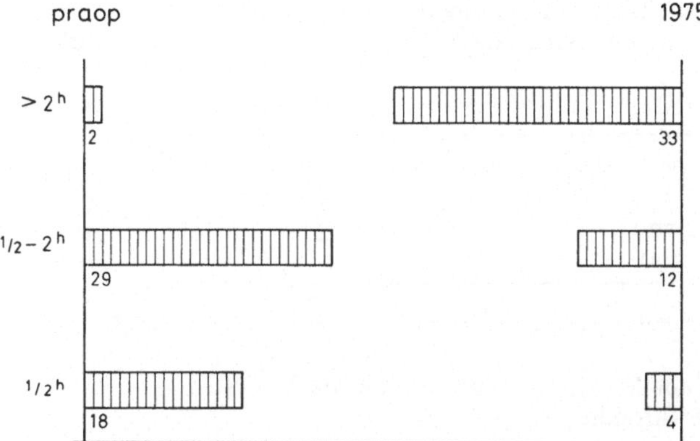

Abb. 2. Gehfähigkeit

Die präoperative Bewegungseinschränkung bei den posttraumatischen Fällen betrug bei praktisch allen Patienten weniger als ein Drittel des physiologischen Bewegungsumfanges.

Präoperativ waren 6 Patienten vollständig arbeitsunfähig, 14 Patienten maximal 50% arbeitsfähig und bei den übrigen 21 Patienten bestand eine Arbeitsfähigkeit zwischen 50 und 100% (Abb. 3). Die anderen 8 Patienten waren nicht berufstätig. Die durchschnittliche postoperative Arbeitsfähigkeit erhöhte sich von knapp 70 auf 80%. Von den 29 Patienten mit posttraumatischen oberen Sprunggelenksarthrodesen erreichten postoperativ 22 eine teilweise sitzend und teilweise stehende Tätigkeit und 3 Patienten eine ausschließlich sitzende Beschäftigung. Ein Patient blieb vollständig arbeitsunfähig und 3 waren in der Zwischenzeit pensioniert worden. Eine Arbeitsumstellung erfolgte in 6 Fällen mit posttraumatischen Veränderungen.

Die Tabellen 3 bis 5 geben Auskunft über die Stellung der arthrodesierten Füße in Sagital-, Frontal- und Vertikalebene. Erwartungsgemäß resultiert der Großteil der mit dem Operationsresultat unzufriedenen Patienten aus der Gruppe mit Stellungsfehlern im Sinne eines Hackenfußes, einer verstärkten Innenrotation oder eines Rückfuß varus.

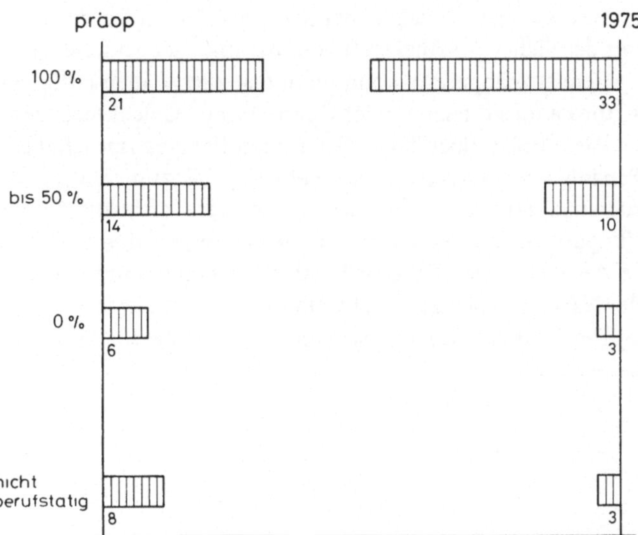

Abb. 3. Arbeitsfähigkeit

Tabelle 3. Fußstellung in der Sagitalebene nach OSG-Arthrodese

Grad	Patienten
< 0°	5
0–5°	15
5–20°	21
> 20°	8
	49

Tabelle 4. Stellung des arthrodesierten Fußes in der Vertikalebene

IR/AR	Patienten
AR > 10°	7
AR 0–10°	36
IR	6
	49

Tabelle 5. Rückfußstellung nach OSG-Arthrodese

Grad	Patienten
> 10°	4
5–10°	14
0–5°	18
< 0°	13
	49

Residuelle Beschwerden werden überwiegend in den der Arthrodese benachbarten Gelenken — d.h. im talo-calcanearen und Chopartschen Gelenk — lokalisert. Die Motilitätsprüfung ergab, daß eine postoperative kompensatorische Motilitätszunahme in den Nachbargelenken selten ist. Mehrheitlich ist die subtalare Motilität auf einen Bewegungsumfang von unter 10 Grad reduziert (Abb. 4). Auch im Chopartschen Gelenk, welches ausschließlich kompensatorisch Plantar- und Dorsalflexion übernehmen könnte, fand sich mehrheitlich eine gegenüber der Norm verminderte Beweglichkeit von durchschnittlich 12 Grad. Nur in 2 Fällen wurde eine kompensatorische Hypermotilität beobachtet (Abb. 5).

Das Kniegelenk zeigte bei mehr als der Hälfte der Patienten eine vermehrte Extension mit deutlicher Abhängigkeit vom Ausmaß der Spitzfüßigkeit.

Bereits präoperativ konnten in fast allen Fällen radiologische Zeichen einer beginnenden Arthrose im subtalaren oder Chopartschen Gelenk nachgewiesen werden.

Diese Folge einer länger dauernden Fehlbeanspruchung oder auch direkter traumatischer Schädigung verstärkte sich regelmäßig bis zum Zeitpunkt der postoperativen Nachuntersuchung. 80% der Fälle zeigten schwere arthrotische Veränderungen im Subtalar- oder Chopartgelenk oder an beiden Gelenken gemeinsam. Im Lisfrancschen Gelenk ließen sich in der Hälfte der Fälle arthrotische Veränderungen leichteren Ausmaßes zum Zeitpunkt der Nachuntersuchung nachweisen.

Die Komplikationen nach oberen Sprunggelenksarthrodesen sind in Tabelle 6 zusammengestellt.

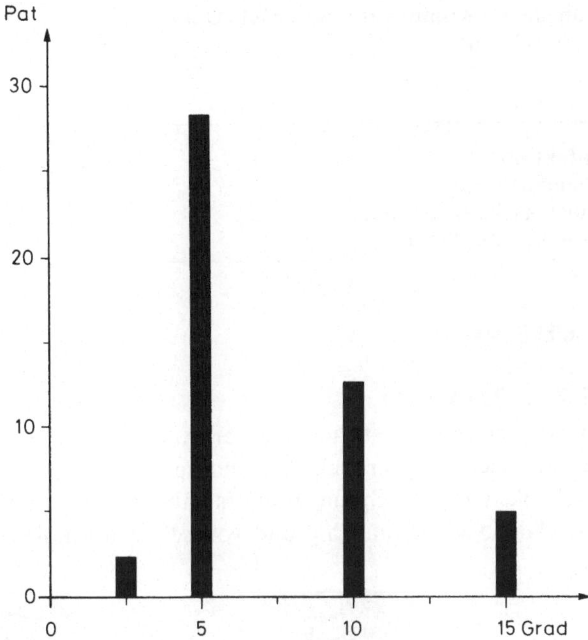

Abb. 4. Beweglichkeit des subtalaren Gelenkes bei Nachuntersuchung

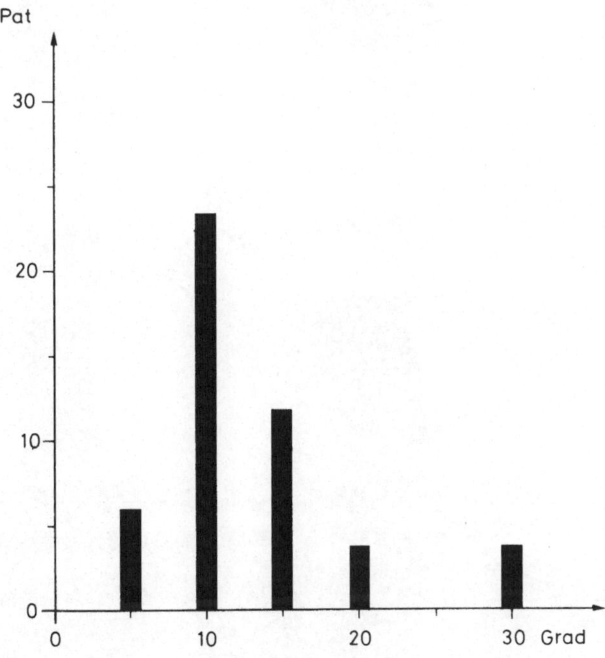

Abb. 5. Beweglichkeit des Chopart-Gelenkes bei Nachuntersuchung

Tabelle 6. Komplikationen nach OSG-Arthrodesen

(n = 49)	Fälle
Infektion	1
Pseudarthrose	1
Sudecksche Dystrophie	2
Druckulcus plantar	1

Fallbeispiele

E.R., 1922 (Abb. 6)

Wegen schwerer posttraumatischer Arthrose 7 Jahre nach offener Luxationsfraktur des linken oberen Sprunggelenkes mußte bei diesem 42jährigen Patienten die Arthrodese des linken oberen Sprunggelenkes durchgeführt werden. 9 Jahre später ist der Patient als Maler voll arbeitsfähig und von seiten des linken Fußes weitgehend beschwerdefrei.

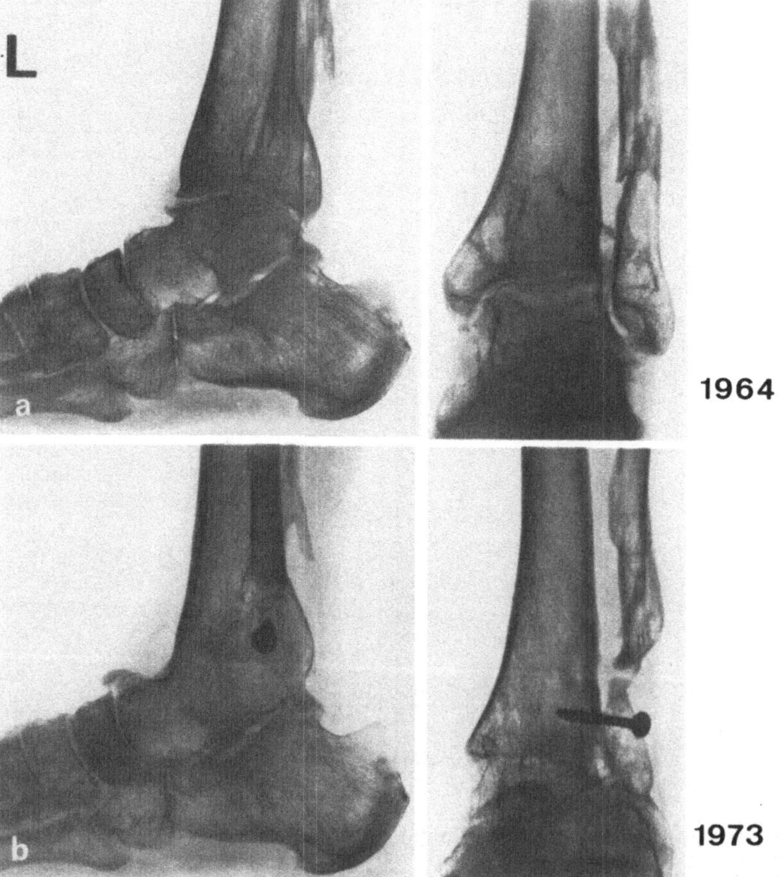

Abb. 6a und b. Posttraumatische Arthrose, 7 Jahre nach offener OSG-Luxationsfraktur. **a** Ausgangssituation, **b** Kontrolle 9 Jahre nach OSG-Arthrodese

H.B., 1924 (Abb. 7)

2 Jahre nach geschlossener Luxationsfraktur des rechten oberen Sprunggelenkes mußte
wegen zunehmender schmerzhafter Bewegungseinschränkung die Arthrodese des rechten

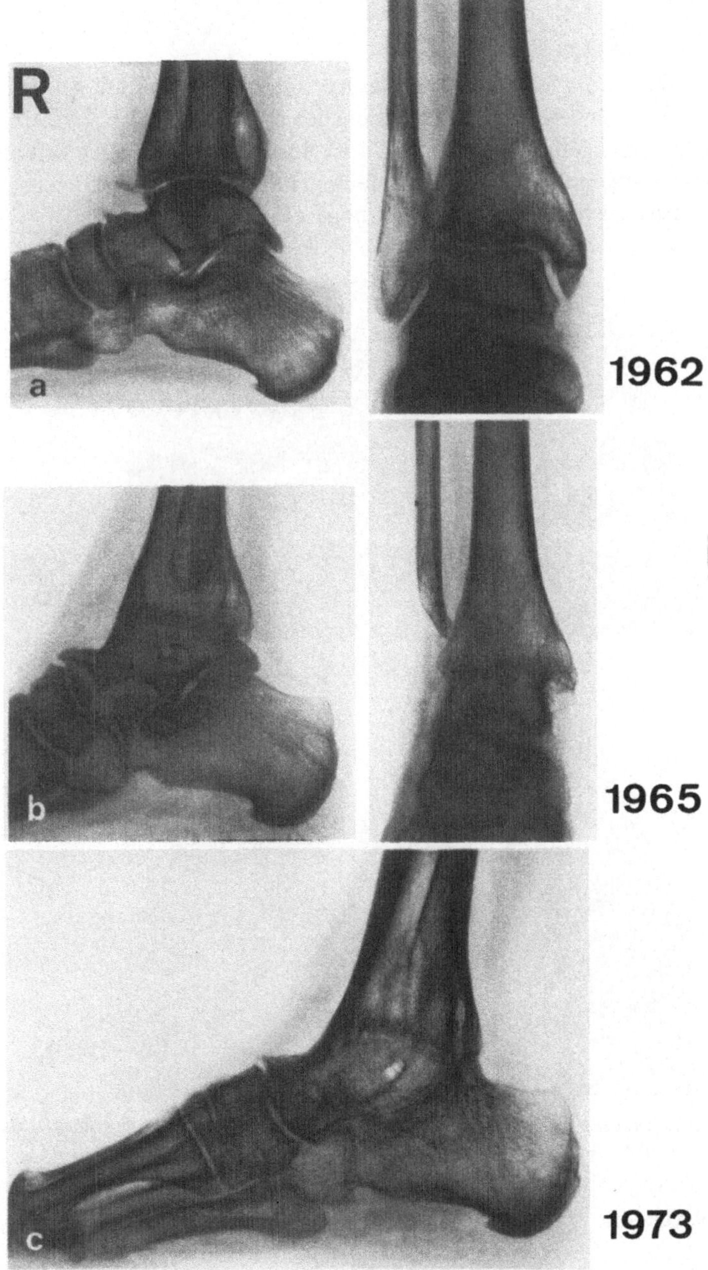

Abb. 7a-c. Posttraumatische Arthrose, 2 Jahre nach geschlossencr OSG-Luxationsfraktur.
a Ausgangssituation, **b** Zustand 3 Jahre nach OSG-Arthrodese, schmerzhafte Arthrose
auch im USG, **c** Kontrolle 8 Jahre nach zusätzlicher Arthrodese des USG

oberen Sprunggelenkes durchgeführt werden. Eine zunehmende schmerzhafte posttraumatische Arthrose machte 1965 auch eine Arthrodese des unteren rechten Sprunggelenkes notwendig. 1973 ist die Patientin mit orthopädischen Schuhzurichtungen im Haushalt voll arbeitsfähig, beklagt jedoch belastungsabhängige schmerzhafte Schwellungen im Rückfuß.

R.K., 1914 (Abb. 8)
Bei diesem Patienten mit beidseitigem Hohlfuß mußte wegen rezidivierenden linksseitigen Fußdistorsionen bei postdistorsioneller oberer Sprunggelenksarthrose links die Arthrodese 1957 durchgeführt werden. 1974 ist der Patient als Fräser voll arbeitsfähig. Entsprechend den röntgenologischen Veränderungen bestehen bei längerer Belastung Beschwerden im arthrotischen Subtalar- und Chopart-Gelenk.

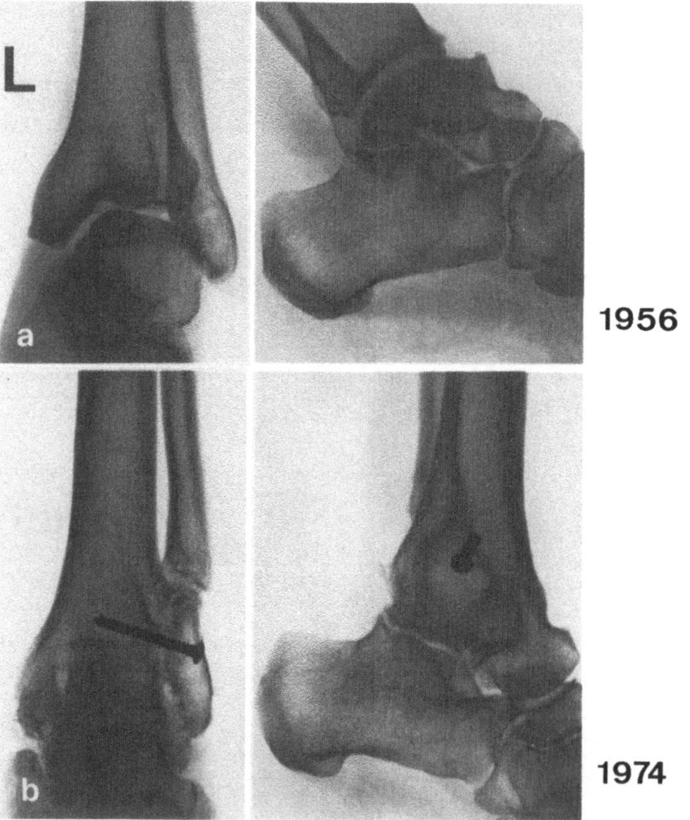

Abb. 8a und b. Postdistorsionelle OSG-Arthrose. **a** Ausgangssituation, **b** Kontrolle 18 Jahre nach OSG-Arthrodese

Diskussion

Subjektiv sind 70% der Patienten mit dem Spätergebnis nach oberer Sprunggelenksarthrodese zufrieden. Dieser Wert liegt in der Streubreite der Resultate anderer Autoren wie zum Beispiel Thom [17] und Becker [2].

Durch die Behebung eines Schmerzzustandes, einer schweren Instabilität oder Fußfehlstellung konnte eine dauerhafte Besserung der Gehfähigkeit sowie eine Steigerung der Arbeitsfähigkeit — bei den posttraumatischen Fällen durchschnittlich um 10% — erreicht werden.

Andererseits treten nach einer Versteifung im oberen Sprunggelenk Auswirkungen in den benachbarten distalen Gelenken sowie proximal im Kniegelenk auf.

Eine Funktionseinschränkung im Subtalargelenk ist bei fast allen Fällen nachzuweisen. Wie Ducroquet [5] finden wir eine kompensatorische Bewegungszunahme im subtalaren Gelenk sehr selten.

Die von Hohmann [6] und Witt und Cotta [19] und anderen Autoren beobachtete kompensatorische Hypermotilität im Chopartschen Gelenk konnten wir wie Thom [17] nur selten beobachten, d.h. lediglich in 2 posttraumatischen und 2 postparalytischen Fällen. Bei diesen 4 Patienten war die Arthrodese ausnahmslos im jüngeren Alter durchgeführt worden.

Radiologisch fand sich in 80% der Fälle eine Arthrose im unteren Sprunggelenk, welche entweder erst nach der Operation auftrat oder präoperativ bestand und sich im späteren Verlauf verschlimmerte. Ob die Schwere der Arthrose von der Fußstellung abhängt, konnten wir nicht nachweisen. Meistens besteht auch nur ein begrenzter Zusammenhang zwischen subjektiven Angaben der Patienten und Röntgenbefund, indem zum Beispiel eine röntgenologisch schon manifeste Arthrose oft noch keine Beschwerden bereitet.

Angesichts der eindeutigen Arthrosezunahme in den der Arthrodese benachbarten Gelenken haben wir uns ernsthaft mit Alternativlösungen zur Arthrodese befaßt und sind auf diesem Wege zur Entwicklung eines alloplastischen Ersatzes des oberen Sprunggelenkes gekommen [14]. Dabei war es uns ein wesentliches Anliegen, nebst einer besseren Formgebung, einer idealeren Materialkombination und einem neuen Zugangsweg durch eine möglichst knochensparende Verankerung die Möglichkeit für eine spätere Arthrodese ohne zusätzliche Verkürzung offen zu halten.

Aus unserer Nachkontrolle hat sich weiter ergeben, daß die Spätergebnisse durch die Stellung des arthrodesierten Fußes erheblich beeinflußt werden können:

Unter den Patienten mit Arthrodese in Hackenfußstellung klagten 2 über Schmerzen im Talonaviculargelenk. Bei ausgeprägter Spitzfüßigkeit kann der Gang — besonders Barfußgang und Bergaufgehen — erschwert werden. Starke Spitzfüßigkeit von über 20 Grad führt besonders bei ungenügender Schuhversorgung neben Überlastungsbeschwerden in den Mittelfußgelenken auch zu plantaren Vorfußbeschwerden. Bei einem Fall von ausgeprägter Spitzfußstellung mit gestörter Sensibilität beobachteten wir ein Druck-Ulcus unter einem Metatarsaleköpfchen. Bei vorbestehender Beinverkürzung ist jedoch eine gewisse Spitzfußstellung zum partiellen Längenausgleich nicht ungünstig. Die Hälfte der Patienten, bei welchen die Arthrodese in Rückfuß varus- oder Innenrotationsstellung durchgeführt wurde, klagt über stärkere Spätbeschwerden.

Die guten Ergebnisse fanden sich vorwiegend bei Patienten, bei denen der Fuß in Neutral- bis leichter Spitzfußstellung (maximal bis 10 Grad), in leichtem Rückfuß-Valgus (ca. 10 Grad) und in mäßiger Außenrotation (bis 15 Grad) versteift wurde. Im übrigen sollte noch auf eine genügende Rückversetzung des Fußes geachtet werden zur besseren Verteilung der Belastung.

Die Auswirkungen der oberen Sprunggelenksarthrodese auf das Kniegelenk haben Ducroquet 1965 [5] und Lelievre 1967 [8] beschrieben: Nachdem die Wirkung des Gastrognemius auf das obere Sprunggelenk entfällt, erfolgt in der Gehrichtung keine Schubkraft

100

mehr. Diese wird ersetzt durch ein Vorneigen des Oberkörpers, wobei der Patient nach vorne zu fallen scheint. Dieser Falltendenz wirkt der Patient entgegen, indem er den Trochanter nach vorne schiebt, was eine Rekurvation des Knies zur Folge hat. Dies wiederum resultiert in einer progressiven Dehnung der hinteren Kapsel und der Bänder und der Ausbildung eines Genu rec urvatum. Eine Überstreckbarkeit des Kniegelenkes zeigte sich tatsächlich bei über der Hälfte unserer nachuntersuchten Patienten, besonders ausgeprägt bei denjenigen mit Spitzfußstellung und ungenügender Schuhversorgung. Unter den postoperativen Komplikationen finden sich in unserem Krankengut 2 Sudecksche Dystrophien, welche beide zu belastungsabhängigen Dauerbeschwerden führten. Anhaltende Beschwerden mußten auch verzeichnet werden bei der erwähnten Pseudarthrose, der postoperativen infektiösen Komplikation und den Fällen, wo ein verzögerter Durchbau der Arthrodese zu beobachten war.

Oft erschien uns die orthopädie-technische Versorgung zum Zeitpunkt der Nachuntersuchung mangelhaft, besonders bei Patienten, die seit längerer Zeit nicht mehr in ärztlicher Kontrolle gestanden hatten. Beim Fehlen notwendiger Schuhzurichtungen wie Abrollrampe und Pufferabsatz sowie bei Bedarf Einlagenversorgung sowie gegebenenfalls Absatzerhöhungen [1] ergaben sich oft Schwierigkeiten beim Bergauf- oder Bergabgehen sowie beim Gehen im unebenen Gelände.

Über trophische Störungen in Form abendlicher, für das subjektive Befinden jedoch praktisch belangloser Fußödeme klagte die Hälfte der Patienten.

Zusammenfassung

Die Untersuchung von 49 Patienten mit oberer Sprunggelenksarthrodese mit einer durchschnittlichen postoperativen Beobachtungszeit von 12 Jahren ergab eine hohe Arthrosehäufigkeit an den benachbarten Fußgelenken, in erster Linie im subtalaren Gelenk. Diese Arthrose trat teilweise erst postoperativ auf, teilweise war sie präoperativ vorhanden und verschlimmerte sich nach der Arthrodese. Davon kam aber nur ein Teil zu einem schmerzhaften Spätzustand, welcher weniger vom Grad der arthrotischen Veränderungen abhängt, als vielmehr von der Stellung des arthrodesierten Fußes. Die besten Resultate finden sich dort, wo dem Fuß eine optimale Stellung (Spitzfuß von weniger als 10 Grad, Valgus 10 Grad, Außenrotation 15 Grad) gegeben wurde.

Literatur

1. Baumgartner, R.: Die orthopädietechnische Versorgung des Fußes. Stuttgart: Thieme 1972
2. Becker, F., Kastner, V.L.: Über Fußarthrodesen. Arch. orthop. Unfallchir. *58*, 224 (1965)
3. Brewster, R.C., Chao, E.Y., Stauffer, R.N.: Force analysis of the ankle joint during the stance phase of gait. Abstract of a communication at the 27th ACEMB, Marriott Hotel, Philadelphia, U.S.A. October 6–10 (1974)
4. Debrunner, H.U.: Zur Biomechanik des Fußes. Der Orthopäde Band *3*, Heft *3*, 127 (1974)
5. Ducroquet, R.J. et P.: La marche et les boiteries, Etudes des marches normales et pathologiques. Acta orthop. Belg. *31*, Fasc. 3, 539 (1965)

6. Hohmann, G., Hackenbroch, G., Lindemann, K.: Handbuch der Orthopädie, S. 1181. Stuttgart: Thieme 1961
7. Lange, M.: Orthopädisch-chirurgische Operationslehre. 2. Aufl. München: J.F. Bergmann 1962
8. Lelievre, J.: Pathologie du pied. Physiologie, clinique. Traitement medical orthopédique et chirurgical. Paris: Masson et Cie 1967
9. Meinhardt, U.: Indikation, Technik und Ergebnisse der posttraumatischen Arthrodese des oberen Sprunggelenkes. Acta traumatolog. *3*, 177 (1973)
10. Müller, M.E., Allgoewer, M., Willenegger, H.: Manual der Osteosynthese. Technik der Kompressionsarthrodese des oberen Sprunggelenkes. Berlin, Heidelberg, New York: Springer 1977
11. Murray, M.P., Drought, A.B., Kory, R.C.: Walking patterns in normal men. Journal of Bone and Joint Surgery, *46A*, 355 (1964)
12. Rimoldi, M.: Spätergebnisse bei oberen Sprunggelenksarthrodesen nach Charnley. Dissertation, Universität Zürich 1975
13. Sammarco, G.J., Burstein, A.H., Frankel, V.H.: Biomechanics of the ankle: A kinematic study. Orthopaedic Clinics of North America, 4, 1, 75 (1973)
14. Schreiber, A., Dexel, M., Zollinger, H.: Eine neue Sprunggelenks-Endoprothese — Alternative zur Arthrodese? Aktuelle Traumatologie 1978 (im Druck)
15. Speiser, P.: Die Kompressionsarthrodese des oberen Sprunggelenkes. Arch. orthop. Unfallchir. *51*, 187 (1959)
16. Stauffer, R.N., Assenmacher, D.B.: Long-term clinical follow-up of ankle arthrodesis. Submitted for publication (1975)
17. Thom, H.: Spätergebnisse nach 81 Arthrodesen des oberen Sprunggelenkes. Z. Orthop. *111*, 446 (1973)
18. Weber, B.G.: Die Verletzungen des oberen Sprunggelenkes. Aktuelle Probleme in der Chirurgie. Bern: Hans Huber 1965
19. Witt, N., Cotta, H.: Die Arthrose des Fusses und ihre operative Behandlung. Dtsch. med. Journal *17*, 317 (1966)
20. Wright, D.G., Desai, S.M., Henderson, W.H.: Action of the subtalar and ankle joint complex during the stance phase of walking. J. Bone Joint Surgery. (Am) *46*, 361 (1964)
21. Zimmermann, M.: Die Bedeutung des Chopart'schen Gelenkes für die Dorsal- und Plantarflexion bei Versteifungen des oberen Sprunggelenkes. Z. Orthop. *66*, 20 (1937)

Die Tibio-calcaneare Arthrodese

A. Rüter

Zentrale Frakturen des Talus sind in einem hohen Prozentsatz mit Komplikationen belastet, die bleibende Behinderungen der Sprunggelenke und des gesamten Fußes hinterlassen und häufig später rekonstruktive Eingriffe erfordern. Nach den Angaben der Literatur führen bereits etwa 50% der zentralen Talusfrakturen mit zwei Bruchstücken zu Nekrosen. Spätschäden nach Luxationsfrakturen machen in 50 bis 60% eine Arthrodese zumindest eines der benachbarten Gelenke notwendig. Nach Trümmerfrakturen erhöht sich die Rate notwendiger Wiedereingriffe auf 70%–80% [1, 4, 5, 6].

Dabei bleiben die letztlich erreichbaren funktionellen Ergebnisse häufig unbefriedigend.

Ausschlaggebend für die bleibende Behinderung ist oft weniger der Zustand des Talus selbst und seiner direkten Nachbargelenke, als vielmehr die im Zuge der Behandlung aufgetretenen Sekundärschädigungen an den übrigen Strukturen des Fußes. Werden Arthrodesen des oberen oder unteren Sprunggelenkes an einem Fuß durchgeführt, der nach monatelanger Ruhigstellung und Entlastung eine weitgehende Versteifung aller Gelenke

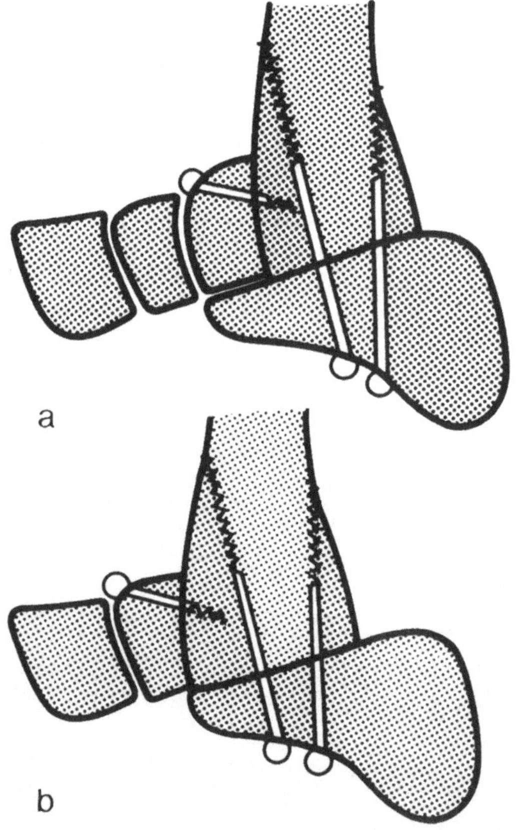

Abb. 1a und b. Technik der tibio-calcanearen Arthrodese. a Bei erhaltenem Taluskopf, b nach vollständiger Talektomie

aufweist, und dessen Muskulatur, Kalksalzgehalt und Durchblutung erheblich reduziert sind, ist eine Kompensation der ausgefallenen Sprunggelenksbewegungen in den Nachbargelenken der Fußwurzel und des Mittelfußes ausgeschlossen und die Gebrauchsfähigkeit des Beines damit insgesamt weit über den Ausfall der operativ versteiften Gelenke beeinträchtigt.

Ein großer Teil dieser Sekundärschäden ließe sich durch eine primäre Talektomie mit folgender stabiler tibio-calcanearer Arthrose zumindest theoretisch vermeiden. In der Literatur finden sich nun aber immer wieder Hinweise, die die funktionellen Ergebnisse nach Talektomie als besonders schlecht bezeichnen, wobei speziell auf die Nachteile der entstehenden Instabilität hingewiesen wird.

Dieses Moment ließe sich durch eine der Talektomie folgende stabile tibio-calcaneare Arthrodese ausschalten (Abb. 1). Coppin [2] und Eigenthaler [3] empfehlen zwar aufgrund eigener Beobachtungen, dieses Vorgehen in die therapeutischen Überlegungen mit einzubeziehen. Detaillierte Angaben über die hierdurch erreichbaren funktionellen Endzustände liegen u.W. jedoch nicht vor. Da die Indikation zu diesem Eingriff auf einem sorgfältigen Abwägen des hiermit Erreichbaren gegenüber den durchschnittlichen Ergebnissen bei Erhaltungsversuch des Talus basiert, erscheinen exakte Angaben über die nach diesem Vorgehen verbleibende funktionelle Situation von Interesse.

Daher wurden die Patienten, bei denen wir uns zu einer primären oder frühsekundären Talektomie mit nachfolgender tibio-calcanearer Arthrodese gezwungen sehen, nach folgenden Parametern nachuntersucht:

Beschwerden — Schuhhilfe — Beinlänge — Beweglichkeit des Vorfußes — subjektive Gesamtbeurteilung.

Krankengut

Es handelte sich um 4 Männer und 1 Frau. Durchschnittsalter 40 Jahre, Minimum 31, Maximum 62 Jahre.

Zum Zeitpunkt der Nachuntersuchung lag die Operation im Mittel 45,9 Monate zurück, der kürzeste Abstand betrug 24, der längste 77 Monate.

Die Entfernung des Talus war in 4 Fällen unmittelbar am Unfalltage wegen offener Defektzertrümmerung des Sprungbeins vorgenommen worden. Beim fünften Patienten wurde sie 6 Wochen nach primärer Osteosynthese einer offenen zentralen Talusfraktur wegen fortschreitender Talusnekrose bei Spätinfekt durchgeführt. Diese Daten sind in Tabelle 1 zusammengestellt.

Tabelle 1

Krankengut (N = 5)	
Geschlecht	4 m. 1 w.
Alter bei Unfall	40 J. (31−62)
Zeitpunkt der Talektomie	4 x sofort 1 x 6 Wo. n. Osteosynthese (Infekt u. Nekrose)

Operationstechnik

Der Eingriff läßt sich sowohl nach Entfernung aller Talusfragmente wie unter Belassung des Taluskopfes durchführen.

Der Zugang richtet sich nach der Weichteilsituation.

Nach Entfernung des Taluskörpers werden die Malleolen reseziert und die distale Gelenkfläche der Tibia sowie die craniale Gelenkfläche des Calcaneus entknorpelt und begradigt.

Die geschaffenen Flächen werden so reponiert, daß der Rest des Taluskopfes oder das entknorpelte Naviculare auf die angefrischte Vorderfläche der distalen Tibia gebracht werden kann.

Die tibio-calcaneare Stabilisierung wird durch 2–3 Spongiosaschrauben erreicht, die über Stichincisionen von der Fußsohle her eingebracht werden. Abschließend werden Taluskopf oder Naviculare durch eine oder zwei Kleinfragmentschrauben an der Tibia fixiert.

Die aus dem Taluskörper gewonnene Spongiosa dient zur Auffüllung verbleibender Spalten.

Nachbehandlung

Bis zum Rückgang der ersten stärkeren Schmerzen, üblicherweise dem 4. bis 5. Tag, wird eine Unterschenkel-U-Schiene angelegt, auf der das Bein hochgelagert werden kann.

Danach müssen aktive Bewegungsübungen der Dorsal- und Plantarflexion aufgenommen werden. Die behandelnde Krankengymnastin soll daneben behutsam passive Bewegungen der Pro- und Supination durchführen.

Bei gesicherter Wundheilung beginnt der Patient unter Teilbelastung des Beines mit 15 bis 20 kg zu gehen. Der Zeitpunkt der Vollbelastung richtet sich nach dem röntgenologischen Durchbau der Arthrodese.

Ergebnisse

a) Subjektive Beschwerden. 3 Patienten gaben an, gelegentlich belastungsabhängige Beschwerden zu spüren. Diese wurden in je einem Fall in den Vorfuß, den Rückfuß bzw. die Wade lokalisiert. Ein Verletzter spürte wetterabhängige Schmerzen im Bereich der Arthrodese, ein weiterer schilderte nur minimale Beschwerden nach einer Gehdauer von über 5 Stunden. Kein Patient klagte über heftigere oder wirklich störende Schmerzen.

b) Schuhhilfe. Ein Verletzter ging in normalen Konfektionsschuhen. Die einzige Patientin dieses Kollektivs trug unter normalen Schuhen eine Sohlenerhöhung von 1 cm. Ein Patient benützte zur Arbeit orthopädische Schuhe, im Privatleben Konfektionsschuhe mit Abrollhilfe. Die beiden restlichen Talektomierten gingen immer mit orthopädischem Schuh.

c) Beinlänge. Die Beinlänge war im Durchschnitt um 2,7 cm verkürzt. Die Werte schwankten im einzelnen zwischen 2,0 und 3,0 cm.

Tabelle 2. Ergebnisse – Einzeln

	Geschlecht	Alter	Zeitraum	Beschwerden	Schuh	Beinlänge	d-p	p-s	Urteil
N.H.	m	33 J.	24 Mo.	Anlauf	Orthop. b.Arbeit	-3 cm	10°	20°	zufrieden
F.Ch.	w	36 J.	25 Mo.	Selten	Normal + 1 cm	-2,5 cm	15°	20°	zufrieden
B.H.	m	66 J.	51 Mo.	Selten	Orthop.	-3 cm	20°	40°	zufrieden
K.H.	m	36 J.	52 Mo.	Selten	Orthop.	-3 cm	10°	10°	zufrieden
W.E.	m	47 J.	77 Mo.	Wetter	Normal	-2 cm	15°	20°	zufrieden

Tabelle 3. Ergebnisse – Durchschnitt

N	Alter	Zeitraum	Beschwerden	Schuh	Beinlänge	d-p	p-s
5	44 J.	45,9 Mo.	Selten und gering	2–1–2	-2,7 cm	14°	22°

d) Beweglichkeit des Vorfußes. Eine Kontraktur des Vorfußes fand sich bei keinem Patienten. Die Dorsal-/Plantarflexion war im Durchschnitt um 10° möglich, die Extremwerte betrugen hier 10 bzw. 20°. Die gewaltlose passive Pro-/Supinationsbewegung lag im Mittel bei 22° mit einer Variation zwischen 10 und 40°.

e) Stellung des Rückfußes. 3 Verletzte wiesen eine gegenüber der Gegenseite vermehrte Varusstellung des Rückfußes auf. Diese betrug zweimal gut 5°, einmal 10°. Da dieser Patient einen sehr gut beweglichen Vorfuß hatte, konnte diese Fehlstellung ausreichend kompensiert werden. Eine Vermehrung der Valgusstellung wurde nicht beobachtet.

f) Gesamtbeurteilung durch den Patienten. Alle Verletzten gaben an, mit dem funktionellen Zustand des Beines ausgesprochen zufrieden zu sein. Nur der Patient mit der deutlich vermehrten Fehlstellung des Rückfußes klagte über einen immer wieder auftretenden Clavus unter dem Köpfchen des 5. Mittelfußknochens.
Die Ergebnisse sind im einzelnen in Tabelle 2 aufgeschlüsselt.
Tabelle 3 gibt die Durchschnittswerte wieder.

Abb. 2 zeigt Ausgangssituation und abschließende Befunde des Patienten mit traumatischem Verlust des Taluskörpers.
Abb. 3 zeigt das Ergebnis nach frühsekundärer Talektomie wegen Nekrose und Infekt.

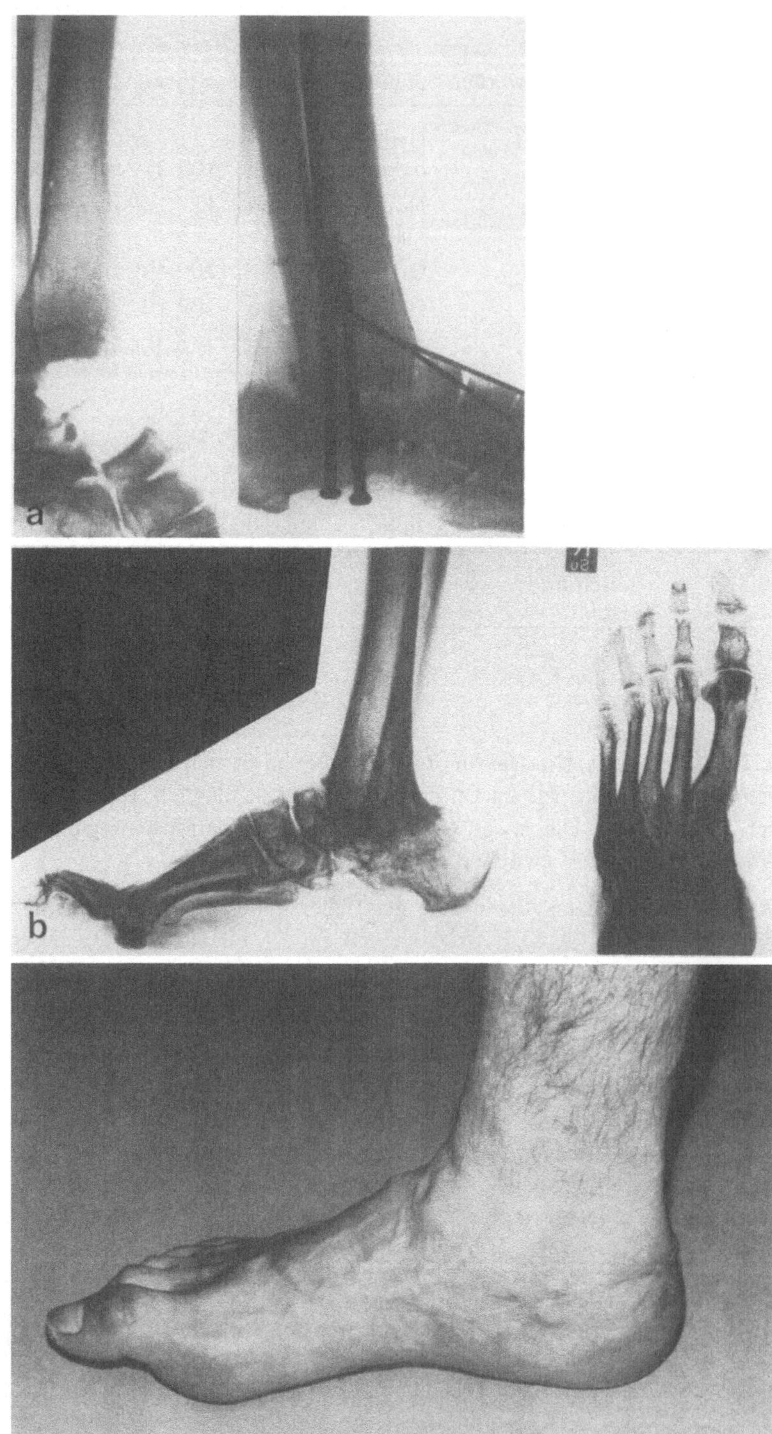

Abb. 2a-c. Ausgangssituation und Ergebnis nach traumatischem Teilverlust des Talus. **a** Unfallbild, **b** Röntgenkontrolle nach Konsolidation, **c** Weichteilsituation

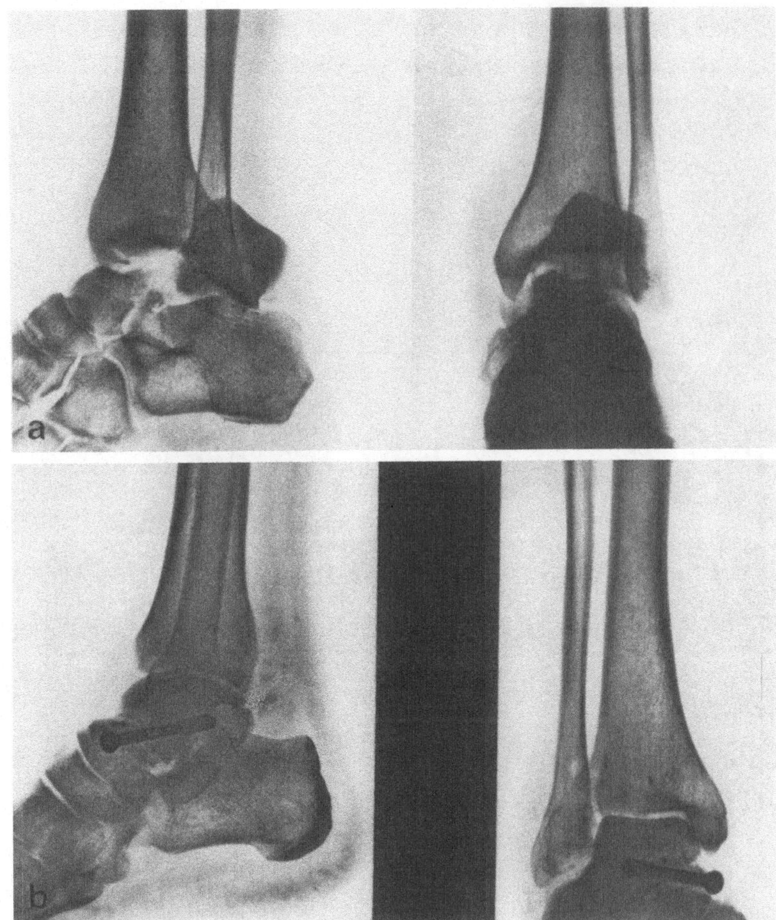

Abb. 3a-d. Ausgangssituation und Ergebnis nach frühsekundärer Talektomie wegen posttraumatischer Nekrose und Infekt. **a** Unfallbild, **b** Kontrolle vor Entschluß zur Talektomie bei Infekt

Diskussion

Die dargelegten Ergebnisse zeigen, daß eine primäre oder frühsekundäre Talektomie mit nachfolgender tibio-calcanearer Arthrodese eine funktionelle Situation zu schaffen vermag, die zumindest als zufriedenstellend bezeichnet werden kann. Hierbei ist die Restbeweglichkeit und Trophik des Vorfußes von richtungsweisender Bedeutung. Da diese Strukturen bei der Talusverletzung normalerweise nicht mitgeschädigt wurden, kommt es darauf an, durch eine möglichst früh einsetzende funktionelle Nachbehandlung Spätschäden zu vermeiden. Dies setzt voraus, daß die tibio-calcaneare Arthrodese so stabil fixiert wurde, daß sich eine zusätzliche Ruhigstellung im Gipsverband erübrigt. Besondere Sorgfalt erfordert die Einstellung des Calcaneus in der Frontalebene, da die Restbeweglichkeit des

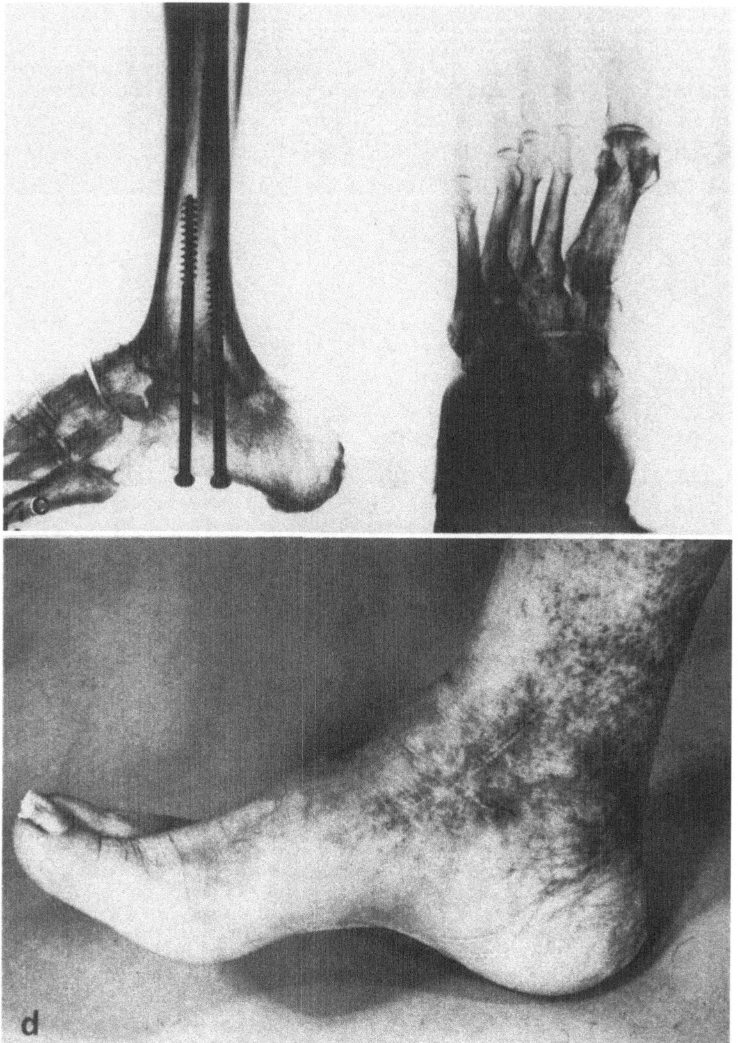

Abb. 3. c Röntgenologisches Ergebnis nach Arthrodese, **d** Weichteilsituation

Vorfußes im Durchschnitt 20° nicht übersteigt und die 0-Stellung daher nur geringe Abweichungen aus der Mittellage tolerieren kann.

Aufgrund der beschriebenen Ergebnisse halten wir die tibio-calcaneare Arthrodese für eine zu verantwortende Erweiterung des Therapieplanes bei der Behandlung zentraler Trümmerfrakturen und offener Mehrfragmentluxationsfrakturen des Talus. Die Indikation zu diesem Eingriff muß sich auf die Fälle beschränken, die aufgrund ihres Primärbefundes oder ihres Verlaufes bei taluserhaltenden Maßnahmen mit an Sicherheit grenzender Wahrscheinlichkeit in schlechteren Funktionszuständen enden.

Literatur

1. Canale, S.T., Kelly, F.B.: Fractures of the Neck of the Talus. J. Bone Jt. Surg. *60-A*, 143 (1978)
2. Copin, G., Jäger, J.H., Kempf, I.: Die Behandlung der Talusfrakturen im Centre de Traumatologie et d'Orthopédie de Strasbourg. Kongressmitteilung 13. Tagung der Österreichischen Gesellschaft für Unfallchirurgie 1977
3. Eigenthaler, L.: Persönliche Mitteilung, Salzburg 1977
4. Kuner, E.H., Müller, Th., Lindemaier, H.L.: Einteilung und Behandlung der Talusfrakturen. Literatur Sammelstatistik über 7 048 Talusfrakturen. Hefte z. Unfallheilk. *131*, 196 (1978)
5. Peterson, L.: Fracture of the Neck of the Talus. An experimental and clinical study. Habil.-Schrift Göteborg 1974
6. Zilch, H., Müller, K.-H., Meeder, P.J., Kurock, W.: Ergebnisse nach Talusfrakturen der Kliniken Berlin, Bochum, Tübingen, Mainz. Hefte z. Unfallheilk. *131*, 212 (1978)

Anschlußarthrose nach Arthrodese des oberen Sprunggelenkes

G. Hierholzer und G. Hörster

Bei ausgeprägter posttraumatischer Arthrose des oberen Sprunggelenkes ist die Arthrodese eine standardisierte Behandlungsmethode. Da der Ausfall eines großen stark belasteten Gelenkes zu einer veränderten Gangmechanik und zu einer Änderung des Bewegungsmusters angrenzender Gelenke führen muß, stellt sich die Frage der Anschlußarthrose benachbarter Gelenke.

Der Stellenwert der Arthrodese gegenüber den alternativmöglichen Behandlungsverfahren wie der Korrekturosteosynthese, der Versorgung mit orthopädischem Schuhwerk und zunehmend auch der Alloarthroplastik ist daher nur in Verbindung mit funktionellen Spätkontrollen zu ermitteln.

Auf Grund von Nachuntersuchungen bei 75 Patienten, bei denen Arthrodesen des oberen Sprunggelenkes nach einem Trauma vorgenommen wurden, versuchen wir im folgenden dazu einen Beitrag zu leisten. Die Nachuntersuchung lag im Mittel 11 Jahre nach der durchgeführten Operation, der kürzeste Zeitraum betrug dabei 7 Jahre. Wir werden bei den Ergebnissen nicht auf die vorangegangene Operationstechnik eingehen, ganz überwiegend wurde die damals übliche Technik der Doppelspannbügelfixation vorgenommen. Um zu gewährleisten, daß einigermaßen vergleichbare Befunde vorgelegt werden, haben wir nur Patienten berücksichtigt, die zum Zeitpunkt der Operation unter 50 Jahre alt waren. Dabei ergab sich ein mittleres Patientenalter zum Zeitpunkt der Nachuntersuchung von 44 Jahren (Tabelle 1).

Nach durchgeführter Arthrodese im oberen Sprunggelenk ist die kompensatorische Beweglichkeit bekanntlich von entscheidender Bedeutung. Es war also zunächst abzuklären, wo und in welchem Ausmaß entsprechende Bewegungen nachweisbar sind. Wir haben zu dieser Frage bei 40 der nachuntersuchten Patienten gehaltene Aufnahmen des Fußes durchgeführt, um Lokalisation und Ausmaß dieser Beweglichkeit zu ermitteln. Abb. 1 zeigt ein in Rechtwinkelstellung versteiftes oberes Sprunggelenk, wobei 10 Jahre nach durchgeführter Arthrodese ein passives Kompensationsbewegungsausmaß von 25 Grad im Bereich der Fußwurzel erreicht wurde. Auf der gehaltenen Aufnahme wird deutlich, daß die Bewegungsfähigkeit fast ausschließlich das Talonaviculargelenk und das Talocalcaneargelenk betrifft. Die übrigen Gelenke der Fußwurzel sind, soweit mit dieser Untersuchungstechnik festzustellen, nicht erkennbar beteiligt. Es handelt sich dabei um einen für alle 40 gehaltenen Aufnahmen typischen Befund, auch bei den anderen Patienten war die Kompensationsbeweglichkeit auf diese Gelenke beschränkt. Unterschiede betrafen also nicht die Lokalisation der Beweglichkeit, sondern vielmehr das Ausmaß der Bewegungs-

Tabelle 1. Arthrodese OSG, Spätkontrollen (n = 75)

	$\bar{X}$	Bereich
Jahre nach Arthrodese	11,3	7—19
Pat.-Alter (i.J.) Bei NU	44,0	25—56

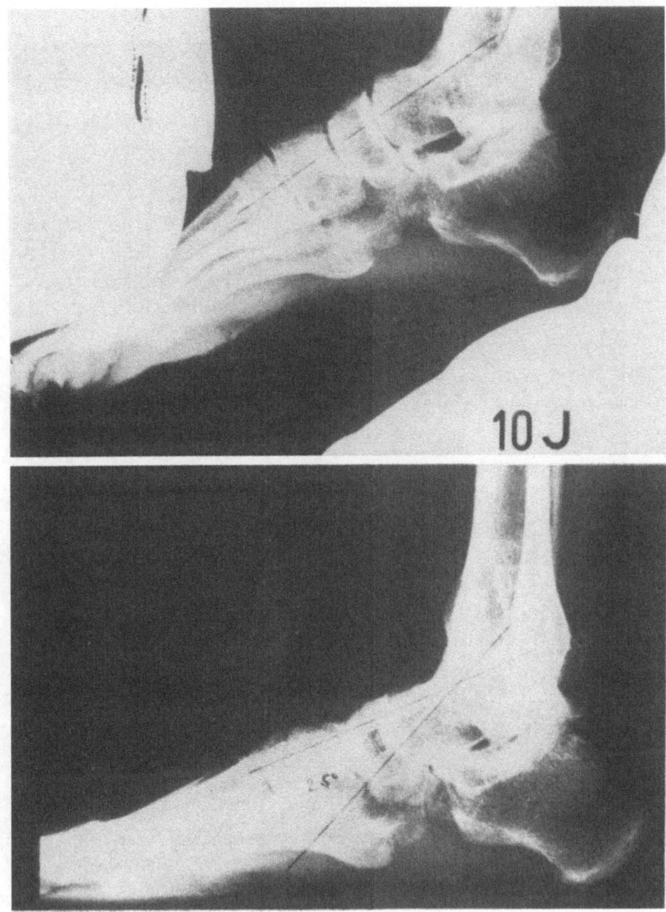

Abb. 1. Röntgenologische Darstellung der passiven Kompensationsbeweglichkeit im unteren Sprunggelenk nach Arthrodese des oberen Sprunggelenkes

Tabelle 2. Arthrodese OSG, Spätkontrollen
(n = 40)

Röntgenbild: Passive Kompensationsbeweglichkeit	Pat. Zahl n
< 10°	9
10–20°	13
> 20°	18

ausschläge. Bei nicht versteiftem Talonaviculargelenk und Talocalcaneargelenk lag das passive Bewegungsausmaß zwischen 7 Grad und 34 Grad. Immerhin erreichten 18 von 40 Patienten ein Kompensationsbewegungsausmaß von mehr als 20 Grad (Tabelle 2).

Wenn wir bei den Patienten mit durchgeführter Arthrodese am oberen Sprunggelenk nach mehreren Jahren überwiegend einen flüssigen Gang auf ebenem Boden feststellen

112

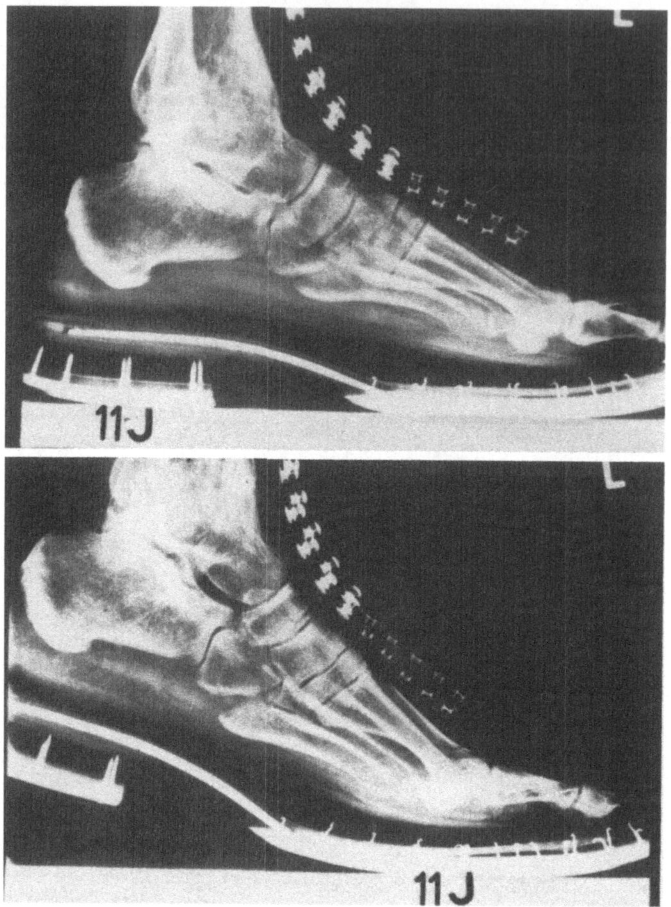

Abb. 2. Röntgenologische Darstellung der Bedeutung der Kompensationsbeweglichkeit für den Abrollvorgang im orthopädischen Schuh

können, so ist dies also der Kompensationsbeweglichkeit der Vorder- und Hinterkammer des unteren Sprunggelenkes als dem wichtigsten Ausgleichsfaktor zuzuschreiben. Die Arthrodese des oberen Sprunggelenkes kann damit klinisch in vielen Fällen vollständig überdeckt werden. Abb. 2. zeigt beispielhaft röntgenologisch die Bedeutung der Kompensationsbeweglichkeit für den Abrollvorgang im orthopädischen Schuhwerk.

Bei gleichzeitiger Versteifung des Talocalcaneargelenkes kann eine ausreichende Restbeweglichkeit erhalten bleiben. Wird jedoch auch das Talonaviculargelenk versteift, so fehlt dem Fuß jede ins Gewicht fallende Ausweichmöglichkeit (Abb. 3). Auch die Pronationsbewegung und Supinationsbewegung des Fußes ist überwiegend an die Funktion dieses Gelenkes gebunden. Die Erhaltung des Talonaviculargelenkes ist also sowohl im Sinne der Kompensationsbeweglichkeit in dorsoplantarer Richtung als auch für den Erhalt einer ausreichenden Pronations- und Supinationsfähigkeit zum Ausgleich von Bodenunebenheiten von nicht zu unterschätzender Bedeutung.

Entsprechend der Lokalisation der Beweglichkeit nach Arthrodese des oberen Sprunggelenkes im Talonaviculargelenk und Talocalcaneargelenk ist zu erwarten, daß aus mecha-

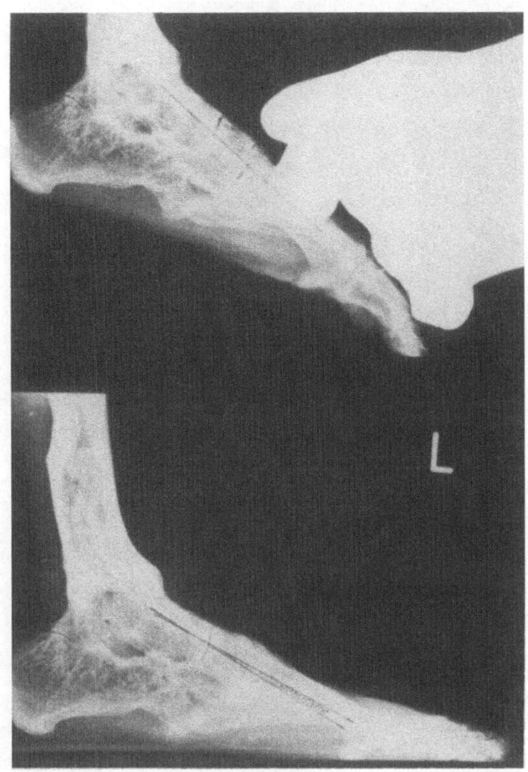

Abb. 3. Röntgenologische Darstellung der fehlenden Kompensationsmöglichkeit bei gleichzeitiger Versteifung des Talo-Naviculargelenkes

nischen Gründen eine spätere Arthrose sich überwiegend in diesen Gelenken abspielt. Diese Auffassung wird durch unsere Röntgenkontrollen bestätigt. Die übrigen Fußwurzelgelenke waren nur ganz selten spätarthrotisch verändert. Faßbare arthrotische Veränderungen im Bereich des Gelenkes zwischen Fersenbein und Würfelbein wurden röntgenologisch nicht gefunden.

Die Tatsache, daß Verschleißerscheinungen nach Arthrodesen des oberen Sprunggelenkes fast ausschließlich das Talonavicular- und Talocalcaneargelenk betreffen, weist auf eine überwiegend mechanische Ursache für diese arthrotischen Spätveränderungen hin. Eine Anschlußarthrose ist jedoch keineswegs die zwangsläufige Folge der Arthrodese des oberen Sprunggelenkes.

Neben mechanischen Ursachen für die Arthrose im Sinne eines Überlastungsschadens ist auch nach weiteren arthrosebegünstigenden Faktoren zu suchen. Das Vorliegen arthrotischer Veränderungen bereits zum Zeitpunkt der Operation bedeutet natürlich eine schlechte Ausgangssituation. Man kann in diesen Fällen davon ausgehen, daß die bereits vorliegenden arthrotischen Veränderungen in den folgenden Jahren weiter und deutlich zunehmen (Abb. 4).

Hinweise darauf, daß Arthrosen im Talonaviculargelenk nach operativen Maßnahmen in diesem Bereich auftreten können, ergeben sich ebenso aus einigen Verlaufskontrollen; bereits wenige Monate nach durchgeführter Arthrodese sieht man in einigen Fällen Knochenrandzackenbildungen, welche im weiteren Verlauf zunehmen. Die Veränderungen

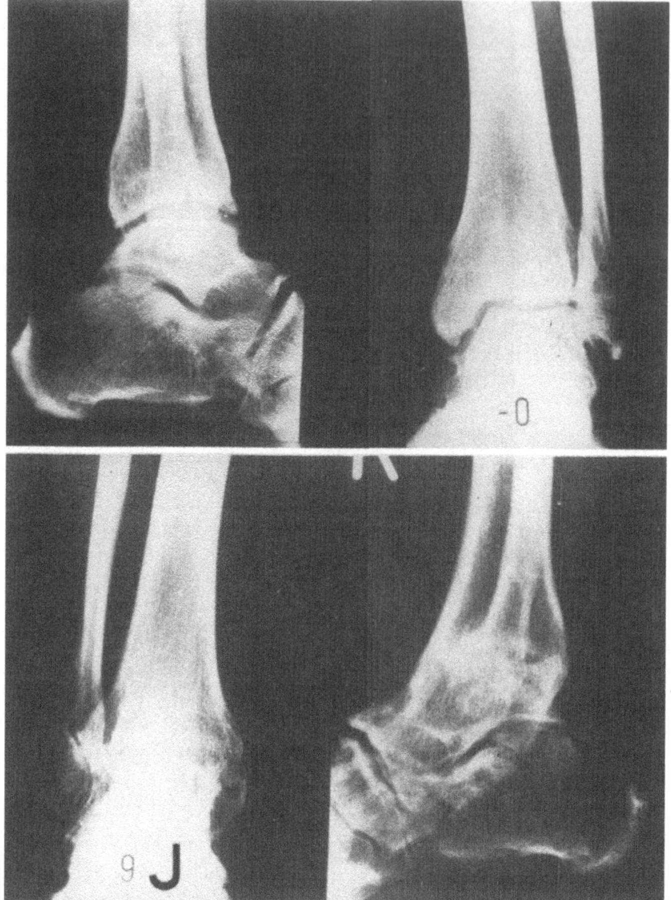

Abb. 4. Deutliches Fortschreiten der Arthrose im Talo-Naviculargelenk bei bereits bestehenden Veränderungen zum OP-Zeitpunkt

treten bereits zu einem Zeitpunkt auf, zu dem mechanische und belastungsbedingte Faktoren als Ursache nicht in Frage kommen können.

Die Frage der Bedeutung einer Arthrodese in Rechtwinkel- oder in Spitzfußstellung ist offensichtlich noch nicht ausreichend beantwortet. Wir fanden nach einer Arthrodese des oberen Sprunggelenkes in Spitzfußstellung gegenüber der Rechtwinkelstellung häufiger und verstärkt arthrotische Veränderungen in den obengenannten Gelenken. Wir glauben aber, daß diese Frage nicht endgültig an einem vergleichenden Zahlenmaterial unter Wertung von Häufigkeit und Ausmaß der Arthrose entschieden werden kann, da auch Patienten zu beobachten sind, die nach einer Arthrodese in Spitzfußstellung ein sehr gutes funktionelles Ergebnis bei keiner oder nur gering nachweisbarer Arthrose aufweisen.

Entsprechend den erhobenen Verlaufsserien scheint sich das Schicksal der angrenzenden Gelenke nach Arthrodese des oberen Sprunggelenkes bereits in den ersten Jahren nach der Operation zu entscheiden. Ist nach Ablauf von 3 bis 5 Jahren eine wesentliche Arthrose in den genannten Gelenken nicht eingetreten, so kann man davon ausgehen, daß auch im weiteren Verlauf keine gröberen Veränderungen an diesen Gelenken mehr auftreten werden.

Tabelle 3. Röntgenologische Veränderungen

(+)	Gelenkspalt, normal weit, Sklerose, keine Randzacken
+	Geringe Randzackenbildung, geringe Verschmälerung, starke Sklerose
++	Große Randzacken, starke Verschmälerung, stärkere Unregelmäßigkeiten in der Gelenkfläche

Tabelle 4. Arthrodese OSG, Spätkontrollen (n = 75)

Röntgenologische Veränderungen	Ausmaß		
	(+)	+	++
Talo-navicular	33	21	21
Talo-calcanear	9	39	27
andere Fußgelenke	2	6	—

Die Beurteilung der röntgenologischen Veränderungen in den betroffenen Gelenken haben wir nach der in der Tabelle 3 gezeigten Klassifizierung vorgenommen. In der ersten mit Klammer versehenen Kategorie haben wir dabei bewußt bereits geringfügige Befunde wie eine leichte subchondrale Sklerosierung als von der Norm abweichende Veränderung bewertet. Der zweiten Kategorie werden Randzackenbildungen mäßigen Ausmaßes bei beginnender Gelenkspaltverschmälerung zugeordnet. Nur in der dritten Stufe sind gröbere Gelenkveränderungen zusammengefaßt. Die Auswertung der Befunde nach diesem Schema (Tabelle 4) zeigt ein überraschend hohes Maß an geringfügigen bis allenfalls mittelgradigen Veränderungen. Röntgenologisch war das Talocalcaneargelenk stärker betroffen als das Talonaviculargelenk, wobei allerdings die röntgenologische Beurteilung hier durch die Form des Gelenkes erschwert ist. Erstaunlich erscheint die hohe Zahl der geringfügigen bis mittelgradigen Gelenkveränderungen im Bereich des funktionell wichtigen Talonaviculargelenkes. Schwerwiegende Gelenkveränderungen in diesem Bereich waren relativ selten. Sie finden sich bei Varusstellung des Fußes und nach ausgebliebener Durchbauung im Arthrodesenbereich.

Während röntgenologisch die Anschlußarthrose des Talocalcaneargelenkes nach Arthrodese des oberen Sprunggelenkes gegenüber dem Talonaviculargelenk im Vordergrund steht, tritt die Arthrose in diesem Bereich klinisch weder hinsichtlich der subjektiven Beschwerden noch des Gangbildes wesentlich in Erscheinung. Der Rückfuß war bei fast allen Patienten kontraktiert, Adduktion und Abduktion weitgehend aufgehoben. Es ist hervorzuheben, daß auch die Prüfung im Pro- und Supinationssinne wenig oder kaum subjektive Beschwerden verursachte. Es müssen also Unterschiede bestehen zu der Arthrose nach Fersenbein- und Sprungbeinfraktur mit weitgehender Veränderung der Gelenkkongruenz. Selbst mit gröberen röntgenologischen Veränderungen waren die Patienten häufig beschwerdefrei (Abb. 5). Damit wird deutlich, daß der Nachweis und das Ausmaß einer Anschlußarthrose im Talocalcaneargelenk nach einer Arthrodese des oberen Sprungge-

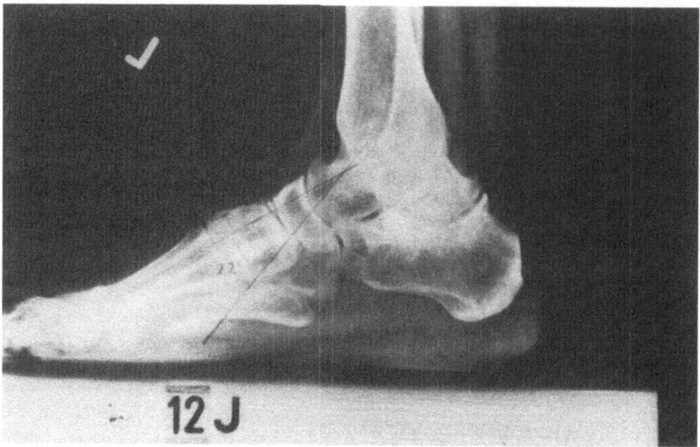

Abb. 5. Deutliche Anschlußarthrose talo-calcanear ohne subjektive Beschwerden

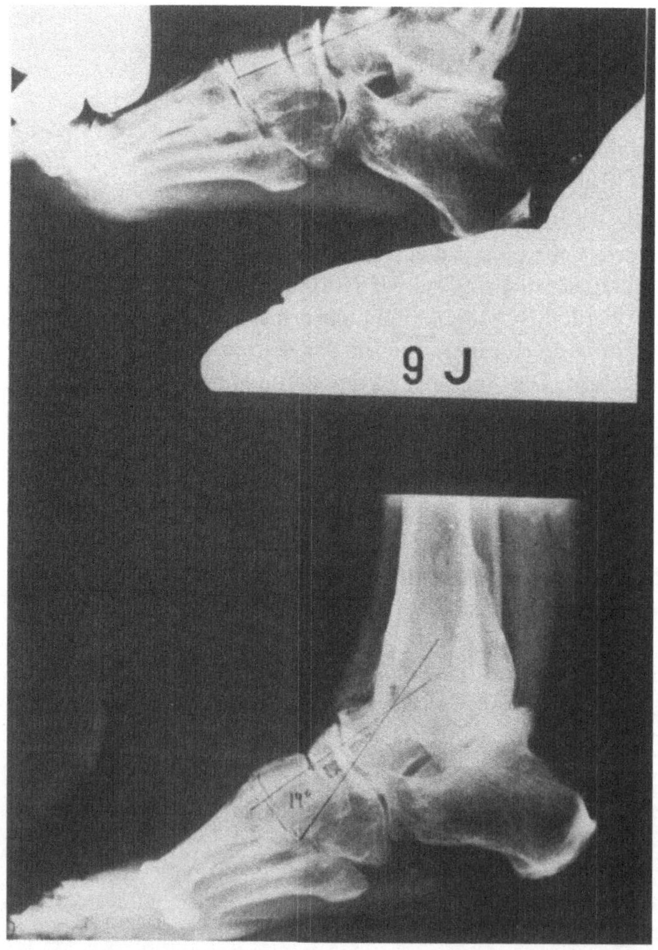

Abb. 6. Anschlußarthrose talo-navicular mit entsprechenden íokalen subjektiven Beschwerden

Tabelle 5. Arthrodesen OSG, Spätkontrollen (n = 75)

Gangbild	Flüssig	Schonend	Behindert
Ebene Erde:			
Orth. Schuh	35	14	3
Konf. Schuh	22	1	–
Unebener Boden:			
Orth. Schuh	9	33	10
Konf. Schuh	7	15	1

Tabelle 6. Arthrodese OSG, Spätkontrollen (n = 75)

Subjektive Beurteilung	Pat. Zahl n
Dauernd Schmerzen	9
Anlaufbeschwerden	23
Wetterfühligkeit	25
Insgesamt zufrieden	61

lenkes nicht in jedem Falle und damit nicht zwangsläufig mit einem negativen subjektiven Beschwerdebild korreliert.

Die Toleranz des Talonaviculargelenkes in bezug auf das Verursachen subjektiver Beschwerden beim Vorliegen arthrotischer Veränderungen erscheint demgegenüber geringer. Es wurden jedoch auch in diesem Gelenk mittelgradige arthrotische Veränderungen beobachtet, die keine wesentlichen subjektiven Beschwerden verursachen. Lag jedoch im Talonaviculargelenk eine arthrotisch bedingte deutliche Verschmälerung des Spaltes vor, so korrelierte dieses dann auch mit subjektiven Beschwerden (Abb. 6).

Insgesamt war das Gangbild zu ebener Erde mit Konfektionsschuhwerk und mit orthopädischem Schuhwerk überwiegend flüssig, d.h. eine Behinderung unter diesen Bedingungen nicht erkennbar (Tabelle 5). Das Ergebnis macht auch deutlich, daß viele Patienten auf orthopädisches Schuhwerk im weiteren Verlauf nach der Arthrodese verzichten. Ein schlechtes Gangbild zu ebener Erde resultiert fast immmer aus Komplikationen operativer Art, aus groben Fehlstellungen oder Begleitverletzungen.

Auf unebenem Boden beobachten wir eine zahlenmäßig deutlichere Beeinträchtigung der Gehleistung. Die Mehrzahl der Patienten gab zwar an, Gehen zu können, sie meiden jedoch Kopfsteinpflaster und sonstigen unebenen Boden. Hervorzuheben ist die subjektive Gesamtbeurteilung der Patienten (Tabelle 6). 61 von 75 Patienten gaben an, mit dem Zustand ihres Fußes und mit der Gehfähigkeit zufrieden zu sein. Wetterfühligkeit und Anlaufbeschwerden nach längerer Ruhigstellung des Fußes wurden am häufigsten als subjektiv nachteilig angeführt. Wichtig erscheint auch der Hinweis, daß eine Besserung des subjektiven Bildes sowie auch die Gangfunktion offensichtlich bis zu 5 Jahren nach durchgeführter Arthrodese eintreten kann. Ab diesem Zeitpunkt werden durchgehend weitere Veränderungen, d.h. Besserungen aber auch wesentliche Verschlechterungen nicht mehr vermerkt.

Insgesamt ergeben die Untersuchungen, daß mit der isolierten Arthrodese des oberen Sprunggelenkes bei gegebener Indikation ein Behandlungsverfahren zur Verfügung steht, mit dem in rund 3/4 der Fälle ein sehr befriedigendes Behandlungsergebnis erzielt werden kann. 3 bis 5 Jahre nach Arthrodese ist der Gang auf ebener Unterlage mit Konfektionsschuh oder mit orthopädischem Schuh flüssig oder unauffällig.

Die Ergebnisse sprechen also nicht für eine routinemäßige und gleichzeitige Versteifung des Talonaviculargelenkes und des Talocalcaneargelenkes, sofern die Verletzungsfolgen im wesentlichen auf das obere Sprunggelenk begrenzt sind. Insbesondere die zusätzliche Versteifung des Talonaviculargelenkes nimmt dem Fuß ganz entscheidend die Möglichkeit der Kompensation in dorsoplantarer Richtung sowie im Sinne der Pro- und Supination. Bei den Nachuntersuchungen zeigt das Talocalcaneargelenk zwar röntgenologisch häufig fortgeschrittene arthrotische Veränderungen, subjektiv und hinsichtlich des Gangbildes treten diese jedoch in den Hintergrund, so daß auch hier eine routinemäßige Versteifung nicht indiziert erscheint. Unterstrichen wird diese Tatsache dadurch, daß bei den 75 Patienten lediglich in 6 Fällen des Talocalcaneargelenk bzw. das Talonaviculargelenk infolge einer Anschlußarthrose versteift werden mußte.

Prothesen am oberen Sprunggelenk

A. Siegel, E. Engelbrecht, H.W. Buchholz und J. Röttger

Besteht angesichts bewährter operativer Behandlungsmethoden eine Notwendigkeit, das obere Sprunggelenk im Falle seiner schmerzhaften Zerstörung durch ein künstliches Gelenk zu ersetzen und damit seine Funktion zu erhalten?

Diese Frage stellt sich dem kritischen Operateur, der einen Patienten über die Erwartungen nach der Operation aufklären muß, wenn eine Arthrodese oder Umstellungsosteotomie geplant ist und eine Vielzahl von Sprunggelenksendoprothesen zur Verfügung steht. Die Überlegungen werden bestimmt durch Berücksichtigung folgender Fragen:

Wie ist der Zustand der angrenzenden Gelenke?
Liegen vielleicht Versteifungen oder Fehlstellungen großer Gelenke desselben Beines vor?
Ist der Fuß der anderen Seite behindert?
Ist eine zuverlässige Belastbarkeit notwendig, weil der Patient schwere körperliche Arbeit ausführen muß?
Handelt es sich um eine Frau, die auch unterschiedlich hohe Absätze tragen möchte?
Liegt eine Fußdeformität vor?

In jedem Fall wird die Schmerzfreiheit im oberen Sprunggelenk bei der Versteifung mit einer Veränderung des Gangbildes einhergehen und es wird vielleicht später spezielles Schuhwerk erforderlich. Der auf andere Gelenke verlagerte Abrollvorgang kann diese schädigen. Das Treppensteigen, die Bedienung des Gashebels im Auto — diese Funktionen und ähnliche können sich unter Umständen merklich verschlechtern.

Es sind wohl entsprechende Überlegungen gewesen, die Gluck [9] schon 1890 zur Konstruktion eines künstlichen Sprunggelenkes veranlaßt haben. In den fünfziger Jahren hat McKee [aus 4] eine Sprunggelenksendoprothese konzipiert; sie wurde aber nie einem Patienten eingesetzt.

Erst Lord [14] hat im Oktober 1970 die erste Implantation einer totalen Sprunggelenksendoprothese vorgenommen. Seine Prothese besteht aus einer Metall-Polyaethylen-Kombination. Diese Prothese hat eine proximale Metallkomponente, die in die Tibia einzementiert wird. Der Gelenkanteil dieser proximalen Komponente besteht aus einer Kugel und die distale Komponente aus einem dazu korrespondierenden großen Polyaethylenblock, der unter weitgehender Resektion des Talus im Calcaneus einzementiert wird. Diese Prothese ist in mehr als 12 Fällen zum Teil mit guten Ergebnissen eingesetzt worden. Gegenwärtig hat Lord [15] eine Variation entwickelt, die einmal eine zementfreie Fixierung in der Tibia ermöglicht und zum anderen die Kugelform durch eine entsprechende Walze ersetzt [5].

Prothesen zum Ersatz der Gelenkoberflächen

Wir sind von anderen Überlegungen als Lord ausgegangen. Sie führten zur Konstruktion der Sprunggelenksendoprothese Modell „St. Georg" [1] (Abb. 1). Diese Prothese ersetzt die Gelenkflächen ohne größere Resektion. Die proximale Komponente besteht aus Poly-

120

Abb. 1. Sprunggelenksendoprothese Modell „St. Georg"

aethylen und hat eine konkave Unterfläche. Sie ersetzt die tragende Tibiagelenkfläche.
Eine Metallkomponente aus Chrom-Kobalt-Molybdän mit einer konvexen Oberfläche
wird im Talus fixiert und ersetzt die tragende Gelenkfläche des Talus. Diese Prothese
findet seit April 1972 Verwendung [1, 5]. Freeman [aus 4] hat ein analoges Modell entworfen und seit November 1972 zur Anwendung gebracht.

Mitte der siebziger Jahre ist eine große Anzahl von Sprunggelenksendoprothesen, vor
allem in den USA, in den Handel gekommen. Erste Erfahrungsberichte über kleinere Beobachtungsserien lassen gegenwärtig eine vergleichende Bewertung der Operationserfolge
nicht zu [8, 10, 17]. Pappas et al. [16] haben verschiedene Konstruktionsmerkmale zusammengefaßt. Sie unterscheiden die inkongruenten Oberflächentypen (trochlearer Typ,
konvex-konkaver Typ, konvex-konvexer Typ) von den kongruenten Oberflächentypen
(sphärisch, sphäroid, konisch, zylindrisch).

Alle diese Prothesen haben das Ziel, die vertikal belasteten Gelenkflächen zu ersetzen
und die lateralen Gelenkflächen auf Distanz zu bringen oder sie ebenfalls zu ersetzen.
Immer wird die Metall-Polyaethylen-Kombination gewählt mit dem Unterschied, daß das
Metall teils proximal, teils distal Verwendung findet.

Bei normaler Aktivität wird die maximal auf das Sprunggelenk einwirkende Kraft mit
dem Vierfachen des Körpergewichts angegeben. Pappas et al. [16] haben Berechnungen
über die zu erwartenden Belastungen im Bereich der Sprunggelenksendoprothese angestellt und daraus den Schluß gezogen, daß eine möglichst große Auflagefläche anzustreben
sei.

Versuche über das tatsächlich entstehende Ausmaß des Abriebs haben Kempson, Freeman und Tuke [13] mit Hilfe eines entsprechenden Simulators vorgenommen. Nach ihren
Untersuchungen resultiert ein sehr geringer Abrieb bei den verwendeten Materialien.

Wir haben bisher keine Abriebuntersuchungen vorgenommen. Aus den Röntgenkontrollen nach knapp 6 Jahren läßt sich eine sichtbare Verschmälerung des Polyaethylens
auch bei schweren Patienten nicht ablesen. Wegen einer Spätinfektion haben wir nach 2
Jahren bei einer normal aktiven Patientin von 70 kg die Sprunggelenksprothese ausgetauscht. An dem entfernten Polyaethylenteil zeigte sich lediglich eine polierte Oberfläche
im Belastungsbereich. Ein Abriebdefekt besteht nicht.

Bei der Beurteilung einzelner Prothesetypen muß die normale Anatomie berücksichtigt werden. Das normale Sprunggelenk läßt außer Kippbewegungen um eine quere Achse

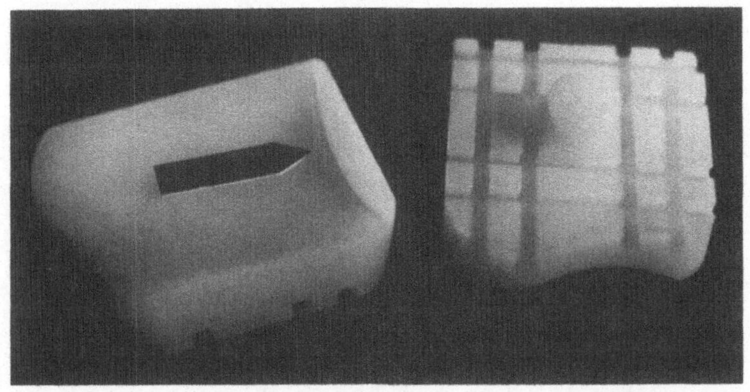

Abb. 2. Die tibiale Komponente hat eine mediale Begrenzung durch eine konkave Abschlußleiste (Pfeil). Der lateral-dorsal gelegene Ausschnitt erlaubt die freie Beweglichkeit des Außenknöchels

in begrenztem Maße auch eine Rotation um eine vertikale Achse zu. Man kann das bei Patienten mit einer Tripelarthrodese demonstrieren. Das Ausmaß der Rotation beträgt nach Close [3] um 6 Grad.

Prothesen mit starrer Seitenführung und großer Auflagefläche bergen die Gefahr einer allmählichen Lockerung durch Rotationsbewegungen in sich, besonders, wenn die übrigen Fußgelenke oder das Knie- oder Hüftgelenk in ihrer Funktion eingeschränkt sind. Eine starre mediale und laterale Seitenführung kann außerdem das normale Spiel zwischen Fibula und Talus beeinträchtigen. Nach unseren Beobachtungen ist eine seitliche Führung an der Außenknöchelseite wahrscheinlich nicht erforderlich. Es zeigt sich, daß Langzeitprobleme bisher nur am Innenknöchel auftreten, obgleich die Gelenkfläche zwischen Talus und Innenknöchel kleiner ist als zwischen Talus und Außenknöchel.

Eigene Erfahrungen haben wir nur mit der Sprunggelenksendoprothese Modell „St. Georg" [2]. Sie trägt in der heutigen Form den beschriebenen Beobachtungen Rechnung: eine mediale Abschlußleiste an der proximalen Komponente gewährleistet eine Distanz zwischen Talus und Innenknöchel nach Implantation beider Prothesenteile. Diese Leiste ist konvex gestaltet (Abb. 2). Da der Krümmungsradius für die Taluskomponente etwas kleiner gewählt ist als für die Tibiakomponente, sind geringe Rotationsbewegungen möglich, die im Bereich der konvexen medialen Abschlußleiste nicht zu Verkantungen führen können. Um das normale Bewegungsspiel des Außenknöchels nicht zu behindern, ist außerdem in der proximalen Komponente dorsal ein Ausschnitt vorgefertigt.

Tibia- und Talusteil der Prothese werden wegen der unterschiedlichen Körpergröße der Patienten in jeweils 4 Größen hergestellt. Die Resektionshöhe beträgt einheitlich 14 mm.

Operative Zugänge

Die Implantation von Sprunggelenksendoprothesen ist prinzipiell von vorn oder hinten sowie von medial oder lateral möglich. Auch eine Kombination dieser Zugänge kann in besonderen Fällen angewendet werden. Praktische Verwendung finden vor allem die Zugänge von vorn und hinten sowie von lateral.

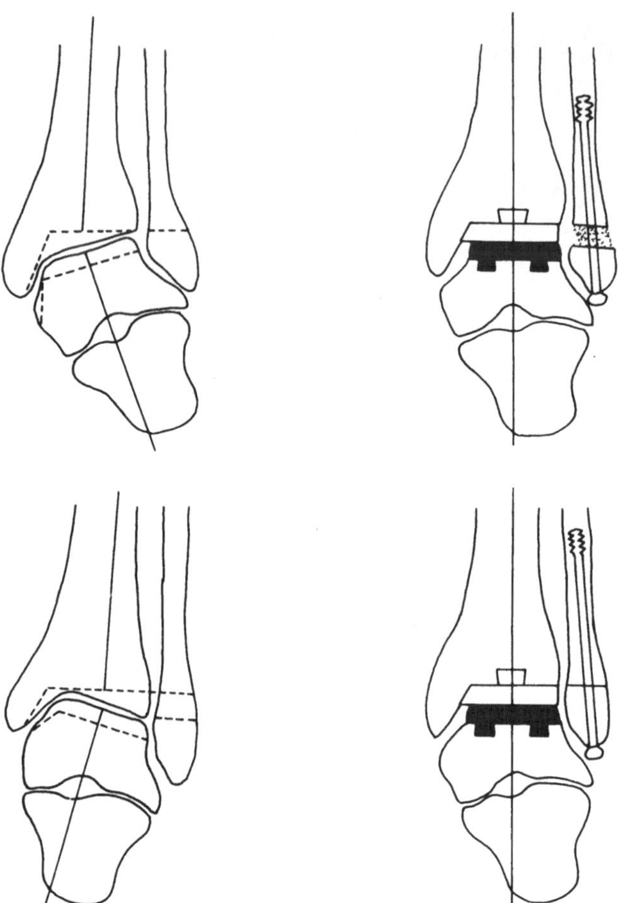

Abb. 3. Schematische Darstellung des Ausgleiches einer Varus- oder Valgusfehlstellung

Beim vorderen Zugang wird von einer Längsincision aus das Sprunggelenk eröffnet. Dabei wird entweder zwischen der Sehne des M. tibialis ant. und der Sehne des M. ext. hall. long. eingegangen und das Nervengefäßbündel nach lateral abgeschoben oder es wird zwischen der Sehne des M. ext. hall. long. und den übrigen langen Zehenstreckern eingegangen und das Nervengefäßbündel nach medial abgeschoben. Nach Freilegung des Gelenkes wird die Resektion von Tibia- und Talusgelenkfläche vorgenommen, um die beiden Prothesenteile zu implantieren. Der dorsale Gelenkanteil ist dabei schwierig einzustellen und nicht immer ausreichend zu übersehen. Die Entfernung dorsaler Osteophyten ist deshalb schwierig, und beim Einbringen der Prothese kann Zement in die hinteren Gelenkanteile gepreßt werden, der dann schwer von ventral zu entfernen ist.

Beim hinteren Zugang wird von einer Längsincision aus der knöcherne Ansatz der Achillessehne ausgemeißelt und später wieder verschraubt. Das weit nach medial reichende Lig. tibio-fibulare post. muß teilweise durchtrennt werden. Beim Zugang von dorsal fällt es schwer, die ventralen Gelenkanteile übersichtlich darzustellen.

Der laterale Zugang [1] erfordert eine Fibulaosteotomie und ermöglicht dann einen guten Überblick über das Gelenk, das sich durch starke Supination des Fußes aufklappen

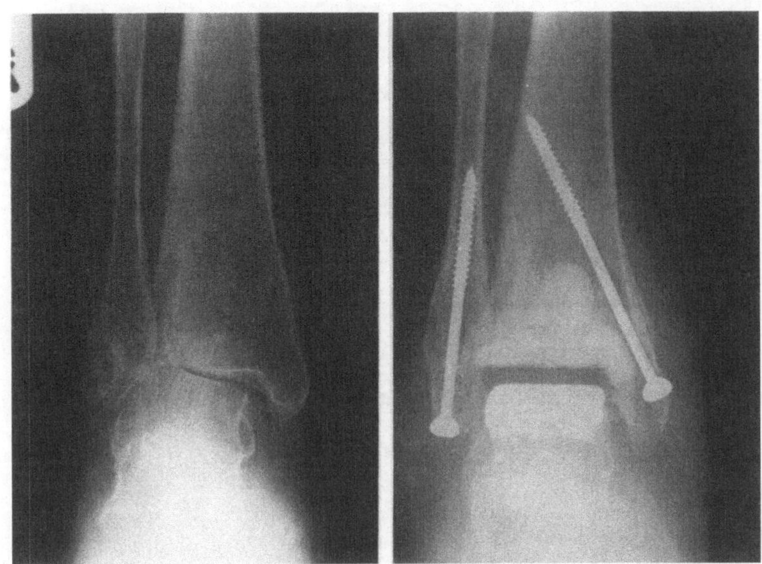

Abb. 4. Ausgleich der Talusfehlstellung durch Endoprothese und Verlängerung der Fibula im Bereich der Osteotomie nach lateralem Zugang. Die Innenknöchelschraube wurde wegen einer Fissur bei der Implantation belassen

läßt. Nachteilig ist die oft schwierige Einstellung des medialen Gelenkspaltes und die Gefahr einer intraoperativen Innenknöchelfraktur. Von großem Vorteil ist die Möglichkeit, eine Varus- oder Valgusfehlstellung durch die Prothese auszugleichen und die notwendige Verkürzung oder Verlängerung der Fibula vorzunehmen (Abb. 3 und 4).

Wir haben bei den ersten Überlegungen den medialen Zugang erwogen und bei der Implantation an der Leiche mehrere Wege probiert. Die hierbei gewonnenen Erfahrungen haben dazu geführt, daß wir regelmäßig den seitlichen Zugang wählen.

Voraussetzungen für die Prothesenimplantation

Um eine totale Sprunggelenksendoprothese einzusetzen, sollten folgende Voraussetzungen gegeben sein:
1. Das verbliebene Bewegungsausmaß sollte mindestens 20 Grad betragen.
2. Es darf keine Spitzfußstellung von mehr als 20 Grad bestehen, da die kontrakte Kapsel und die verkürzte Achillessehne später keine ausreichende Beweglichkeit erwarten lassen.
3. Varus- oder Valgusfehlstellungen sollten 20 Grad nicht überschreiten; sonst muß vor einer Prothesenimplantation eine Umstellungsosteotomie erfolgen (Abb. 5–7).
4. Arthrosen anderer Gelenke des Fußes müssen in ihrem Ausmaß und ihrer Stellung berücksichtigt werden.

Liegt z.B. eine subtalare Arthrose vor oder bestehen schwere Veränderungen in den Tarso-metatarsal-Gelenken, wie man es oft mit erheblicher Fehlstellung bei der chronischen Polyarthritis beobachten kann, so sollte zunächst eine Arthrodese in diesen Gelenken angelegt werden, bevor man die totale Sprunggelenksendoprothese einsetzt (Abb.

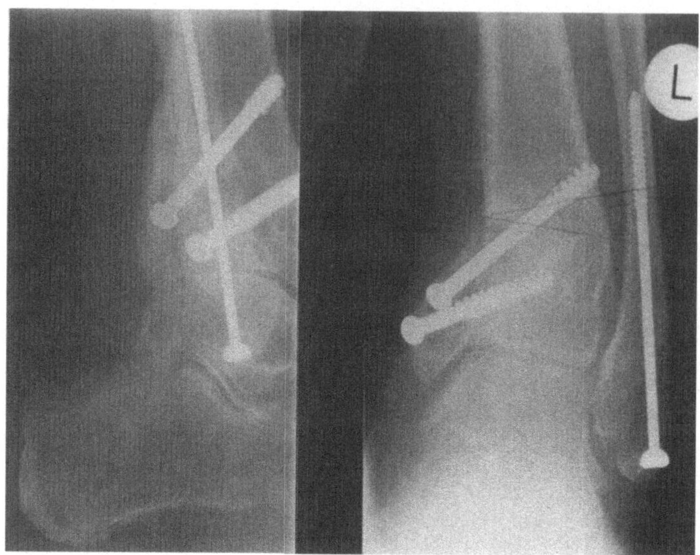

Abb. 5. 52jähriger Mann. Schlechtes Ergebnis nach operativer Versorgung einer Sprunggelenksfraktur. In dieser Position ist eine Prothesenoperation nicht ausführbar

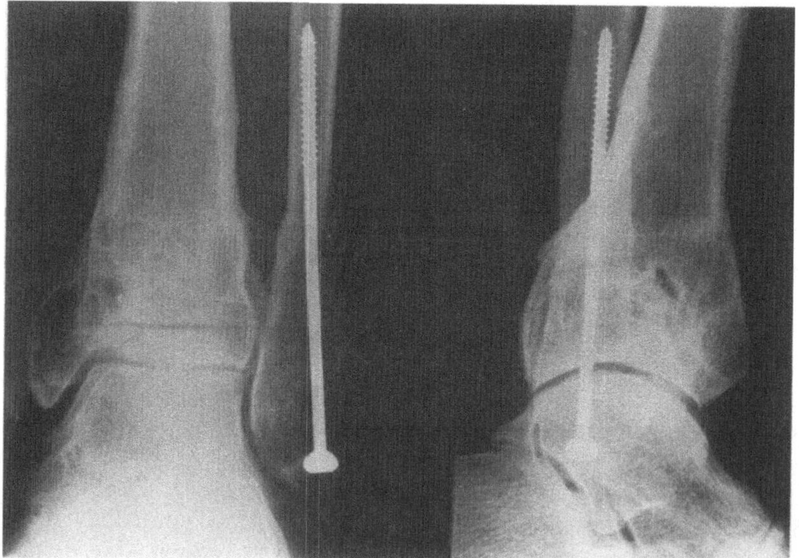

Abb. 6. Derselbe Patient 4 Jahre nach Umstellungsosteotomie, zunehmende Zerstörung
des Gelenkknorpels und starke Schmerzen

12). Eine Kombination dieser Eingriffe ist wegen ihrer Ausdehnung und der Gefahr der
Talusnekrose nicht zu empfehlen.

In Grenzfällen muß man bei der Wahl zwischen der Arthrodese und der totalen Sprunggelenksendoprothese bedenken, welchen Wert die Erhaltung der Beweglichkeit für den
einzelnen Patienten hat. Man muß berücksichtigen, daß besonders Patienten mit chronischer Polyarthritis in Anbetracht fortschreitender Veränderungen an vielen Gelenken schon

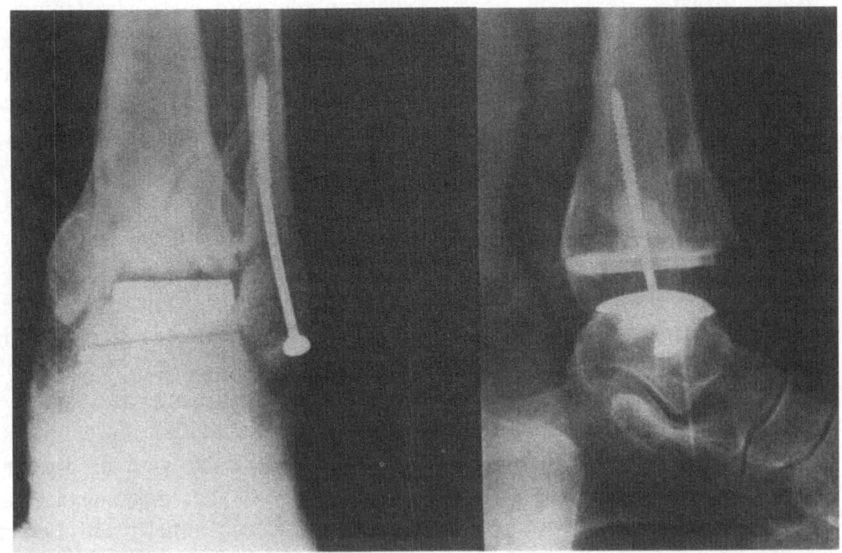

Abb. 7. Derselbe Patient, Sprunggelenksendoprothese wegen starker Schmerzen

die Erhaltung von geringen Bewegungsausschlägen am oberen Sprunggelenk als sehr hilf-
reich empfinden [11].

Operatives Vorgehen

Die Operation führen wir in Rückenlage des Patienten aus. Eine Blutsperre erleichtert
bis zur Implantation der Prothesenteile die Präparation; doch läßt sich auch ohne Blutsperre mit ausreichender Übersicht arbeiten. Es empfiehlt sich eine temporäre Fixation
des Innenknöchels mit einer Schraube, um während der Operation bei starker Supination
eine Innenknöchelfraktur zu vermeiden (Abb. 4). Eine vorübergehende Calcaneusdraht-
extension erleichtert die Darstellung [1, 5].
   Die Hautincision reicht vom distalen Unterschenkel lateral bogenförmig über die Außenknöchelspitze zum Fußrücken. Sie muß ausreichend groß sein, um Spannungen der abge-
schobenen Weichteile während der Operation zu vermeiden. Die Ventralseite von Fibula
und Tibia werden dargestellt und das Lig. cruciatum durchtrennt. So kann man das Sprunggelenk von vorn einsehen und auch den Talushals freilegen. Im mittleren Anteil der tibio-
fibularen Syndesmose wird die Fibula quer durchtrennt, nachdem ein Knochenkanal zur
späteren Refixation von der Außenknöchelspitze aus vorgeschnitten wurde. Vom distalen
Fibulafragment wird ventral und dorsal das Lig. tibio-fibulare abgetrennt, so daß sich der
Knöchel unter Erhaltung des Außenbandes aufklappen läßt.
   Jetzt erfolgt die Resektion der zerstörten Tibiagelenkfläche. Entscheidend wichtig ist
dabei eine rechtwinklige Resektion zur Längsachse der Tibia in beiden Ebenen; außerdem
muß das Ausmaß der Resektion entsprechend der Höhe der Prothese richtig gewählt werden. Findet das keine ausreichende Beachtung, so sind Fehlstellungen der Prothese und
nachfolgende unzureichende Operationsergebnisse die Folge. Die Resektion der Talusgelenkfläche erfolgt sparsam und muß die Stellung des Fußes entsprechend berücksichtigen.

Nach erfolgter Resektion beider Gelenkanteile wird zwischen Tibia und Talus ein Probeblock eingelegt. Dieser Probeblock entspricht der Gesamthöhe beider Implantatteile und ist mit einem langen Richtungsstab versehen, der nach ventral und cranial den rechten Winkel zur Resektionsebene angibt. Werden die Resektionsflächen von Tibia und Talus jetzt gegen den Probeblock gepreßt, so kann man die spätere Stellung des Fußes erkennen und noch Korrekturen vornehmen. Anschließend wird in der Tibia und im Talus die Spongiosa zur Aufnahme der Haftfüße beider Prothesenkomponenten vorbereitet, und beide Teile werden zur Probe eingesetzt. Nochmals wird die Stellung des Fußes kontrolliert und anschließend das Ausmaß der Beweglichkeit festgestellt.

Um die Beweglichkeit zu verbessern, muß gelegentlich eine etwas weitere Resektion erfolgen oder es muß die Narbenexcision bei post-traumatischen Veränderungen erweitert werden. Ist der Talus stark deformiert, wie es beim Rheumatiker häufig beobachtet wird, so wird es in einzelnen Fällen notwendig, mechanisch behindernde Teile des Talus abzutragen. Ist der Probelauf ohne Behinderung möglich, so werden die beiden Komponenten der Prothese mit Refobacin-Palacos einzementiert. Zunächst wird der proximale, dann der distale Teil fixiert. Nach sorgfältiger Entfernung von überhängendem Palacos wird die Fibulaosteotomie verschraubt, das Lig. cruciatum wieder vernäht und die Haut nach Einlage von 2 Redondrains verschlossen.

Bis zum Abschluß der Wundheilung ist eine Gipsliegeschale zu empfehlen. Die volle Belastung ist nach dem Durchbau der Fibulaosteotomie, also nach etwa 6 Wochen, möglich. Bis dahin wird entweder ein Gehgips getragen oder es erfolgt eine Entlastung durch Unterarmstützen. Es schließt sich eine Übungsbehandlung an, die nach 6 Wochen teilweise auch passiv erfolgen kann. Restliche Schwellungszustände sind, wie bei anderen Eingriffen am Sprunggelenk, oft über viele Wochen zu beobachten. So ist das Endergebnis in einigen Fällen erst nach 6–12 Monaten erreicht.

Operative Fehlermöglichkeiten

Nicht nur wegen der relativ kleinen anatomischen Verhältnisse, sondern besonders wegen schwieriger Orientierungsmöglichkeiten beim Einsetzen der Endoprothese sind Fehler durch falsche Operationstechnik aufgetreten. Mit zunehmender Erfahrung lassen sich solche technischen Fehler beim Einsetzen der Prothese vermeiden. Die häufigsten Ursachen für operativ bedingte Fehlergebnisse sind:
1. Eine zu knappe oder zu ausgiebige Resektion der Gelenkflächen.
2. Stellungsfehler bei der Implantation der einzelnen Komponenten [7].
Wird die Gelenkresektion zu knapp ausgeführt, so hat die Prothese später keinen Raum für ein ausreichendes Bewegungsspiel. Die Bänder werden zu stark gespannt und es resultieren eine schlechte Beweglichkeit und Schmerzen. Eine zu ausgedehnte Resektion führt dazu, daß der Talus in die Malleolengabel gepreßt wird und daß Außen- und Innenknöchel als tragende Teile belastet werden. Durch Anwendung des beschriebenen Probeblocks lassen sich diese Fehler weitgehend ausschalten.

Die Implantation der einzelnen Prothesenkomponenten in falscher Position ist die Folge einer ungenügenden Orientierung. Die richtige Beurteilung der Gelenkachsen ist bereits am gesunden Sprunggelenk nicht einfach. Besonders schwierig ist deshalb die Situation beim zerstörten Gelenk, wenn zusätzlich Veränderungen und Fehlstellungen in den benachbarten Gelenken vorliegen. Eine sorgfältige Beurteilung der Gesamtsituation unter Umständen durch präoperative Ziel- oder Schichtaufnahmen ist ebenso notwendig wie ein gutes räumliches Vorstellungsvermögen des Operateurs. Wichtige Leitlinien unter der Operation sind allein die Längsachse des Unterschenkels und die Stellung des Fußes in seiner Längsachse sowie in der Ebene der Fußsohle. Es ist zweckmäßig, zur Operation den ganzen Unterschenkel freizulassen. Röntgenaufnahmen beider Seiten, die Knie- und Sprunggelenk darstellen, erleichtern die Beurteilung der Achsen.

Schwerwiegend sind falsche Valgus- und Varuspositionen, da sie zu einer erheblichen Behinderung führen. Desweiteren kommen Rotationsfehlstellungen vor, besonders bei Implantation der Taluskomponente. Das führt zu einer falschen Rotationsstellung des Fußes und kann den Gehvorgang stören.

Fehlstellungen sind auch in der Frontalebene möglich. Die proximale Komponente kann wegen ihrer Tiefe praktisch nicht zu weit ventral oder dorsal eingesetzt werden, wenn die Tibia bis zur dorsalen Corticalis dargestellt wurde. Am breit ausgewalzten Talus ist eine entsprechende Fehlposition eher möglich. Sie verlängert oder verkürzt den Hebelarm zum Ansatzpunkt der Achillessehne.

Ist eine der Komponenten zu weit nach vorn oder nach hinten gekippt eingesetzt, so sind die Folgen meist ohne Bedeutung, da die Belastungsrichtung nicht verändert wird; nur bei extremer Flexion oder Extension kann der knöcherne Talus die hintere oder vordere Kante des Tibiaersatzteiles berühren und ein mechanisches Hindernis darstellen.

Eigene Beobachtungen – Indikationen

Bis zum Januar 1978 haben wir 104 Sprunggelenksendoprothesen, Modell „St. Georg", bei 41 Männern und 63 Frauen eingesetzt. Davon sind 2 Männer und 7 Frauen an beiden Seiten operiert. Das Durchschnittsalter aller Patienten betrug 51 Jahre. Indikationen zum Einsetzen der Sprunggelenksendoprothese gehen aus der Tabelle 1 hervor.

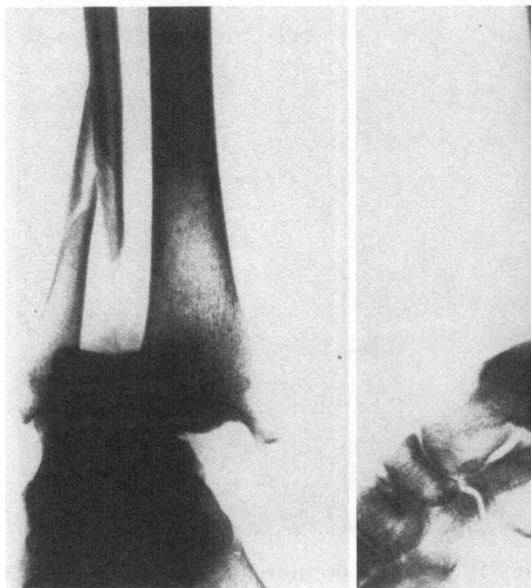

Abb. 8. 47jährige Frau, Skiunfall 1975

128

Tabelle 1. Indikationen — Sprunggelenksendoprothesen
(April 1972 — Jan. 1978)

Posttraumatische Arthrosen	65
Chronische Polyarthritis	29
Idiopathische Arthrosen	10
	104

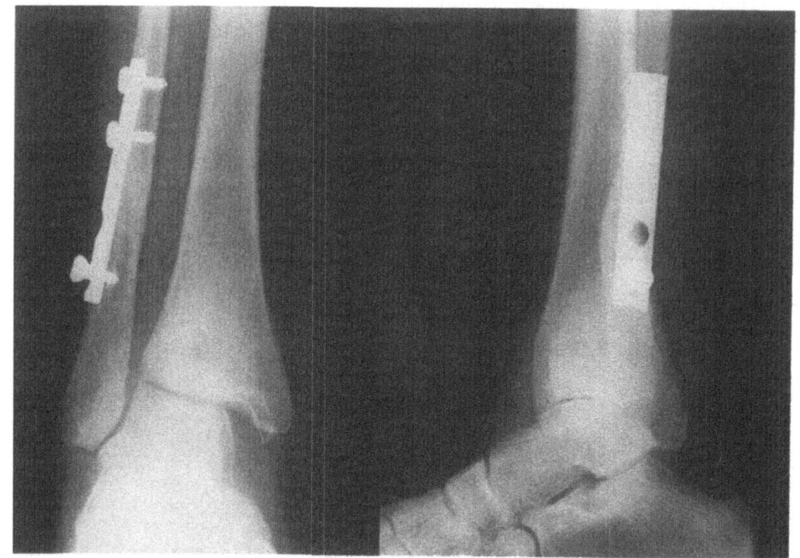

Abb. 9. Dieselbe Patientin 6 Monate nach mangelhafter operativer Versorgung

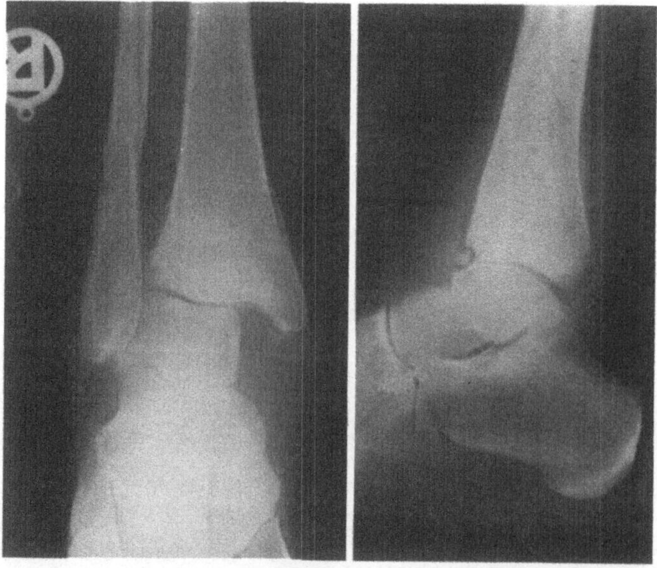

Abb. 10. Dieselbe Patientin, Indikation zur Sprunggelenksendoprothese

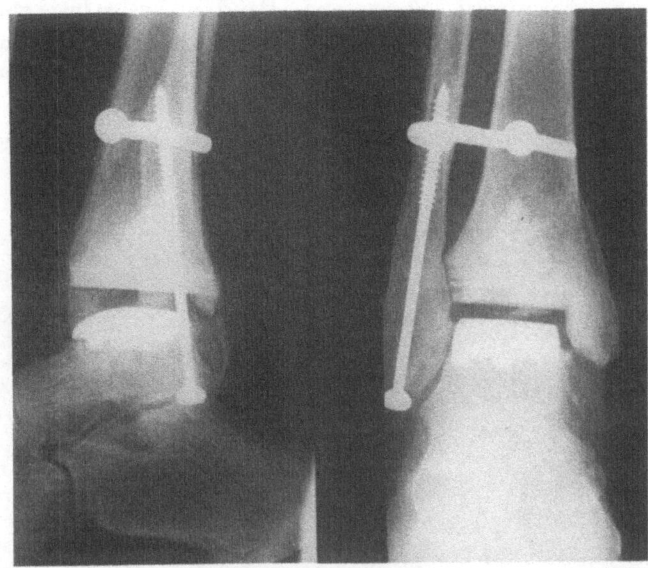

Abb. 11. Kontrolle 16 Monate nach Implantation der Prothese. Patientin vollständig ohne Beschwerden, Beweglichkeit 5−0−25 Grad

Bei den post-traumatischen Arthrosen befanden sich auch 4 Patienten mit vorausgegangenen Syndesmosensprengungen. Auch hier gelang eine Rekonstruktion unter Verwendung des Syndesmosenhakens [5] (Abb. 8−11).

Kontraindikationen sind: Osteomyelitis, Ankylose oder unvollständige Arthrodese im oberen Sprunggelenk sowie das Vorliegen von erheblichen Gefäßschäden am Bein, die operative Maßnahmen ausschließen. Im Einzelfall können auch ungünstige Narbenverhältnisse eine Kontraindikation darstellen.

In der amerikanischen Literatur wird auch die unvollständige Arthrodese als Indikation zur totalen Sprunggelenksendoprothese genannt. Wir haben in solchen Fällen stets die Arthrodese ausgeführt.

Ergebnisse

Von den 104 eingesetzten Sprunggelenksendoprothesen sind bis heute 89 Befunde ausgewertet. Von 10 Patienten ist das Ergebnis gegenwärtig nicht verfügbar. 5 Patienten haben noch keinen ausreichenden Abstand zur Operation, um eine Bewertung zu erlauben.

Die Beobachtungszeit bei den übrigen Patienten liegt zwischen 3 Monaten und 5 1/2 Jahren.

Zur Beurteilung der Ergebnisse dienten folgende Kriterien:
Grad der Schmerzreduzierung, Ausmaß der Beweglichkeit, Röntgenbefund (einschließlich exakter Position), zusammenfassende subjektive Beurteilung durch den Patienten.

Viele Patienten sind durch das Einsetzen der Sprunggelenksendoprothese vollständig beschwerdefrei geworden. Sie können unter anderem belastende Berufe (Lokomotivführer, Schauspieler, Verkäuferin, Hausfrau) ganztägig ohne Behinderung ausführen. Zum Teil sind die Schmerzen so weit reduziert, daß keine wesentliche Beeinträchtigung des Patienten mehr besteht. Spezielles Schuhzeug ist nur in Ausnahmefällen erforderlich.

Das Ausmaß der Beweglichkeit ist schwer zu objektivieren. Man kann das nach Anlage von Arthrodesen beobachten [12]. Es werden sehr erhebliche Ausmaße von Restbeweglichkeiten durch andere Gelenke angegeben. Dies muß man auf die Beweglichkeit nach

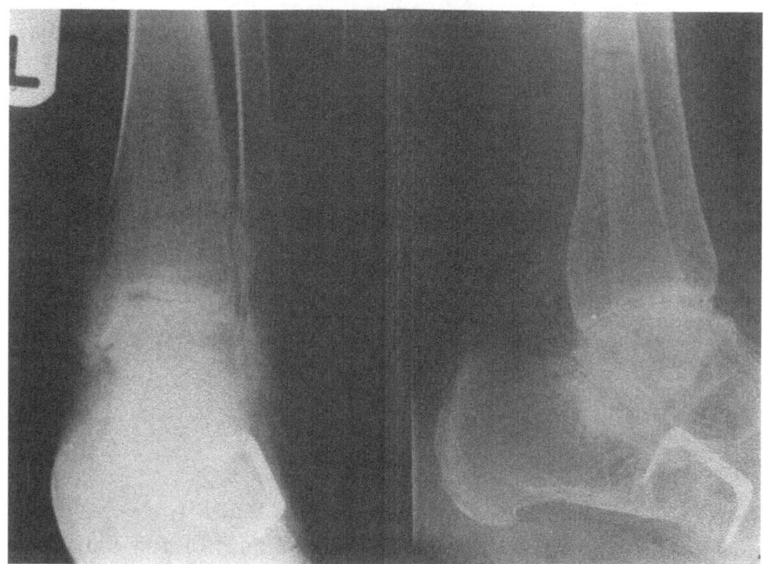

Abb. 12. 35jährige Frau. Chronische Polyarthritis. Operative Versteifung des unteren Sprunggelenkes vor Implantation der Sprunggelenksendoprothese. Starke Einschränkung der Beweglichkeit

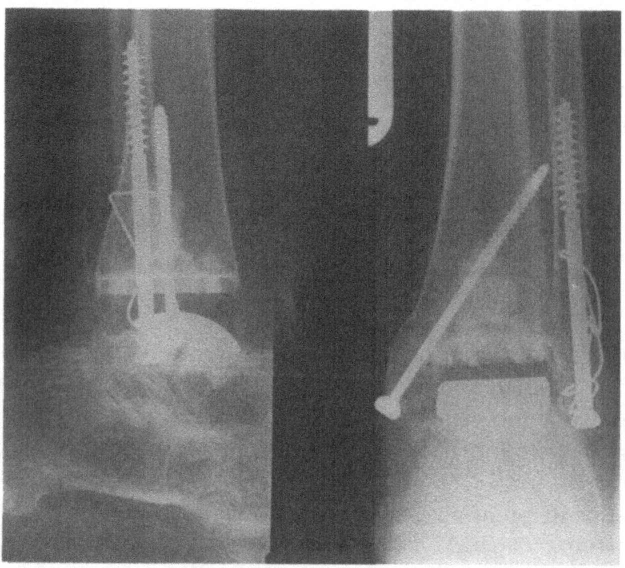

Abb. 13. Dieselbe Patientin 8 Monate nach Implantation der Sprunggelenksendoprothese

der Implantation von Sprunggelenksendoprothesen übertragen und bedenken, daß manches Bewegungsausmaß klinisch besser erscheint als es objektiv der Fall ist.

Ein guter Röntgenbefund darf keine Anzeichen für eine Lockerung oder eine Fehlposition erbringen.

Die subjektive Beurteilung durch den Patienten ist bei der Auswertung wichtig, da selbst bei restlichen Beschwerden die Erhaltung des Abrollvorganges von den Patienten als sehr wertvoll empfunden wird (Abb. 12–18).

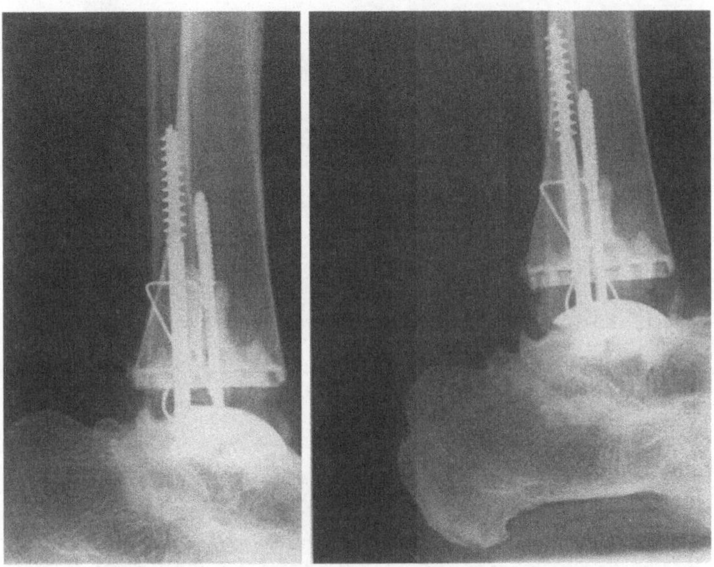

Abb. 14. Dieselbe Patientin. Bewegungsausmaß im Röntgenbild seitlich

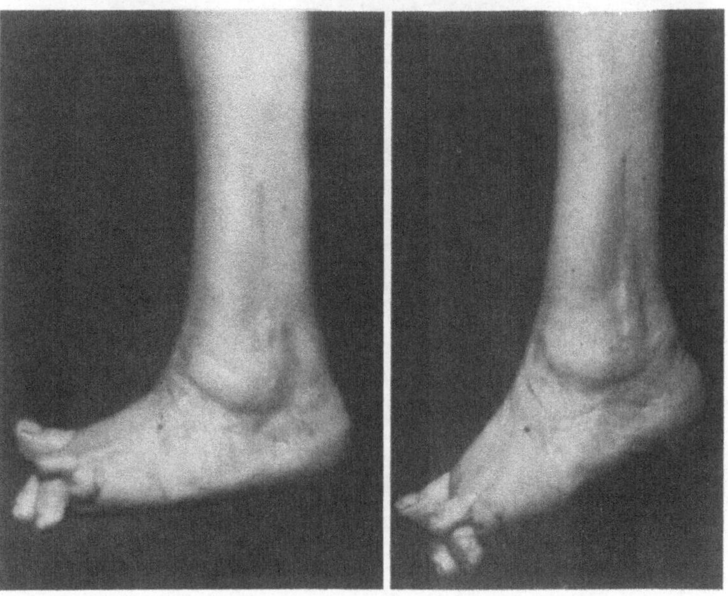

Abb. 15. Dieselbe Patientin, klinischer Befund

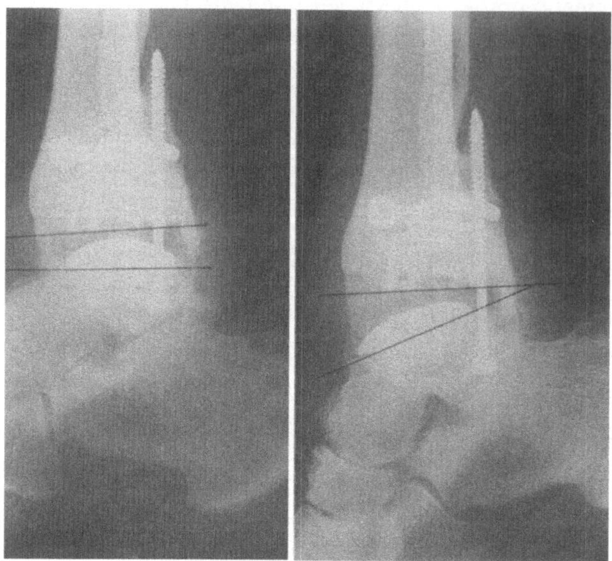

Abb. 16. 66jährige Patientin 1 Jahr post op. Seitliches Röntgenbild bei Extension und Flexion

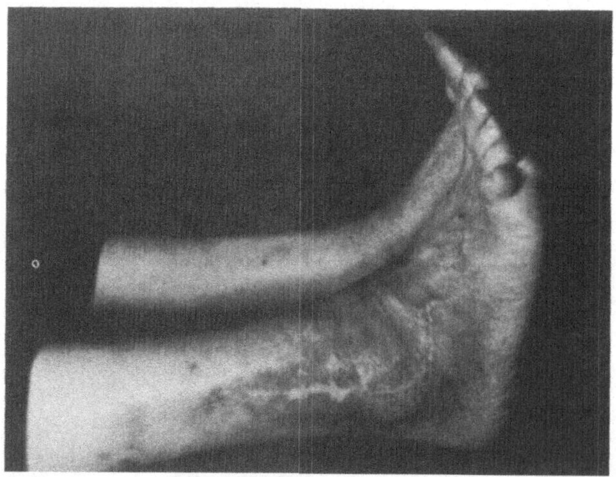

Abb. 17. Dieselbe Patientin, klinisches Bild Dorsalextension

Unter Berücksichtigung der angegebenen Kriterien kommen wir zu folgenden Ergebnissen:

Die 12 schlechten Ergebnisse der Erstoperation wurden durch Korrekturen (5mal Wechsel der Prothese, 1mal Achillessehnenverlängerung bei Spitzfuß) auf gegenwärtig 6 reduziert (4 Arthrodesen, 2 Lockerungen). Eine der Arthrodesen wurde nicht von uns ausgeführt.

Unter den befriedigenden Ergebnissen mit schlechter Beweglichkeit sind Patienten erfaßt, für die die Indikationsstellung in den ersten Jahren zu großzügig erfolgte.

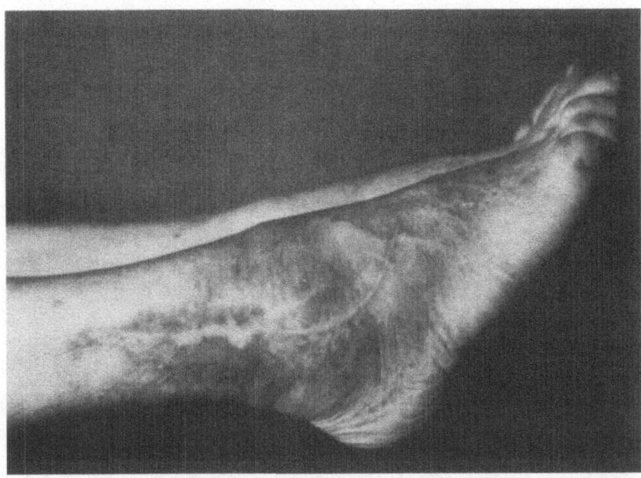

Abb. 18. Dieselbe Patientin, klinisches Bild Plantarflexion

Tabelle 2. Ergebnisse bei 89 Patienten (Beobachtungszeitraum 3 Monate bis 5 1/2 Jahre)

sehr gut 30	schmerzfrei, gut beweglich ohne Behinderungen im täglichen Leben
gut 28	schmerzfrei oder mit geringen Restbeschwerden gut oder mäßig eingeschränkte Beweglichkeit
befriedigend 19	erträgliche Restbeschwerden, geringe Fehlstellung, bei ausreichendem klinischen Ergebnis, deutlich eingeschränkte Beweglichkeit bei guter Belastbarkeit, insgesamt besser als vor der Operation
schlecht 12	Lockerungen, grobe Fehlstellungen, Ausgang in Arthrodese

Komplikationen

Die Komplikationen sind in Tabelle 3 zusammengefaßt.

Von den 4 Infektionen wurden 2 mit einer einwandfreien Arthrodese versorgt. 2 wurden nach Austausch der Prothese wieder beschwerdefrei. Die Beobachtungszeit beträgt jetzt 3 bzw. 11 Monate.

Von den 4 nicht infektiösen Lockerungen sind 3 durch Wechsel der Prothese — in einem Fall sogar zweimaligen Wechsel der Prothese — gut belastbar geworden. Bei einem 4. Patienten ist eine Arthrodese vorgesehen.

Eine Fibulaosteomyelitis ist ausgeheilt (3 Jahre Beobachtungszeit). Die Fibulapseudarthrosen mußten zweimal neu verschraubt werden und wurden dann fest. Innenknöchelabbrüche sind ohne Folgen wieder knöchern konsolidiert.

Beschwerden am Innenknöchel und bei Spitzfußstellung haben zu 4 Korrekturoperationen mit nachfolgender deutlicher Besserung geführt; bei den anderen Patienten war das Schmerzausmaß erträglich, so daß eine Korrektur nicht erforderlich wurde.

134

Tabelle 3. Komplikationen

Lockerungen bei Infektionen	4
Lockerungen ohne Infektionen (Zementabrieb, Synovitis, techn. Gründe)	4
Osteomyelitis der Fibula	1
Pseudarthrosen der Fibula nach Osteotomie	3
Fraktur des Malleolus internus bei der Op.	8
Oberfl. Hautnekrosen mit Sekundärheilung (Hämatom)	8
Schmerzen bei Restarthrosen medial	7
Schmerzen bei verbliebener Spitzfußstellung	4
Irritation des N. tibialis postop. (Palacos)	1

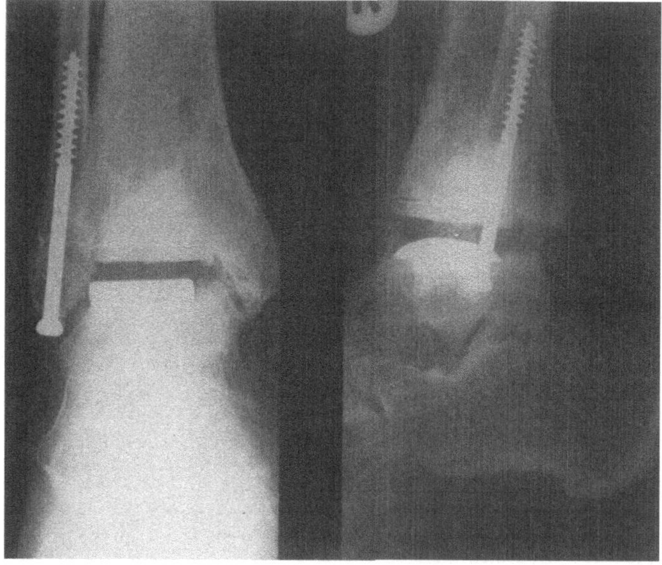

Abb. 19. 42jähriger Mann. Fehlergebnis nach Sprunggelenksendoprothese: Weitgehende Einsteifung, Belastungsschmerz, mediale Arthrose bei inkorrekter Position des Talusteiles

Die Irritation des N. femoralis post. durch Palacos ist nach Entfernung des überstehenden Zementes beseitigt worden.

Eine Talusnekrose haben wir bisher nicht beobachtet. Auch sind keine Gefäßverletzungen bei uns eingetreten. Solche sind aber beschrieben und haben in einem Fall zu einer Amputation geführt [7].

Ein Fehlergebnis kann man nach Entfernung der Sprunggelenksendoprothese in der Regel durch eine Arthrodese korrigieren (Abb. 19–22).

Operative Schwierigkeiten, wie sie nach einer mißglückten Totalendoprothese am Hüftgelenk oder Scharnierprothese am Kniegelenk auftreten, sind nach einer mißglückten Sprunggelenksendoprothese nicht zu erwarten.

Die eingangs gestellte Frage nach dem Bedarf einer Sprunggelenksendoprothese möchte ich aufgrund meiner Darlegungen positiv beantworten. Ich muß aber nachdrücklich be-

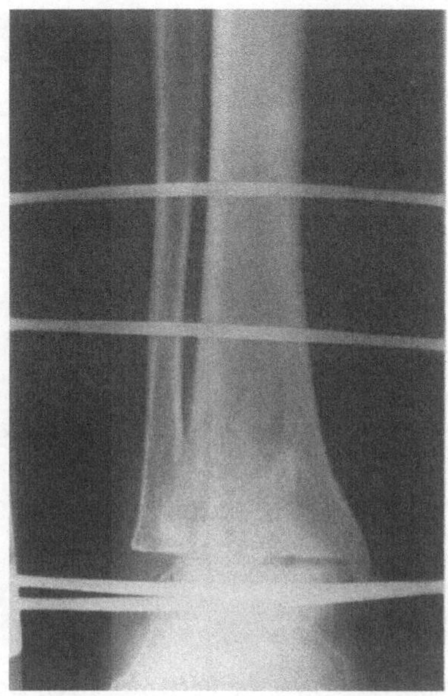

Abb. 20. Derselbe Patient nach Entfernung der Endoprothese und Anlage einer Arthrodese

tonen, daß nicht bei jeder schmerzhaften Sprunggelenksveränderung das Einsetzen einer Prothese in Frage kommt.

Die eingangs aufgeführten Überlegungen und die Prüfung der Voraussetzungen für die Operation müssen für jeden Patienten kritisch neu bedacht werden. Die bisher relativ hohe Komplikationsrate ist ebenfalls zu berücksichtigen; deshalb muß vom Operateur sorgfältige Präparation und exakte Implantation der Prothese verlangt werden. Schon geringfügige Ungenauigkeiten können ein gutes Ergebnis gefährden.

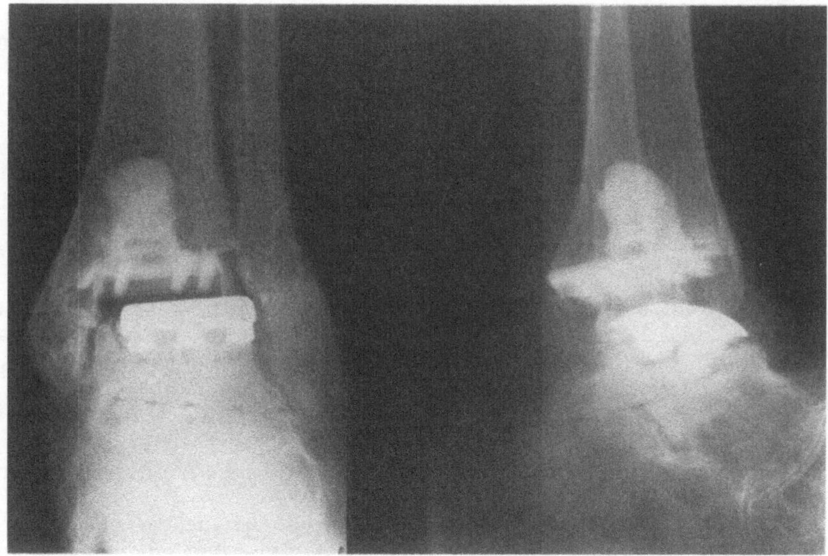

Abb. 21. 61jährige Patientin, Fehlergebnis bei tiefer Infektion, Lockerung der distalen Komponente

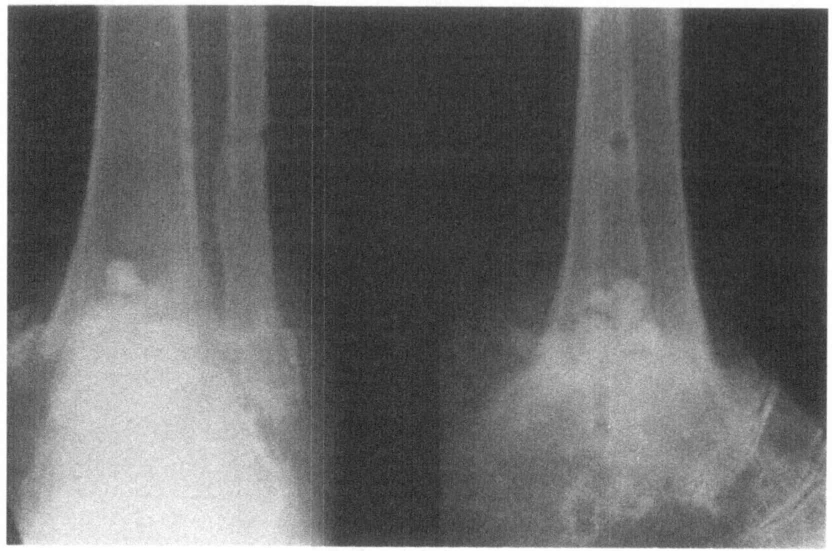

Abb. 22. Dieselbe Patientin nach Entfernung der Endoprothese und Anlage einer knöchern festen Arthrodese. Die Infektion ist durch Einlage von Refobacin-Palacos-Kugeln mit erhöhter Dosierung zur klinischen Ausheilung gekommen

Literatur

1. Buchholz, H.W., Engelbrecht, E., Siegel, A.: Totale Sprunggelenksendoprothese Modell „St. Georg". Chirurg *44*, 241–244 (1973)
2. Buchholz, H.W., Engelbrecht, E., Röttger, J., Siegel, A.: Complications of Arthroplasty and Total Joint Replacement in the Ankle. In: Complications in Orthopaedic Surgery. Philadelphia-New York-Toronto: Lippincott 1978
3. Close, J.R.: Some applications of the functional anatomy of the ankle joint. J. Bone Jt Surg. *38* A, 761 (1956)
4. Dee, R.: What's new in joint replacement in England? In: Symposium of Osteoarthritis. Chicago, Illinois, Oct. 1974. Saint Louis: Mosby 1976
5. Engelbrecht, E.: Die Versorgung tibio-fibularer Syndesmosensprengungen mit dem Syndesmosen-Haken. Chirurg *42*, 92 (1971)
6. Engelbrecht, E.: Sprunggelenksendoprothese Modell „St. Georg". Z. Orthop. *113*, 546 (1975)
7. Engelbrecht, E., Buchholz, H.W., Röttger, J., Siegel, A.: Experience with the Total Ankle Joint Replacement. A Four-Year Follow up Review, S. 125. Colloque International: L'Arthrose du Cou-de-Pied et du Pied, Charleroi Okt. 1976, Editions du C.I.Fo.P. Charleroi: Boulevard Defontaine 10, 1976
8. Evanski, Ph.M., Waugh, R.: Management of Arthritis of the Ankle. Clin. Orthop. *122*, 110 (1977)
9. Gluck, Th.: Die Invaginationsmethode der Osteo- und Arthroplastik. Berl. klin. Wschr. *33*, 752 (1890)
10. Groth, H.: The Oregon Ankle — a Total Ankle designed to replace all three Articulations, p. 157–162. Colloque Internat.: L'Arthrose du Cou-de-Pied et du Pied, Charleroi Okt. 1976, Editions du C.I.Fo.P. Charleroi: Boulevard Defontaine 10, 1976

11. Gschwend, N.: Die operative Behandlung der chronischen Polyarthritis. Stuttgart: Thieme 1977
12. Hohmann, D., Eckhoff, P.U.: Kompensationsbewegungen des Tarsus bei Versteifungen des Talocruralgelenkes. Z. Orthop. *111*, 444 (1973)
13. Kempson, G., Freeman, M., Tuke, M.: Engeneering considerations in the design of an ankle joint. Biomed. Eng. *10*, (5), 166 (1975)
14. Lord, G., Marotte, J.H.: Prothèse totale de cheville. Rev. Chir. Orthop. *59*, 139 (1973)
15. Lord, G.: Prothèses totales de Chevilles, une technique, ses indications et ses incidences sur l'activité tonique posturale. S. 147. Colloque internat.: L'Arthrose du Coude-Pied et du Pied, Charleroi Okt. 1976, Editions du C.I.Fo.P. Charleroi: Boulevard Defontaine 10, 1976
16. Pappas, M., Buechel, F.F., DePalma, A.F.: Cylindrical Total Ankle Joint Replacement. Clin. Orthop. *118*, 82 (1976)
17. Waugh, T.R., Evanski, P.P., McMaster, W.C.: Irvine Ankle Arthroplasty. Clin. Orthop. *114*, 180 (1976)

Diskussionsbemerkungen und Empfehlungen aller Teilnehmer
(Leitung: M. Allgöwer und H. Tscherne)

Zusammengefaßt und redigiert von A. Rüter und C. Burri

Jeder Therapie muß eine ausgiebige klinische Untersuchung des schmerzhaften Gelenkes vorausgehen, diese schließt die Beurteilung des Barfußganges mit sichtbarer ganzer unterer Extremität zur Beobachtung funktioneller Störungen mit ein. Röntgenaufnahmen in 2 Ebenen sind unerläßlich. Diese sind gegebenenfalls durch Schräg- oder Sichtaufnahmen zu ergänzen.

Die Indikation jeglicher Behandlungsmaßnahmen und deren Intensität richtet sich nach subjektiven Beschwerden und klinischer Behinderung.

Konservative Behandlung

Erste Maßnahme muß die Kontrolle des Schuhwerks sein. Dieses ist entsprechend den Bewegungseinschränkungen und Fehlstellungen auszurichten.

Besondere Bedeutung hat hierbei in entsprechenden Fällen die Erhöhung des inneren Schuhrandes zum allmählichen Redressement eines kontrakten posttraumatischen Knickfußes.

Temporäre vollständige Entlastungen durch Gehstützen oder Gehapparate haben ihre Berechtigung, wenn diese Zeit intensiv zur Wiedererlangung einer möglichst vollständigen Funktion am entlasteten schmerzarmen Gelenk genutzt wird.

Das Hauptgewicht thermischer Behandlungsmaßnahmen liegt heute bei der Kryotherapie.

Neben der allgemeinen Analgesie läßt sich hierdurch eine Hemmung der Enzymkinetik und dadurch eine Einschränkung der enzymbedingten Knorpeldestruktion erreichen. Tierexperimente haben gezeigt, daß diese Wirkung in der Tiefe noch 2–3 Stunden nach Entfernung der Kälteauflagen nachgewiesen werden kann.

Intraarticuläre Cortisoninjektionen sind fast ausnahmslos kontraindiziert. Die ganz seltene Ausnahme kann bei perakuten stark schmerzhaften Reizzuständen für eine einmalige, kristallfreie Injektion gegeben sein.

Über die Erfolge mit anderen intraarticulär anzuwendenden Therapeutika (Arteparon, Arumalon, Dona 2000, Trasylol) liegen im Teilnehmerkreis keine Erfahrungen vor.

Gelenk-Rekonstruktionen

Definition

Im allgemeinen bezieht sich der Begriff „Rekonstruktion" auf alle operativen Maßnahmen ab dem Ende der 3. Woche nach Fraktur. Bei Gelenkfrakturen muß die Grenze enger gezogen werden.

Die Diskussionsrunde einigt sich dahingehend, daß die Grenze zwischen Frakturversorgung und Rekonstruktion nicht zeitlich genau festgelegt werden kann. Rekonstruktive Maßnahmen beginnen dort, wo die ehemaligen Frakturlinien nicht mehr sicher bestimmt und gewaltlos mobilisiert werden können.

Indikation

Die Indikation zum Rekonstruktionsversuch basiert auf der Kenntnis seiner Erfolgschancen und einem entsprechenden offenen Gespräch mit dem Patienten.

Die vorgestellte Sammelstatistik deutscher A.O.-Kliniken hat gezeigt, daß die Erfolge objektiv insgesamt nicht über 50% liegen. Hierbei ist jedoch zu berücksichtigen, daß die Statistik die Gruppe der Pilon Frakturen mit einbezieht, die mit Sicherheit das negative Extrem bilden.

Weiterhin sind die subjektiven Eindrücke der Patienten über den Nutzen der durchgeführten Operation in dieser Studie allgemein deutlich günstiger als die objektiven Befunde.

Nach Ausklammerung der veralteten Pilonverletzungen ergibt sich also eine Situation, bei der nach entsprechender Aufklärung des Verletzten solche rekonstruktiven Maßnahmen durchaus berechtigt sein können.

Die Belastung von 50% schlechten Ergebnissen muß also mehr zu Lasten der Indikation als der Rekonstruktion selbst gesehen werden.

Da eine operative Beeinflussung des Knorpelschadens selbst nicht möglich ist, muß es das Ziel der präoperativen Diagnostik sein, diese 50% vorher auszusortieren.

Von wesentlicher Bedeutung für Operationsrisiko und Erfolgsaussichten ist die oft stark veränderte Weichteilsituation, deren genaue Kenntnis unabdingbarer Teil der Indikationsstellung ist.

Absolut sichere Hinweise auf den Verlauf nach rekonstruktiven Maßnahmen sind zwar nicht möglich. Gelenke mit einer deutlichen symmetrischen Verschmälerung des Gelenkspaltes sind jedoch ebenso wie die Zustände nach Pilon Frakturen mit einer sehr hohen Mißerfolgsquote belastet. Ebenso beeinflußt eine schlechte funktionelle Ausgangssituation das Endergebnis deutlich negativ.

Die besten Ergebnisse finden sich bei Pseudarthrosen ohne fortgeschrittenen Gelenkverschleiß.

Die oben gemachten Einschränkungen der Indikation nach Pilon Frakturen beziehen sich auf die Folgen von Mehrfragmentbrüchen beim Erwachsenen. Beim Jugendlichen ist die Indikation zum Wiedereingriff großzügiger zu stellen. Dasselbe gilt für Stufenbildung in großen Einzelfragmenten, speziell bei bestehenden Verschiebungen des hinteren Volkmann'schen Dreiecks.

Außerdem müssen die Patienten intellektuell in der Lage sein, der Vorschrift, das freigegebene Sprunggelenk intensiv zu bewegen, jedoch nicht frei zu belasten, nachzukommen.

Zeitpunkt

Die Frage, zu welchem Zeitpunkt operative gelenkerhaltende Maßnahmen angezeigt sind, kann nur jeweils für den Einzelfall beantwortet werden. Die Einstellung, eine operative Therapie erst nach Ausschöpfung aller konservativen Anwendungen in Betracht zu ziehen, ist jedoch keinesfalls generell gerechtfertigt. Speziell bei korrigierbaren Fehlstellungen sind dem Patienten rekonstruktive Maßnahmen bei Auftreten erster anhaltender Beschwerden anzuraten. Eine intensive physikalische Therapie ist nach Durchführung solcher Rekonstruktionen häufig erfolgreicher und sinnvoller als vor einem solchen Eingriff.

Technik

Beim Versuch, die Fibula zu verlängern, ist darauf zu achten, daß der Außenknöchel wirklich tiefer und nicht der Fibulaschaft höher tritt. Diese Komplikation läßt sich am sichersten durch eine temporäre Transfixation der Fibula gegen die Tibia vermeiden.

Die Stellung des Talus gibt am sichersten Aufschluß über den erreichten Gewinn. Überkorrekturen sind unbedingt zu vermeiden, da diese bei erhaltener Syndesmose zu einer Verklemmung der Fibula gegenüber der Tibia und zur Verschmälerung der Knöchelgabel führen.

Bei Frührekonstruktionen können Rotationsfehler des Außenknöchels meist einigermaßen sicher bestimmt und korrigiert werden. Bei Spätrekonstruktionen muß dieser Faktor in den meisten Fällen unberücksichtigt bleiben.

Über das Vorgehen an der Syndesmose bestehen keine einheitlichen Auffassungen.

In der Literatur wird zum Teil die Schaffung einer supramalleolären fibulo-tibialen knöchernen Blockbildung zur Stabilisierung des Gabelschlußes empfohlen. Nach anderen Beobachtungen führt dies in 85% der Fälle zu schlechten funktionellen Ergebnissen.

Auch die Frage, inwieweit eigentliche Syndesmosenplastiken notwendig sind, ist nicht geklärt. Magerl fand nach Ausräumung der vernarbten Anteile der Syndesmose und der Membrana interossea ausnahmslos einen sicheren Schluß der Malleolengabel, wenn die Korrekturosteosynthese korrekt durchgeführt war und die Stabilität des proximalen Fragments dann auf den Malleolus übertragen wurde.

Korrektureingriffe bei supramalleolären Fehlstellungen können sowohl mit dem äußeren Spanner wie mit einer inneren Fixation durchgeführt werden. Der Nachteil der Plattenosteosynthese liegt in der Notwendigkeit des weiteren Eingriffs zur Metallentfernung.

Bei Verwendung des äußeren Spanners sollten zumindest im proximalen Fragment zwei Steinmann-Nägel eingebracht und der Knochen im sicher spongiösen Bereich durchtrennt werden.

Insgesamt sind diese Eingriffe durch die Nähe des Gelenkspaltes und die oft gestörte Weichteilbedeckung dieser Region kompliziert.

Die Haut und Narbenverhältnisse verhindern nicht selten eine aufklappende Osteotomie, die an sich in Anbetracht eines notwendigen Beinlängengewinnes erwünscht wäre. In Zweifelsfällen empfiehlt sich der Zugang nach Jones von der Vorderkante der Fibula aus über die Membrana interossea, da hier die Weichteile oft die geringsten Veränderungen aufweisen.

Gelegentlich ist es auch bei Weichteilschäden möglich, eine aufklappende Osteotomie dadurch durchzuführen, daß der angelegte Fixateur extern auf der Konkavseite der Fehlstellung über Tage schrittweise extendiert wird. Der entstandene Spalt muß dann in einer zweiten Sitzung aufgefüllt werden.

Besondere Vorsicht erfordert das aufklappende Vorgehen bei Narben im Verlauf des Tarsaltunnels.

Arthrodese des oberen Sprunggelenkes

Indikation

Die Indikation zu versteifenden Maßnahmen verschiebt sich parallel zum Ausmaß der vorbestehenden arthrotischen Veränderungen sowie dem Umfang alternativ notwendiger Rekonstruktionsmaßnahmen.

Für die Bedeutung einer sorgfältigen Abschätzung der Weichteilsituation, der noch verbliebenen Restfunktion sowie der Kooperationsfähigkeit des Patienten gelten reziprok die bei der Indikation zu rekonstruktiven Eingriffen gemachten Feststellungen.

Da das funktionelle Ergebnis wesentlich von der Restbeweglichkeit der übrigen Fußgelenke abhängt, sollte die Indikation zur Arthrodese bei vorhersehbarem Verlauf der Arthrose nicht zu lange hinausgezögert werden.

Während des Wachstumsalters ist eine Arthrodese des oberen Sprunggelenkes an sich nur bei Zuständen nach Poliomyelitis zur Verbesserung der Stabilität gerechtfertigt.

Extreme traumatische Schädigungen der Gelenkpartner, speziell in Kombination mit entsprechenden Veränderungen der Weichteile, rechtfertigen solches Vorgehen in Einzelfällen jedoch auch schon in diesem Lebensabschnitt.

Zugänge

Zur Versteifung mit dem äußeren Spanner hat sich der Zugang über den Außenknöchel bewährt. Der Innenknöchel wird hierbei von einer kleinen gesonderten Incision aus entfernt.

Für die Verschraubungsarthrodese wird ein antero-lateraler Zugang gewählt.

Einstellung des Fußes

Die exakte Einstellung des Fußes kann insofern nicht generell festgelegt werden, als im Einzelfall die Restbeweglichkeit der übrigen Fußgelenke zu berücksichtigen ist.

Im Endergebnis muß eine Dorsalflexion von 10° sowie eine Pronation von ebenfalls mindestens 10° erreicht werden. Ergeben die noch möglichen Bewegungsausschläge in den distalen Gelenken des Fußes hier keine zusätzlichen Grade, entsprechen diese Werte der notwendigen Einstellung des Rückfußes gegenüber dem Unterschenkel.

Dies bedeutet, daß bei weitgehend steifem Vorfuß die Arthrodese in einem Valgus von 10° und einer Dorsalflexion bei Männern von 5–10°, bei Frauen von 0–5° durchgeführt werden muß.

Eine Rückführung des Talus gegenüber der Unterschenkellängsachse verkleinert den Hebelarm des Fußes, und erleichtert damit die Abrollbewegung. Insgesamt wird das funktionelle Endergebnis jedoch weniger hiervon als von der Restbeweglichkeit der kleinen Fußgelenke beeinflußt. Die Rückführung des Fußes hat jedoch zusätzlich einen günstigen kosmetischen Effekt.

Bei sehr kleinen Frauen, die ständig relativ hohe Absätze tragen wollen, kann gelegentlich die Arthrodese in leichter Spitzfußstellung notwendig sein.

Dies erschwert jedoch das Barfußlaufen erheblich. Entsprechend ist eine eingehende präoperative Aufklärung dieser Patientinnen notwendig.

142

Eine sichere Beurteilung der Rotation ist nur möglich, wenn die Abdeckung des Beines erst oberhalb des Kniegelenkes beginnt. Die Einstellung in die Horizontalebene wird dann bei maximal gebeugtem Kniegelenk durchgeführt.

Arthrodesetechnik

Die Arthrodese mit äußeren Spannern stellt die geringsten Ansprüche an die Weichteilsituation und kann auch im floriden Infekt durchgeführt werden.

Hierbei sind mindestens in einem Segment 2 Steinmann-Nägel einzubringen.

Eleganter erscheint das Vorgehen mit der inneren Verschraubung. Hierbei wird eine Schraube von der medialen Fläche der Tibia nach distal, ein oder zwei weitere von der medialen Begrenzung des Talus nach proximal geführt. Wagner empfiehlt die proximale Schraube durch eine Unterlagscheibe einzusetzen, die tangential in die Corticalis geschlagen wird.

Je nach technischem Vorgehen können ein oder beide Knöchel erhalten bleiben. Hierbei wird ein besserer Kontakt zwischen Talus und Knöchel dadurch erzielt, daß dieser osteotomiert und nach median versetzt refixiert wird. Beim Innenknöchel läßt sich das kosmetische Ergebnis durch eine Verschmälerung verbessern.

Ein nicht reseziert Außenknöchel sollte immer verkürzt werden, da er sonst Bewegungen im Subtalargelenk beeinträchtigen kann.

Zwar liegen in der Diskussionsrunde zahlreiche Beobachtungen vor, daß bei vollständiger Resektion des Außenknöchels keine Störung der Führung und Gleitfähigkeit der Peronealsehnen auftreten muß. Sicherer erscheint es jedoch, die dorsalen Anteile des Malleolus externus mit dem Retinaculum der hier verlaufenden Sehnen zu belassen und im Zuge der Arthrodese als Brückenspan zu verwenden.

Nachbehandlung

Sowohl nach innerer wie nach äußerer Stabilisierung kann der Patient bei gesicherter Wundheilung, üblicherweise dem 5. bis 6. Tag, mobilisiert werden und unter Teilbelastung gehen. Diese ist bis zum sicheren Durchbau der Arthrodese, die in den meisten Fällen in 10–14 Wochen erfolgt, beizubehalten.

Auch bei guter Einstellung der Versteifung verbessert sich die Gehsicherheit in der wichtigen Auftrittsphase erheblich, wenn der Absatz dorsal abgeschrägt wird.

Indikationen zur Double- und Tripel-Arthrodese

Häufig findet sich bei arthrodesepflichtigen Verschleißerscheinungen des oberen Sprunggelenkes eine Mitbeteiligung des Subtalargelenkes.

Es sollte jedoch unbedingt zunächst versucht werden, hier lokalisierte Beschwerden durch eine gute Schuhversorgung zu beeinflussen und operative Versteifungen möglichst zu umgehen, da hierdurch die Gesamtbehinderung wesentlich größer wird.

Das Calcaneo-Cuboidalgelenk weist nur selten degenerative Veränderungen auf, da der laterale Strahl das statische und relativ unbewegliche Element des Fußes darstellt, während der mediale Strahl und die ihm vorgeschalteten Gelenke den mobilen Partner bilden. Entsprechend sind Arthrosen des in dieser Achse gelegenen Talo-Naviculargelenkes wesentlich häufiger.

Nicht selten findet sich dieses Gelenk jedoch noch unverändert, während das Talo-Calcaneargelenk deutliche degenerative Schäden aufweist.

Eine isolierte subtalare Arthrodese führt jedoch immer zu einer Inkongruenz im Chopart-Gelenk, so daß sich in aller Regel hier im Laufe der Jahre sekundäre Verschleißerscheinungen einstellen. Die Indikation zur isolierten Subtalararthrodese ist im Einzelfall unter diesem Blickwinkel zu überdenken. Der Patient muß entsprechend unterrichtet werden.

Tibio-calcaneare Arthrodese

Die funktionellen Ergebnisse nach diesem Eingriff sind nur gut, solange die übrigen Fußgelenke weitgehend frei beweglich sind. Diese Situation ist üblicherweise nur bei primärer oder frühsekundärer Talektomie gegeben. Die Prognose dieses Eingriffes nach fehlgeschlagenem Erhaltungsversuch des Talus und hiermit verbundener monatelanger Entlastung und Ruhigstellung ist entsprechend eingeschränkt.

Wenn Taluskopf und Hals unverletzt und nicht ernährungsgestört erscheinen, können diese erhalten und gegen die Tibiavorderkante fixiert werden. Nach vollständiger Talektomie wird das entknorpelte Naviculare auf die Tibia gebracht.

Sprunggelenksprothesen

Die Erfahrungen mit diesen Prothesen beziehen sich auf ein relativ kleines Krankengut und vergleichsweise kurze Beobachtungszeiten.

Bei der ersten Prothesen-Generation wurden die Probleme der Veränderungen in den vertikal stehenden Gelenkanteilen, d.h. zwischen Talusschultern und Knöchel nicht berücksichtigt.

Die neueren Prothesen nehmen zum Teil durch eine fixierte Führung in der Sagitalebene oder eine Ausdehnung der Implantate auf Talusschultern und Gelenkflächen der Malleolen hierauf Rücksicht.

Da alle bekannten Prothesenmodelle nur geringe Knochenresektionen notwendig machten, erscheint der Rückzug in eine Gelenkversteifung einfacher als z.B. nach Totalprothesen des Kniegelenkes.

Ob dies jedoch eine breitere Anwendung der Alloarthroplastik des oberen Sprunggelenkes als Ersatz oder Vorläufer einer an sich notwendigen Versteifung rechtfertigt, kann zum jetzigen Zeitpunkt noch nicht beurteilt werden.

Eine kritische Indikationsstellung hat ihre Berechtigung nicht zuletzt darin, daß eine in funktionsgerechter Stellung durchgeführte Arthrodese des oberen Sprunggelenkes bei noch beweglichem Vor- und Mittelfuß nur geringe Behinderungen hinterläßt, so daß sich hier Alternativmaßnahmen nicht aufdrängen.

Die Diskussionsteilnehmer sind sich darin einig, daß Prothesen des oberen Sprunggelenkes zum jetzigen Zeitpunkt nur an wenigen Zentren durchgeführt werden sollten, an denen eine lückenlose Nachkontrolle gewährleistet ist und die Ergebnisse mit optimal durchgeführten Arthrosen nach etwa derselben Ausgangssituation verglichen werden können.

III. Instabilität am OSG

Zur Anatomie der lateralen Gelenkbänder am oberen Sprunggelenk

M.E. Müller

Einleitende Bemerkungen

Die Bänder schützen und verstärken die Gelenkkapsel, verhindern übermäßige Bewegungen und führen das Gelenk.

Bandlänge und Bandansatzstellen sind bei physiologischen Verhältnissen je nach Form der Gelenkkörper und Ausmaß der Gelenkbeweglichkeit gegeben.

Man könnte fast mit Kapandji [2] das Postulat aufstellen, daß Länge und Ansatzstellen der Bänder die Form der Gelenke bestimmen.

Dieses Postulat wurde von Kapandji [2] seinerzeit an einem Kniemodell demonstriert. Werden die femorotibialen und femoropatellaren Gelenkflächen breit reseziert, die Kreuzband- und lateralen Bandansatzstellen mitsamt Bändern belassen und das resezierte Gelenk so bewegt, daß alle Bänder angespannt bleiben, so bewegen sich die fiktiven Gelenkkörper gleich wie bei physiologischen Verhältnissen.

Diese Tatsache allein genügt, um jede Operation, die die Lage der Bandansätze verändert, als unphysiologisch zu bezeichnen. Heute weiß z.B. jeder Kniegelenkchirurg, daß zerrissene Kreuzbänder nur dann das Kniegelenk stabilisieren können, wenn sie an anatomischer Stelle wieder fixiert worden sind. Leider werden diese Erkenntnisse beim medialen Knieseitenband zu oft vernachlässigt, z.B. bei der „five one operation" nach Nicolas.

Malleolarfrakturen sind Ausrißfrakturen mitsamt Bandansätzen. Zur Wiedererlangung einer normalen Funktion sind exakte Reposition und sichere Fixation beider Malleolen erforderlich. Nur dann sind die Bandansätze am selben Ort wie vor dem Unfall lokalisiert, was die Möglichkeit von physiologischen Bewegungen beinhaltet.

Bei der *habituellen Verstauchung des oberen Sprunggelenkes* sind die Knochenverhältnisse nicht gestört. Die fibularen Bänder sind entweder zu lang, oder die Ansatzstellen dieser Bänder liegen an falscher Stelle.

Natürlich können die Chirurgen über die Behandlungsziele einer habituellen Fußdistorsion verschiedener Ansicht sein. Der eine gibt sich mit der Sanierung der Instabilität zufrieden, während der andere die Wiedererlangung von normalen Verhältnissen und voller Sportbetätigung sich zum Ziele setzt. Der erste wählt dann unphysiologische Methoden wie diejenigen von Evans [1], Watson-Jones [7] oder die von mir, später von Schreiber [6] beschriebene Methode der Hautplastik zwischen Metatarsus V und Malleolus externus. Der zweite glaubt, die volle physiologische Beweglichkeit sei nur dann gewährleistet, wenn sich einerseits die Fibula gegenüber der Tibia frei bewegen kann, und wenn andererseits Länge und Ansatzstelle der Bänder anatomisch richtig sind.

146

Dieser Chirurg versucht dann, die genauen Ansatzstellen der Bänder und ihre Richtung festzuhalten. Er konsultiert das AO-Manual und verschiedene Anatomielehrbücher.

Im deutschen AO-Manual wurde besondere Rücksicht auf die Knochen genommen und die eingezeichneten Bänder wurden bezüglich Zugrichtung und Ansatzstelle leider nicht immer genügend überprüft. Es handelt sich im übrigen um eine Nachzeichnung von deutschsprachigen Anatomiebüchern (Spalteholz [5], Lanz-Wachsmuth [3]), in denen vom Malleolus externus drei selbständige, parallelfaserige Einzelbänder zum Talus und Calcaneus entspringen: das Lig. talofibulare anterius, das Lig. calcaneofibulare und das Lig. talofibulare posterius. Nach den französischen Anatomiebüchern, z.B. nach Testuz, Rouviere [4], ist aber die Malleolusspitze frei von Bändern. Ligg. talofibulare anterius und calcaneofibulare bilden dabei weitgehend eine Einheit und weisen bei Rechtwinkel-stellung des Fußes nahezu dieselbe Richtung auf (Abb. 1).

Die *Anatomie* bildet die Grundlage für jede Rekonstruktionschirurgie, die sich zum Ziele macht, die funktionellen Verhältnisse wiederherzustellen. Deshalb haben wir uns bemüht, vorerst an normalen Füßen nach Unterschenkelamputationen oder bei Füßen, bei denen eine Operation am Rückfuß in Frage kam, die tatsächlichen Verhältnisse nach-zuprüfen.

Beim demonstrierten Lähmungshängefuß war eine Lambrinudioperation vorgesehen. Eine sorgfältige Präparierung der fibularen Bänder in Blutleere ließ uns die tatsächlichen Verhältnisse überprüfen.

Das breite, kurze *Lig. talofibulare anterius* entspringt von der Ventralkante des Malle-olus lateralis und zieht zum Collum tali. Es begrenzt den Eingang in den Sinus tarsi. Es liegt unmittelbar subcutan im vorderen Abschnitt der Regio malleolaris lateralis. Das Band selbst ist in zwei Einzelbänder, das obere und untere Band, unterteilt, wobei das untere intime Verbindung mit dem Lig. calcaneofibulare aufweist.

Das *Lig. calcaneofibulare* ist ein leicht abgeflachter Strang, der den Mittelzug des latera-len Seitenbandes bildet. Es entspringt als dicker, glatter Strang nicht von der Spitze des äußeren Knöchels, sondern von der ventralen Kante, unmittelbar unter dem Ansatz des

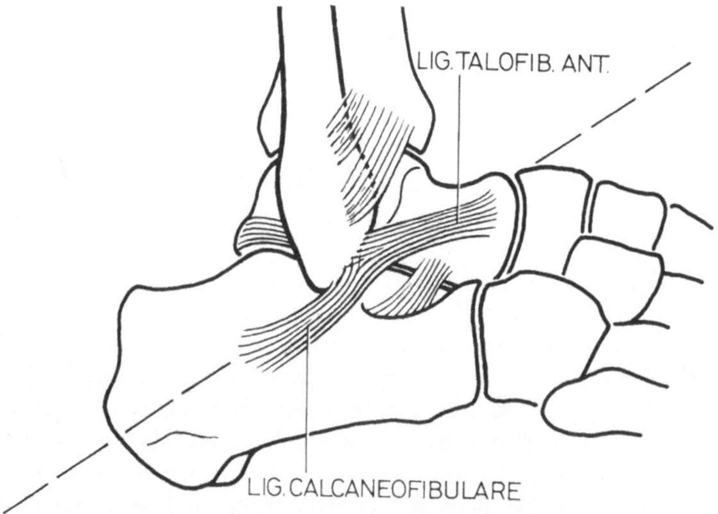

Abb. 1. Anatomie der lateralen Knöchelbänder. Malleolarspitze frei von Bändern. Untere Anteile der Ligg. talofibulare anterius und calcaneofibulare bilden praktisch ein Band

Lig. talofibulare anterius, berührt die Spitze des Malleolus externus und verlauft schrag distalwärts zur Mitte der lateralen Calcaneusfläche auf einer kleinen Knochenerhebung. Das Band ist so in sich verwunden, daß es eine nach dorsal und distal offene Rinne bildet, welche die Vagina synovialis und die Mm. peronaeum communis umfaßt. Seine Richtung entspricht nahezu der Richtung des Lig. talofibulare anterius. Es scheint sogar, daß die untere Hälfte des Lig. talofibulare anterius und des Lig. calcaneofibulare dasselbe Band bilden. Wie wir es später sehen werden, sind diese Verhältnisse wesentlich für jede Rekonstruktionschirurgie in diesem Bereich.

Das *Lig. talofibulare posterius* ist dick, sehr resistent, zeigt eine horizontale Richtung und entspringt aus einer kleinen Grube im dorsalen Anteil des Malleolus externus. Es ist das stärkste Band zur lateralen Gelenkführung und ist von der Membrana synovialis fast umschlossen. Es zieht zum Tuberculum laterale des Processus posterior tali, unmittelbar vor dem Flexor hallucis longus.

Diese anatomischen Begebenheiten erklären uns die verhältnismäßig häufigen, meist nicht diagnostizierten Abrisse der vorderen Kante des Malleolus externus (sog. Wagstaffe-Fraktur). Es handelt sich dabei um den gemeinsamen knöchernen Ansatz der Ligg. talofibulare anterius und calcaneofibulare.

Literatur

1. Evans, D.L.: Recurrent instability of the ankle — a method of surgical treatment. Proc. roy. Soc. Med. *46*, 343 (1953)
2. Kapandji, I.A.: The physiology of the joints — annotated diagrams of the mechanics of the human joints. Vol. 2: Lower limb, Second Ed. Edinburgh-London: Livingstone 1970
3. Lanz, T., Wachsmuth, W., Lang, J., Wachsmuth, W.: Praktische Anatomie. Erster Band/ vierter Teil: Bein und Statik, 2. Aufl. Berlin-Heidelberg-New York: Springer 1972
4. Rouvière, H.: Anatomie humaine. Descriptive et topographique. Tome III: Membres, système nerveux central. Paris: Masson 1967
5. Spalteholz, W.: Handatlas und Lehrbuch der Anatomie des Menschen. Amsterdam: Scheltema & Holkema; Zürich-Stuttgart: Hirzel 1953
6. Schreiber, A.: Die Verwendung von Hautimplantaten in der Orthopädie. Habilitationsschrift zur Erlangung der Venia Legendi der Med. Fakultät der Universität Zürich. Berlin-Heidelberg-New York: Springer 1967
7. Watson-Jones, R.: Fractures and joint injuries. Volume II, fourth edition. Edinburgh-London: Livingstone 1956

Biomechanische Aspekte der fibularen Bandplastik

C.J. Wirth

Veraltete Bandschäden mit insuffizienter narbiger Ausheilung bedingen eine Instabilität des Gelenkes und verlangen bei entsprechend verminderter Funktionstüchtigkeit besonders in sportlicher Hinsicht einen plastischen Ersatz. Das Ersatzmaterial sollte dabei den natürlichen Verlauf des ehemaligen Bandes möglichst exakt nachahmen, um dessen Funktion wenigstens annähernd zu erfüllen. Dies ist besonders bei der vorderen Kreuzbandplastik in den letzten Jahren immer wieder betont worden [2, 9, 16, 23].

Eigenartigerweise haben sich bei der Wiederherstellung des veralteten fibularen Kapselbandschadens seit jeher bandplastische Methoden durchgesetzt, die weder die geschädigten Bandstrukturen vollständig berücksichtigen, noch deren natürlichen Verlauf auch nur annähernd gerecht werden.

So stellen die am häufigsten geübten Verfahren von Watson-Jones [20] und von Evans [6] letztlich eine Tenodese dar mit Überbrückung nicht nur des oberen und unteren Sprunggelenkes, sondern auch des äußeren Chopart- und Lisfranc-Gelenkes mit der Folge einer Supinationseinschränkung des Fußes. Der anatomische Verlauf besonders des zu ersetzenden Ligamentum calcaneofibulare bleibt unberücksichtigt (Abb. 1, 2).

Der Ersatz sowohl des Lig. talofibulare anterius wie auch des Lig. calcaneofibulare erscheint aber unabdingbar, bedenkt man, daß sowohl eine Instabilität des oberen wie auch unteren Sprunggelenkes bei Verlust dieser Bänder resultiert.

Die isolierte Durchtrennung des Lig. talofibulare anterius ermöglicht bei Spitzfußstellung eine Aufklappung im oberen Sprunggelenk von durchschnittlich 10° und eine Subluxation des Talus gegen die Sprunggelenksgabel nach ventral-medial. Die isolierte Durchtrennung des Lig. calcaneofibulare ergibt eine Aufklappbarkeit des oberen Sprung-

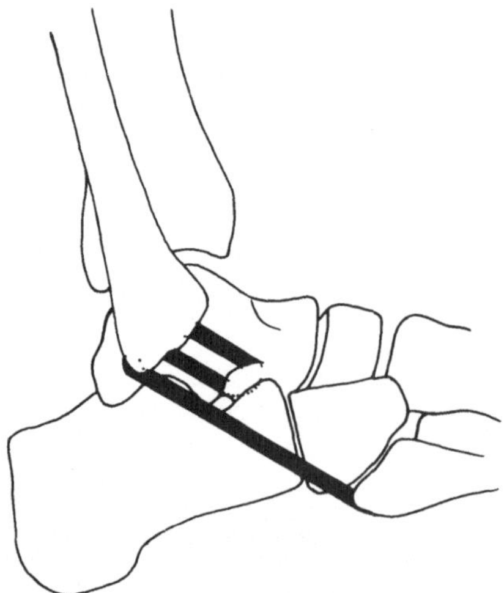

Abb. 1. Fibulare Bandplastik von Watson-Jones (1940) mit distal gestielter Sehne des M. peronaeus brevis

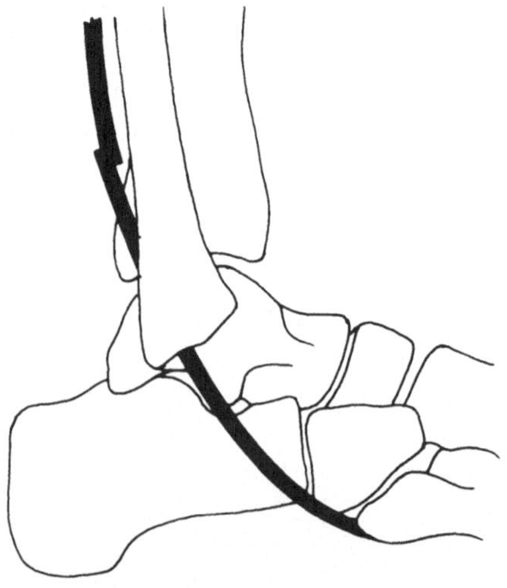

Abb. 2. Fibulare Bandplastik von Evans (1953) mit distal gestielter Sehne des M. peronaeus brevis

gelenkes um annähernd 10° bei Rechtwinkelstellung des Fußes und eine Instabilitat des Talocalcaneargelenkes bei zusätzlicher Durchtrennung des Lig. talocalcaneare [3, 5, 10, 13, 15, 17, 19]. Die kombinierte Durchtrennung beider Bänder bewirkt eine anterolaterale Instabilität des oberen und unteren Sprunggelenkes, subsummiert man die resultierenden Einzelinstabilitäten [9, 24].

Eine fibulare Bandplastik führt jedoch auch bei nicht anatomisch gerechtem Verlauf und Tenodesenwirkung offensichtlich klinisch zu guten Resultaten [1, 4, 6, 8, 11, 12, 20, 22]. Somit wäre zu prüfen, inwieweit sowohl beim Ersatz des Lig. talofibulare anterius wie auch des Lig. calcaneofibulare ein Abweichen vom physiologischen Verlauf tragbar ist, um noch eine Gelenkstabilisierung ohne stärkere Beweglichkeitseinschränkung des oberen und unteren Sprunggelenkes zu erreichen.

Zur Klärung dieser Fragen wurde einerseits ein Fadenmodell für verschiedene Ersatzmöglichkeiten der Ligamenta talofibulare anterius und calcaneofibulare entwickelt und — basierend auf den gewonnenen Ergebnissen — verschiedene Plastiken simuliert und deren Einfluß auf die Beweglichkeit des oberen und unteren Sprunggelenkes geprüft.

Material und Methodik

Fadenmodell

An 6 frischen Amputationspräparaten wurde der fibulare Kapselbandapparat freipräpariert. Für das Fadenmodell zum Ersatz des Lig. calcaneofibulare wurde dessen Ursprung an der Außenknöchelspitze aufgesucht, dort ein Faden befestigt und dieser zunächst entsprechend dem Verlauf des Lig. calcaneofibulare an dessen Ansatz an der lateralen Fläche des Calcaneus durch ein Bohrloch weitergeleitet. In diesem Bohrloch konnte der Faden frei gleiten, sodaß der Fuß in seiner Beweglichkeit nicht behindert wurde, jedoch eine etwa auftretende Distanzänderung zwischen Ursprung und Ansatz gemessen werden konnte. Durch Anbringen weiterer Bohrlöcher an der Lateralfläche des Calcaneus

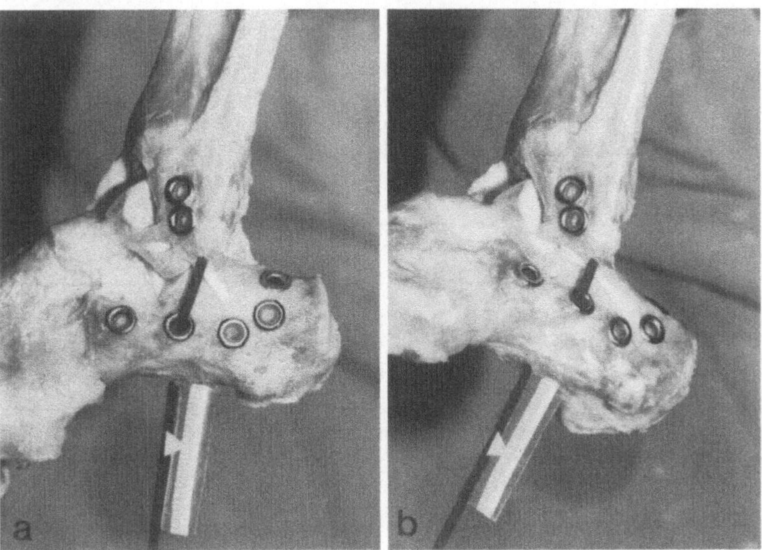

Abb. 3. Fadenmodell für verschiedene Verlaufsrichtungen einer Ersatzplastik des Lig. calcaneofibulare in Pronationsstellung (**a**) und Supinationsstellung (**b**) des Fußes

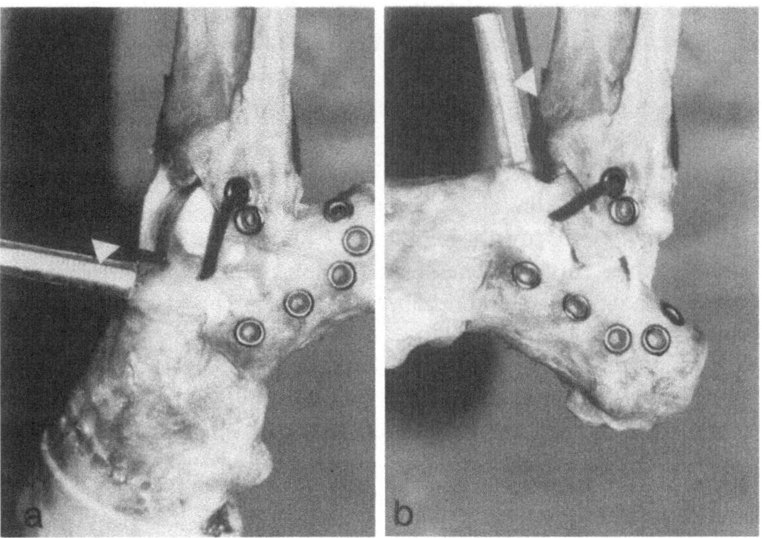

Abb. 4. Fadenmodell für verschiedene Verlaufrichtungen einer Ersatzplastik des Lig. talofibulare anterius in Plantarflexion **a** und Dorsalflexion **b** des Fußes

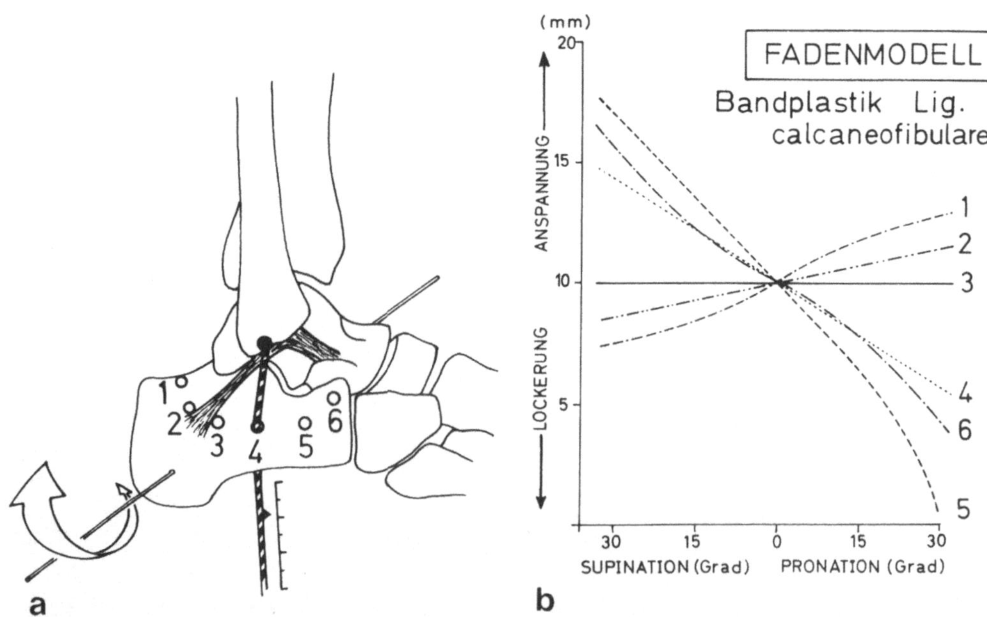

Abb. 5. Fadenmodell **a** für verschiedene Ersatzplastiken des Lig. calcaneofibulare und
graphische Darstellung **b** der jeweiligen Distanzänderungen bei der „Maulschellenbewe-
gung" des Fußes

vom Tuber calcanei bis zum Processus anterior calcanei konnten andere Bandverlaufe simuliert und Distanzänderungen bei Bewegungen des oberen und unteren Sprunggelenkes gemessen werden. Aus den erhaltenen Werten in den Extrempositionen und der Mittelstellung des oberen und unteren Sprunggelenkes wurden arithmetische Mittelwerte für jede einzelne Fadenposition errechnet und zur graphischen Darstellung der Distanzveränderungen benutzt. Die erhaltenen Kurven wurden als Tendenzkurven interpretiert (Abb. 3 a und b).

Für das Fadenmodell zum Ersatz des Lig. talofibulare anterius wurden die gleichen Sprunggelenkspräparate verwendet. Es wurden 2 Fixationspunkte für den Faden proximal und distal des Bandansatzes am Außenknöchel gewählt und ein queres Bohrloch durch den Talushals mit Öffnungen proximal und distal des Bandansatzes gesetzt, in dem der Faden bei Bewegungen des oberen Sprunggelenkes frei gleiten konnte. Dadurch ergaben sich insgesamt 4 Möglichkeiten einer Bandplastik für das Lig. talofibulare anterius. Die Versuchsdurchführung wie auch die Auswertung geschah entsprechend dem Fadenmodell zum Ersatz des Lig. calcaneofibulare (Abb. 4 a und b).

Simulierte Bandplastik
Entsprechend den Fadenmodellen wurden nun fest verankerte Bandplastiken in verschiedenen Positionen als Ersatz des Lig. calcaneofibulare und talofibulare anterius nach Resektion dieser Bänder durchgeführt. Im Anschluß wurde die Beweglichkeit des oberen und unteren Sprunggelenkes jeweils geprüft und eine etwaige Beweglichkeitseinschränkung bzw. eine Erschlaffung der Bandplastik registriert.

Ergebnisse

Ersatz des Lig. calcaneofibulare
Das Fadenmodell an autoptisch gewonnenen Fußpräparaten zur Beurteilung verschiedener Verlaufrichtungen einer Ersatzplastik des Lig. calcaneofibulare brachte folgende Ergebnisse (Abb. 5 a und b):

Bewegungen im oberen Sprunggelenk ergaben keine Längenänderung der in verschiedener Richtung verlaufenden Fäden, da die Bewegungsachse des oberen Sprunggelenkes durch den Ursprung des Lig. calcaneofibulare am Außenknöchel verläuft. Dieser Ursprung wurde auch beim Fadenmodell gewählt.

Der im Verlauf des Lig. calcaneofibulare eingebrachte Faden zeigte beim Überführen des Fußes von Supination bis Pronation keine Längenänderung (Punkt 3 der Abb. 5).

Alle Fäden, die dorsal des Lig. calcaneofibulare als gedachter Bandersatz implantiert waren, zeigten bei Supination eine Verkürzung und bei Pronation eine Verlängerung bezüglich ihrer Wegstrecke. Bei einer Verlaufsrichtung nach dorsal in einem Winkel von 60° zur Fibulaschaftachse (Punkt 2 der Abb. 5) betrug die Distanzveränderung insgesamt durchschnittlich 4 mm, bei einem Winkel von 75° zur Fibulaschaftachse (Punkt 1 der Abb. 5) durchschnittlich 7 mm. Würde in der Praxis eine entsprechend durchgeführte Bandplastik in mittlerer Fußstellung gestrafft, so wäre die Pronation infolge einer Tenodese behindert, die Supination auf Kosten einer Banderschlaffung frei (Abb. 6 a und b).

Alle ventral des Lig. calcaneofibulare verlaufenden Fäden zeigten eine Verlängerung der Wegstrecke bei Supination und eine Verkürzung der Wegstrecke bei Pronation. Im

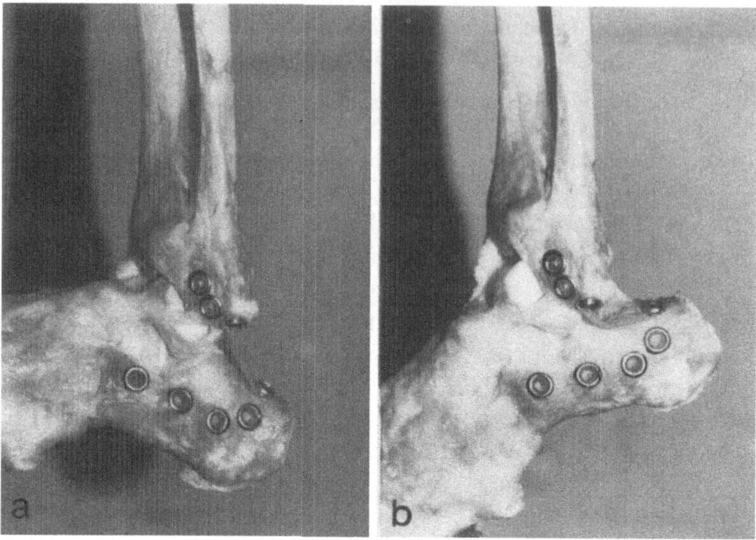

Abb. 6. Die simulierte Bandplastik zum Ersatz des Lig. calcaneofibulare liegt zu weit dorsal: Behinderung der Pronation durch Anspannung (**a**), Erschlaffung bei Supination (**b**)

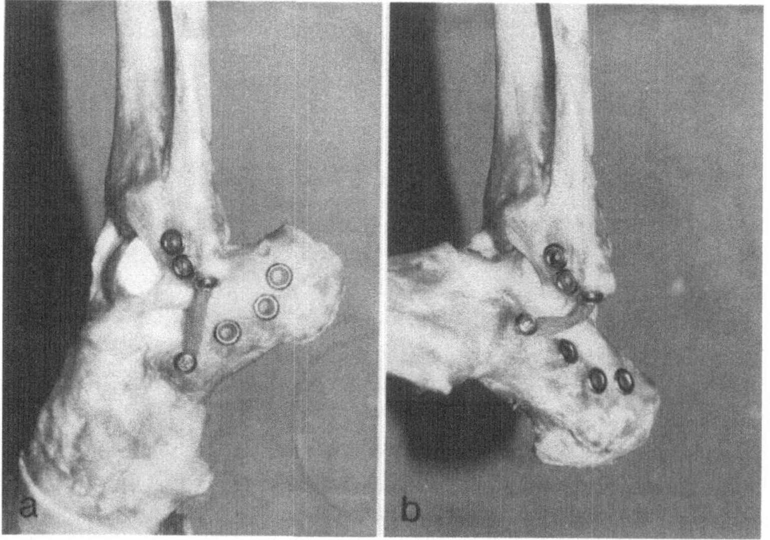

Abb. 7. Die simulierte Bandplastik zum Ersatz des Lig. calcaneofibulare liegt zu weit ventral: Behinderung der Supination (**a**) und Erschlaffung bei Pronation (**b**)

einzelnen ergab ein Fadenverlauf in einem Winkel von 10° dorsal der Fibulaschaftachse (Punkt 4 der Abb. 5) eine Distanzveränderung der Ansatzpunkte von durchschnittlich 10 mm, ein Fadenverlauf in einem Winkel von 40° ventral der Fibulaschaftachse (Punkt 5 der Abb. 5) eine Distanzveränderung von etwa 17 mm und ein Fadenverlauf von 80°

ventral der Fibulaschaftachse (Punkt 6 der Abb. 5) eine Distanzveränderung von durchschnittlich 13 mm. Diese letztgenannte Verlaufsrichtung entspricht der von Watson-Jones und Evans angegebenen Plastik, verlängert man den Fadenverlauf als gedachte Linie bis auf die Basis des Os metatarsale V. Würde eine Bandplastik in Verlaufsrichtung 4, 5 oder 6 in Fußmittelstellung gestrafft, so käme es zu einer teilweise erheblichen Supinationsbehinderung infolge einer Tenodese, während die Pronation bei Banderschlaffung unverhindert bleibt (Abb. 7 a und b).

Ersatz des Lig. talofibulare anterius

Das Fadenmodell zur Nachahmung verschiedener Verlaufsformen einer Bandplastik zum Ersatz des Lig. talofibulare anterius führte zu folgenden Ergebnissen (Abb. 8 a und b):

Lediglich der Faden, der in seiner Verlaufsrichtung dem Lig. talofibulare anterius entsprach, behielt bei Plantarflexion und Dorsalflexion die gleiche Länge, d.h. die Distanz der Ansatzpunkte veränderte sich nicht (Punkt 2 und 4 der Abb. 8).

Alle Fäden, die entweder proximal des Bandes verliefen oder das Band kreuzten, wiesen bei Plantarflexion eine Verlängerung und bei Dorsalflexion eine Verkürzung ihrer Wegstrecke auf. So zeigten im gesamten Bewegungsablauf die Ansatzpunkte mit horizontalem, das Band überkreuzenden Fadenverlauf (Punkte 2 und 3 der Abb. 8) eine Distanzänderung von durchschnittlich 5 mm, die Ansatzpunkte mit einem das Band schräg überkreuzenden Fadenverlauf (Punkte 1 und 4 der Abb. 8) eine Distanzänderung von etwa 9 mm und die Ansatzpunkte eines proximal des Bandes verlaufenden Fadens (Punkte 1 und 3 der Abb. 8) schließlich eine Distanzänderung von etwa 14 mm. Somit würde jede Bandplastik, die entweder den ehemaligen Verlauf des Lig. talofibulare anterius kreuzt oder proximal desselben angeordnet ist, die Plantarflexion infolge einer Tenodesenwirkung behindern, die Dorsalflexion hingegen bei Banderschlaffung freigeben (Abb. 9 a und b).

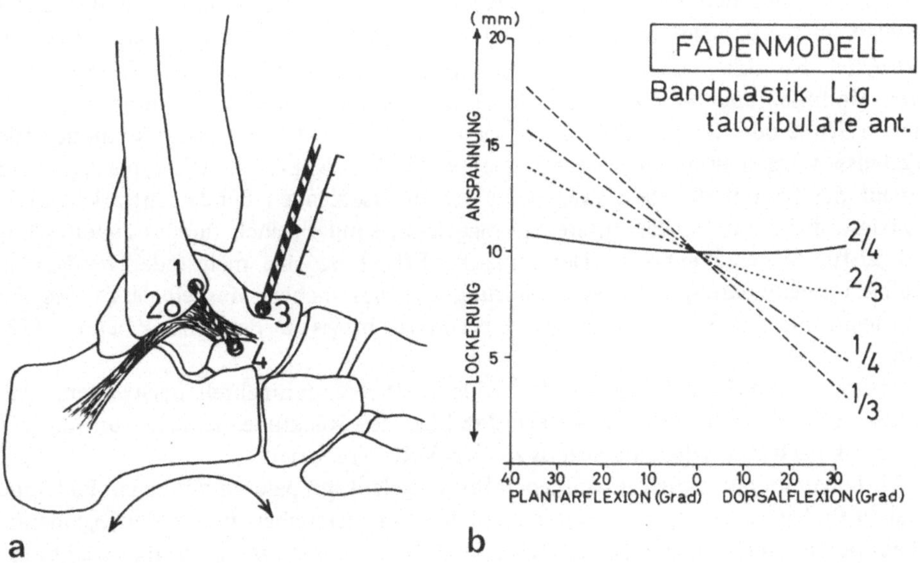

Abb. 8. Fadenmodell. **a** für verschiedene Ersatzplastiken des Lig. talofibulare anterius und graphische Darstellung, **b** der jeweiligen Distanzänderungen bei Bewegungen im oberen Sprunggelenk

154

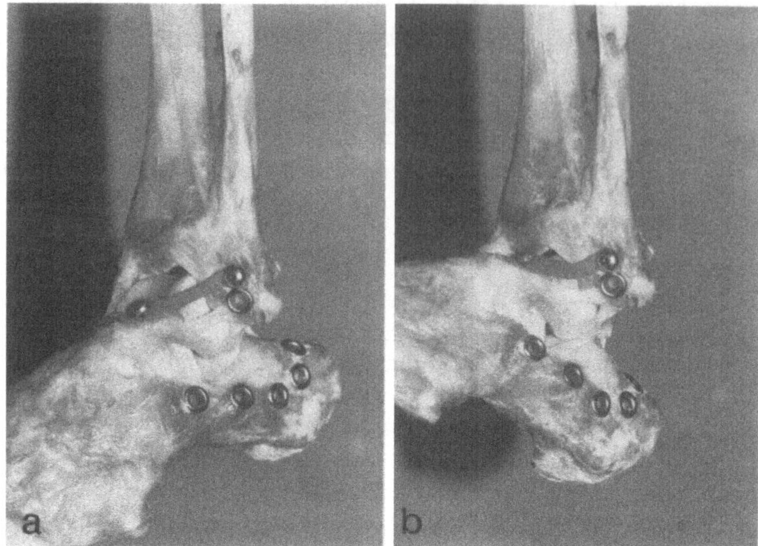

Abb. 9. Die simulierte Bandplastik zum Ersatz des Lig. talofibulare anterius liegt zu weit proximal: Behinderung der Plantarflexion (**a**), Erschlaffung bei Dorsalflexion (**b**)

Diskussion

Die verschiedenen Techniken der fibularen Bandplastik gehen auf ein Verfahren zurück, das Gallie [7] in Form der Tenodese des M. peronaeus brevis für die operative Versorgung des poliomyelitischen Klumpfußes publiziert hat. Nilsonne [14] hat diese Methode 1932 erstmals für die Behandlung der rezidivierenden Talussubluxation modifiziert. In der Folge haben sich besonders die Techniken nach Watson-Jones [20] und nach Evans [6] mit all ihren Modifikationen durchgesetzt. Gemeinsam ist ihnen die Verwendung der distal gestielten Sehne oder Sehnenhälfte des M. peronaeus brevis. Die mit dieser Methode erzielten Ergebnisse werden als durchweg gut bezeichnet [1, 4, 6, 8, 11, 12, 20, 22, u.a.], obwohl der Verlauf der Bandplastik keineswegs dem der zu ersetzenden Bänder entspricht und eine Tenodese nicht nur für das untere Sprunggelenk, sondern auch für das äußere Chopart- und Lisfranc-Gelenk entsteht. Der klinische Effekt ist eine mehr oder weniger starke Supinationsbehinderung und eine Störung der natürlichen Muskelbalance des Fußes, wird nicht nur eine Sehnenhälfte des M. peronaeus brevis zur Bandplastik benutzt [18, 21, u.a.].

Chrisman und Snook [5] konnten zudem 1969 experimentell nachweisen, daß die Plastik nach Watson-Jones die Varusinstabilität des Rückfußes lediglich um die Hälfte, die Plastik nach Evans diese höchstens zu zwei Drittel reduziert.

Wir haben an autoptisch gewonnenen Sprunggelenkspräparaten mit einem Fadenmodell herauszufinden versucht, inwieweit man sich beim plastischen Ersatz der Ligamenta calcaneofibulare und talofibulare anterius von deren anatomischer Verlaufsrichtung entfernen darf, ohne eine größere Beweglichkeitseinschränkung des oberen und unteren Sprunggelenkes oder eine nur unvollständige Stabilisierung dieser Gelenke in Kauf zu nehmen. Als Ergebnis konnte herausgestellt werden, daß allein die dem natürlichen Verlauf

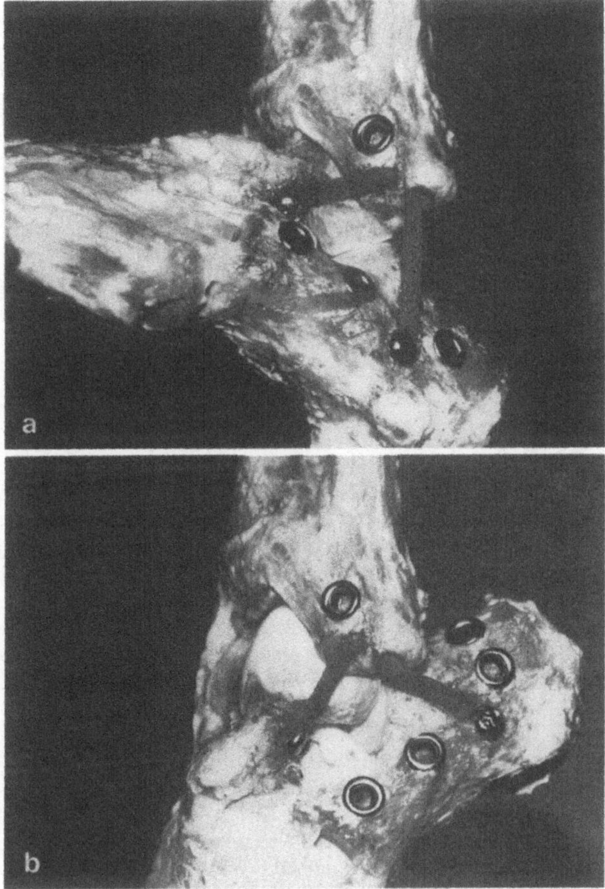

Abb. 10. Idealer Verlauf einer Bandplastik zum Ersatz der Ligamenta calcaneofibulare und talofibulare anterius: Keine Behinderung der Kombinationsbewegung im oberen und unteren Sprunggelenk bei gleichbleibender Straffheit der Bandplastik

der Bänder entsprechenden Bandplastiken in der Lage sind, das obere und untere Sprunggelenk ohne Beweglichkeitseinbuße zu stabilisieren (Abb. 10 a und b).

Dorsal des Lig. calcaneofibulare verlaufende Bandplastiken sind insuffizient, da sie bei Supination erschlaffen, ventral des Bandes implantierte Plastiken wirken proportional ihrer graduellen Entfernung von der Fibulaschaftachse zunehmend als Tenodese.

Entsprechend bewirken alle Bandplastiken, die proximal des Lig. talofibulare anterius verlaufen oder es kreuzen, eine mehr oder minder starke Einschränkung der Plantarflexion. Die Dorsalflexion führt zu einer Erschlaffung der Bandplastik.

Unter diesen Aspekten bleibt zu fragen, warum an Stelle des direkten Bandersatzes am anatomischen Ort so häufig Bandplastiken gewählt werden, die allein die Gelenkstabilisierung zum Ziele haben, dabei aber unter Opferung einer wichtigen aktiven Sehne und Überbrückung auch gesunder Gelenke eine Beweglichkeitseinbuße bewußt in Kauf genommen wird.

Zusammenfassung

Die am häufigsten geübten Ersatzoperationen von Watson-Jones und Evans bei veralteten fibularen Bandschäden wirken als Tenodese für das untere Sprunggelenk, da insbesondere der natürliche Verlauf des zu ersetzenden Lig. calcaneofibulare unberücksichtigt bleibt. An Hand eines Fadenmodelles wurde an Sprunggelenkspräparaten der günstigste Verlauf zum Ersatz der Ligamenta talofibulare anterius und calcaneofibulare gesucht. Nur der direkte Ersatz dieser Bänder gewährleistet am ehesten eine freie Beweglichkeit im oberen und unteren Sprunggelenk bei optimaler Gelenkstabilisierung. Davon abweichende Verlaufsrichtungen führen entweder zu einer Tenodese oder zu einer Erschlaffung des Bandersatzes ohne Stabilisierungseffekt.

Literatur

1. Anderson, K.J., Lecocq, J.F.: Operative treatment of injury to the fibular collateral ligament of the ankle. J. Bone Jt Surg. *36* A, 825 (1954)
2. Artmann, M., Wirth, C.J.: Untersuchung über den funktionsgerechten Verlauf der vorderen Kreuzbandplastik. Z. Orthop. *112*, 160 (1974)
3. Brantigan, J.W., Pedegana, L.R., Lippert, F.G.: Instability of the subtalar joint. J. Bone Jt Surg. *59-A*, 321 (1977)
4. Castaing, J., Le Chevalier, P.L., Meunier, M.: Entorse à répétition ou subluxation récidivante de la tibio-tarsienne. Une technique simple de ligamentoplastic externe. Rev. chir. Orthop. *47*, 598 (1961)
5. Chrisman, O.D., Snook, G.A.: Reconstruction of Lateral Ligament Tears of the Ankle. J. Bone Jt Surg. *51-A*, 904 (1969)
6. Evans, D.L.: Recurrent Instability of the Ankle — a Method of Surgical Treatment. Proc. roy. Soc. Med. *46*, 343 (1953)
7. Gallie, W.E.: Tendon fixation — an operation for the prevention of deformity in infantile paralysis. Amer. J. orthop. Surg. *XI*, 151 (1913)
8. Gillespie, H.S., Boucher, P.: Watson-Jones Repair of Lateral Instability of the Ankle. J. Bone Jt Surg. *53-A*, 920 (1971)
9. Jäger, M., Wirth, C.J.: Kapselbandläsionen. Biomechanik, Diagnostik und Therapie. Stuttgart: Thieme 1978 (im Druck)
10. Laurin, C.A., Quellet, R., St-Jacques, R.: Talar and subtalar tilt: An experimental investigation. Canad. J. Surg. *11*, 270 (1968)
11. Lee, H.G.: Surgical Repair in Recurrent Dislocation of the Ankle Joint. J. Bone Jt Surg. *39 A*, 828 (1957)
12. Lemberger, U., Kramer, J.: Erfahrungen mit der lateralen Bandplastik des oberen Sprunggelenkes. Z. Orthop. *111*, 595 (1973)
13. Leonard, M.H.: Injuries of the lateral ligaments of the ankle. J. Bone Jt Surg. *31-A*, 373 (1949)
14. Nilsonne, H.: Making a new ligament in ankle sprain. J. Bone Jt Surg. *14*, 380 (1932)
15. Pennal, G.F.: Subluxation of the ankle. Canad. med. Ass. J. *49*, 92 (1943)
16. Refior, H.J., Wirth, C.J.: Der plastische Ersatz veralteter Kreuzbandrupturen. I. Material, Methoden und Indikationen. Z. Orthop. *114*, 913 (1976)
17. Rubin, G., Witten, M.: The subtalar joint and the symptom of turning over on the ankle. Amer. J. Orthop. *4*, 16 (1962)
18. Stören, H.: A New Method for Operative Treatment of Insufficiency of the Lateral Ligaments of the Anklejoint. Acta chir. scand. *117*, 501 (1959)
19. Vidal, J., Fassio, B., Buscayret, Ch., Escare, Ph., Allieu, Y.: Instabilité externe de la cheville. Rev. chir. Orthop. *60*, 635 (1974)
20. Watson-Jones, R.: Fractures and other bone and joint injuries. Edinburgh: Livingstone 1940

21. Weber, B.G., Hupfauer, W.: Zur Behandlung der frischen fibularen Bandruptur und der chronischen fibularen Bandinsuffizienz. Arch. orthop. Unfall-Chir. *65*, 251 (1969)
22. Weller, S., Bertele, G.: Erfahrungen mit der Außenbandplastik nach Watson-Jones am oberen Sprunggelenk. Arch. orthop. Unfall-Chir. *56*, 193 (1964)
23. Wirth, C.J., Refior, H.J.: Der plastische Ersatz veralteter Kreuzbandrupturen. II. Spätergebnisse. Z. Orthop. *114*, 922 (1976)
24. Wirth, C.J., Artmann, M.: Chronische fibulare Sprunggelenksinstabilität — Untersuchungen zur Röntgendiagnostik und Bandplastik. Arch. orthop. Unfall-Chir. *88*, 313 (1977)

Die Peronaeus brevis-Plastik als muskelaktivierte dynamische Bandplastik

A.H. Huggler

Als Voraussetzung für ein stabiles oberes Sprunggelenk sind nicht nur ein kongruenter Gelenkgabelschluß, ein intakter Gelenkkapsel- und Bandapparat, sondern auch ein ausgewogener muskeldynamischer Synergismus der über dieses Gelenk hinwegziehenden Muskelkräfte zu nennen. Zweifellos kommt dabei dem Malleolus lateralis mit seinem fibularen Bandapparat eine zentrale Schlüsselstellung zu. Der laterale Fußwurzelbandapparat und die straffe vordere bzw. hintere Syndesmose bilden zusammen mit dem Ligamentum talocalcaneare laterale und talocalcaneare interosseum, welch letzteres durch den Sinus tarsi zieht, eine die Supination hemmende funktionelle Einheit. Zu diesen straffen Verbindungen kommt durch den pronierenden Effekt der peronealen Muskulatur noch eine funktionell wichtige dynamische Komponente hinzu.

Unter Berücksichtigung dieser anatomisch funktionellen Strukturen sei auf die Wichtigkeit einer genauen diagnostischen Abklärung eines Fußdistorsionstraumas hingewiesen. In der Unfallanamnese findet sich immer ein forciertes Umkippen des Fußes in Supination-Inversion bzw. Adduktion-Plantarflexion. Bei der klinischen Untersuchung läßt die Lokalisation der Hämatom- und Ödemschwellung sowie das Punctum maximum des Palpationsschmerzes eine Bandruptur vermuten. Bei passiv supiniertem Fuß ist nicht selten im akuten Stadium eine Delle über dem Verlauf des meist rupturierten Ligamentum fibulotalare anterius zu palpieren. Auf vermehrte passive Supination und verminderte Stabilität des Gelenkgabelschlusses ist besonders zu achten.

Die Routineröntgenbilder in antero-posteriorer und seitlicher Projektion können kleine Abrißfrakturen der Bandinsertionen zeigen. Auch kleine Abrisse am Talus oder am Cuboid sowie schalenförmige Knorpel-Knochen-Abscherungen im Sinne der „flake-

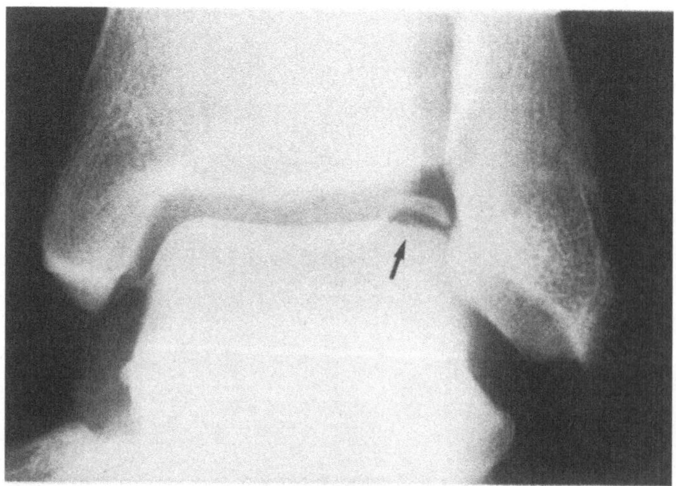

Abb. 1. Flake-fracture der lateralen Taluskante als Begleitverletzung und indirektes Zeichen einer fibularen Bandruptur

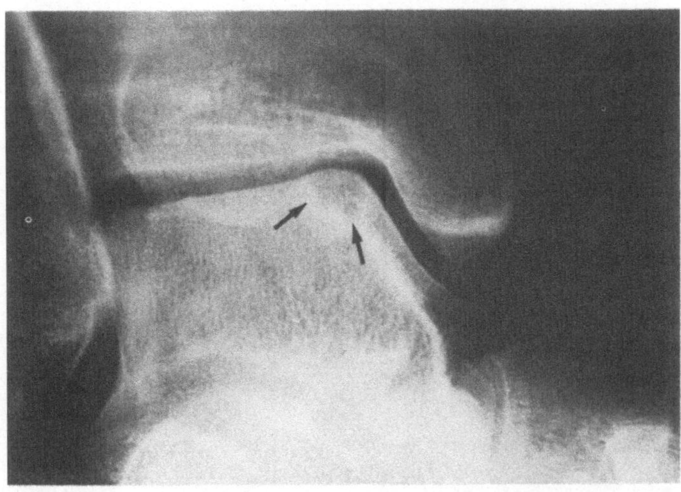

Abb. 2. Subchondrale Knochencyste an der medialen Talusrolle als Folge wiederholter supinatorischer Distorsionen. Varuskippung von 10° (gehaltene Röntgenaufnahme)

fracture" an der vorderen Gelenkfläche der Talusrolle weisen indirekt auf eine Zerreißung des lateralen Bandapparates hin.

Nach wiederholten Distorsionen sind nicht selten Taluscysten an der medialen Gelenkfläche erkennbar (Abb. 1 und 2).

Beweisend für eine Ruptur des lateralen Bandapparates ist die vermehrte supinatorische Aufklappbarkeit des Sprunggelenkes zwischen Talus und Fibulaspitze bzw. die vermehrte Kippung des Talus gegenüber der tibialen Gelenkfläche in der gehaltenen Röntgenaufnahme. Eine Vergleichsaufnahme der gesunden Seite ist bekanntlich von größter Bedeutung, wobei bei der betroffenen Seite diese Untersuchungen in lokaler oder Leitungsanästhesie unter dem Bildwandler erfolgen sollten, weil dann die Sprunggelenksstabilität in verschiedenen Untersuchungsphasen und Stellungen dynamisch unter Sicht des Auges geprüft werden kann.

Die Behandlung des frischen Supinationstraumas richtet sich konsequenterweise nach dem Ausmaß der diagnostizierten Läsion. Liegt eine Ruptur des lateralen Bandapparates vor, so muß jedenfalls bei jüngeren und allen sporttreibenden Patienten unbedingt die primäre Bandnaht mit anschließender 4- bis 6-wöchiger Gipsfixation in angedeuteter Pronations-Eversions-Stellung des Fußes gefordert werden.

Das instabile obere Sprunggelenk bei chronischer lateraler Bandinsuffizienz

Anamnestisch im Vordergrund stehen Unsicherheit beim Gehen auf unebenem Boden mit „giving-way", gehäuftes supinatorisches Umkippen des Fußes, Schmerzen und Schwellungszustände sowie wiederholte echte Supinationstraumen, die jeweils ärztlicher Behandlung bedürfen.

Die klinischen Befunde können unter Umständen sehr dürftig sein, wenn der Patient sich in einem beschwerdefreien Intervall befindet. Es ist dann besonders hervorzuheben, daß die Untersuchung auf den Funktionszustand ausgerichtet sein muß, denn die chro-

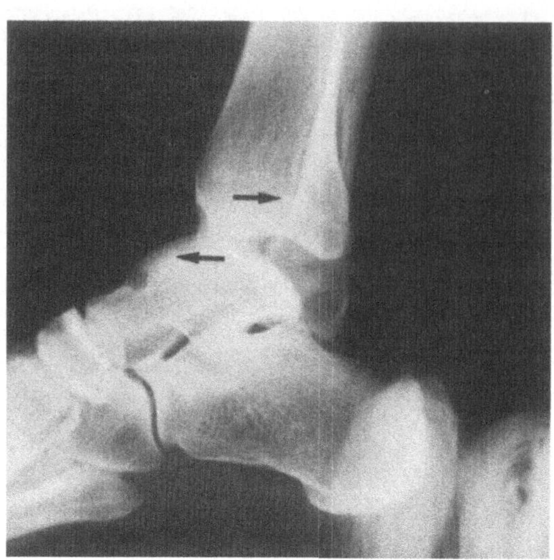

Abb. 3. Massive vordere Schublade des oberen Sprunggelenkes als Ausdruck der mechanischen Gelenkinstabilität

nische fibulare Bandinsuffizienz ist gekennzeichnet durch eine funktionelle Instabilität des Sprunggelenkes. Klinisch liegt oft eine mechanische Instabilität des Talus im Sinne einer vermehrten Varuskippung und Talusverschieblichkeit in antero-posteriorer Richtung vor. Letztere ist mit dem Zeichen der vorderen Schublade des Kniegelenkes vergleichbar (Abb. 3). Eine objektivierbare mechanische Gelenkinstabilität ist jedoch nicht beweisend für eine funktionelle Insuffizienz.

In diesem Zusammenhang sei auf die zahlreichen Angaben in der Literatur verwiesen: Rubin u. Mitarb. [19] hatten bei normalen beschwerdefreien Sprunggelenken mechanische Varusinstabilitäten bis zu 23° beschrieben. Bonnin [1, 2] fand in 4–5% einen konstitutionell bedingten lockeren Seitenbandapparat und glaubt darin eine Prädisposition zu Distorsionen zu sehen. Bei der Nachuntersuchung von 62 Patienten mit lateralen Bandrupturen bzw. gewöhnlichen Fußdistorsionen kam Freeman [9] zum Schluß, daß eine mechanische Instabilität des Sprunggelenkes nur relativ selten primäre Ursache einer funktionellen Instabilität sei. Vielmehr glaubt Freeman [9], daß erst wiederholte Distorsionen schließlich zu einer mechanischen Instabilität führen, womit er die häufige Kombination einer mechanischen mit einer funktionellen Instabilität erklärt. Weiter fand er, daß 17 seiner untersuchten Patienten mit funktionell insuffizienten Sprunggelenken weder klinisch noch radiologisch irgendwelche Zeichen einer mechanischen Instabilität zeigten. Wiles [27] hat dieselbe Beobachtung mitgeteilt. Der Autor kommt somit zum Schluß, daß die Frage nach der eigentlichen Ursache der funktionellen Instabilität des Fußgelenkes nach Außenbandrupturen noch offenstehe.

Dietschi und Zollinger [5], Vidal [23] und andere konnten experimentell am anatomischen Präparat nachweisen, was klinisch ebenso beobachtet werden kann, nämlich bei intakter Stabilität des oberen Sprunggelenkes eine massive Varusinstabilität nach Supinationstraumen im unteren Sprunggelenk (Durchtrennung der Ligamenta fibulocalcaneare, talocalcaneare laterale und talocalcaneare interosseum) (Abb. 4 und 5).

Es geht somit aus diesen Beobachtungen hervor, daß bei einem sogenannten „weak ankle" weder die Pathogenese noch das zugrundeliegende pathologisch anatomische Substrat einheitlicher Natur ist und im besonderen die Instabilität des unteren Sprunggelenkes nach Supinationstraumen ebenso beachtet werden muß.

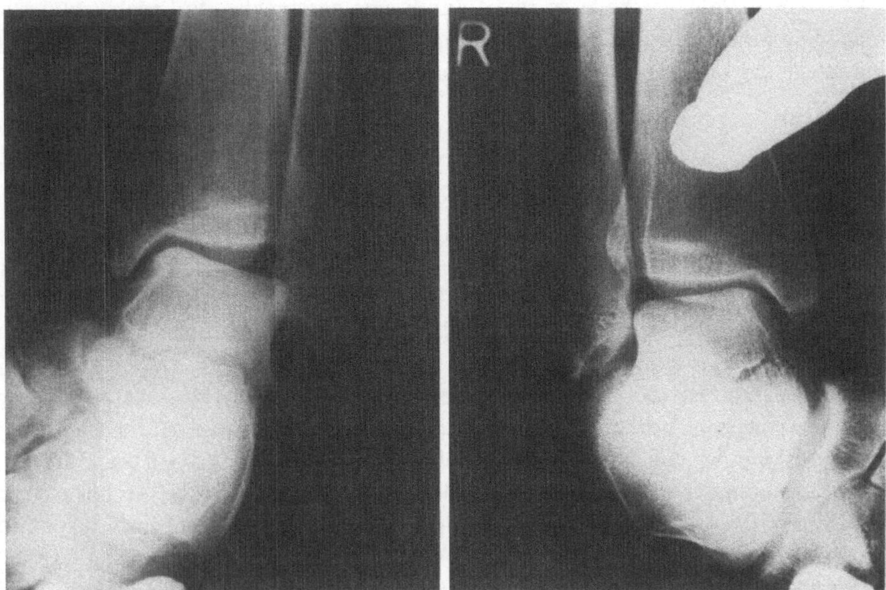

Abb. 4. Gehaltene Röntgenaufnahme beider Sprunggelenke. Supinatorisches Klaffen beidseits als Zeichen der mechanischen Instabilität. Funktionelle Instabilität mit habituellen Fußdistorsionen nur rechts. Linkes Sprunggelenk völlig beschwerdenfrei

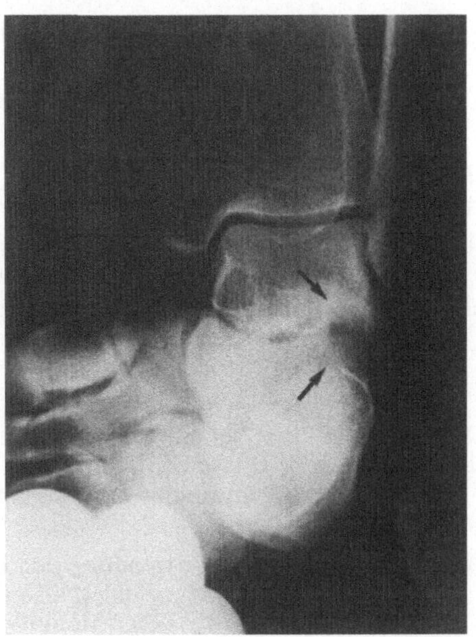

Abb. 5. Gehaltene Röntgenaufnahme eines chronisch varusinstabilen Sprunggelenkes. Vermehrte Aufklappbarkeit ausschließlich im unteren Sprung- und Chopart-Gelenk

In der Mehrzahl der Fälle ist somit durch eine entsprechende Untersuchungsmethodik eindeutig eine Insuffizienz des Ligamentum fibulotalare anterius, gegebenenfalls zusätzlich eine solche des Ligamentum fibulocalcaneare festzustellen (Abb. 5).

Diagnosestellung

Die Diagnose einer chronischen Bandinsuffizienz stützt sich primär auf die meist typischen anamnestischen Angaben mit wiederholten mehr oder minder schweren Supinationstraumen. Die klinische und radiologische Abklärung ist prinzipiell dieselbe wie bei der akuten Bandruptur. Bei der Beurteilung der gehaltenen Röntgenaufnahmen ist besonders auf Seitendifferenzen mit dem gesunden Fuß zu achten. Dabei darf ein deutlich stärkeres Klaffen im fibulotalaren Gelenk bzw. eine größere Varuskippung der Talusrolle auf der verletzten Seite mit gewissen Vorbehalten als pathologisch gewertet werden. Im allgemeinen wird eine Varuskippung von über 5° als pathologisch bezeichnet. Die Aussagekraft dieses willkürlich angenommenen Grenzwertes ist jedoch beschränkt auf Grund der bekannten großen Variationsbreite der sogenannten mechanischen Instabilität, die bei absolut symptomlosen Sprunggelenken gefunden werden kann.

Entscheidend für die Diagnose und vor allem für die Operationsindikation ist die sorgfältige Beurteilung des gesamten Zustandsbildes. Dabei kommt der funktionellen Insuffizienz mit den anamnestisch typischen Beschwerden die größte Bedeutung zu.

Operationsverfahren zur Stabilisierung des oberen Sprunggelenkes

Operationsverfahren zur Korrektur des instabilen oberen Sprunggelenkes können in vier verschiedene Gruppen eingeteilt werden: Man unterscheidet die direkte Naht resp. Raffung des Bandapparates von den direkten und indirekten Bandplastiken, bei denen autologes

Tabelle 1

1. Direkte Vereinigung der zerrissenen Bänder durch Naht (Moberg [14], Brostroem [3])

2. Direkte fibulare Bandplastiken mit autologer Plantaris-longus-Sehne (Weber[26]), mit Achillessehne (Stoeren [22]), mit fascia lata (Rosendahl-Jensen [18] u.a.)

3. Indirekte Plastiken mit Fascienstreifen (Lange [12], Elmslie [6]) oder mit Korium (Müller u. Gschwend [15], Francillon [8], Schreiber [20])

4. Tenodesen unter Verwendung der Peronaeus-brevis- oder Longussehne (Nilsonne [16], Watson-Jones [24, 25], Hambley [11], McLaughlin [13], Evans [7], Windfeld [28], Pouzet [17], Castaing u. a. [4])

5. Muskelaktivierte dynamische Seitenbandersatzplastik

oder heterologes Material verwendet wird. Der Verwendung der Peronaeussehnen in Form von Tenodesen kommt eine besondere Bedeutung zu (Tabelle 1).

Die muskelaktivierte dynamische fibulare Seitenbandplastik

Neben der rein statischen ligamentären Stabilisierung des Sprunggelenkes kommt eine nicht unwesentliche dynamische Komponente durch den pronierenden Effekt der peronäalan Muskulatur hinzu. Im normalen Bewegungsablauf beim Gehen wirkt in der Phase des Fußabrollens durch Verlagerung des Körpergewichtes von der lateralen Fußkante auf den Vorfuß ein supinierender invertierender Kraftvektor. Durch entsprechende Afferenzen, welche die peronäale Muskulatur erreichen, übt sich diese durch reflektorische Spannungsänderungen im Sinne einer dynamischen pronatorisch-evertierenden Komponente stabilisierend auf das obere und untere Sprunggelenk aus. Bei Schwäche der Peronaeusmuskulatur fällt dieser subtil wirkende Mechanismus aus, was zu erhöhter supinatorischer Distorsionsanfälligkeit führt.

McLaughlin, der dieser stabilisierenden Peronaeusfunktion besondere Bedeutung beigemessen hat, modifizierte deshalb die weltweit bekannte Tenodese nach Watson-Jones [24, 25] und empfahl, nur die Hälfte der längsgespaltenen Peronaeus-brevis-Sehne zur Tenodese zu verwenden, um die aktive Peronaeuswirkung nicht zu schwächen. Moberg [14], von der Bedeutung dieser afferenten Impulse überzeugt, hat die Technik von Watson-Jones in der Weise modifiziert, daß er die Peronaeus-brevis-Sehne nicht proximal, sondern distal durchtrennt hat. Wir haben erstmals.1971 auf Grund der prinzipiell gleichen Überlegungen eine muskelaktivierte dynamische Peronaeus-brevis-Plastik durchgeführt und bis heute konnten 35 Patienten auf diese Art und Weise behandelt werden.

Operationstechnik der muskelaktivierten dynamischen Bandplastik

Vorgehen in Blutleere. Ventrolaterale Lazy-S-Incision. Darstellen des distalen Ansatzes der Peronaeus-brevis-Sehne. Längsspalten der Sehne nach proximal, bis zum muskulären Übergang, ohne Eröffnen der Retinacula mittels Sehnenstripper nach Brand. Abtrennen der ventralen Sehnenhälfte am distalen Ansatz. Die proximal herausgezogene Sehnenhälfte wird durch ein Bohrloch möglichst spitzwinklig von proximal dorsal nach distal ventral durch die Fibula und weiter in Verlaufsrichtung des insuffizienten Ligamentum fibulotalare anterius unter Spannung durch ein weiteres Bohrloch am Talushals durchgezogen und hier mit einer Dexonnaht periostal bzw. transossär gesichert. Von hier wird die Sehne rückläufig durch einen zweiten kurzen Bohrkanal durch die Fibulaspitze gezogen und nötigenfalls in Richtung Ligamentum fibulocalcaneare unter Spannung an dieses mit Dexon verankert (Abb. 6 und 7).

Die muskelaktivierte dynamische Bandplastik weist somit funktionell zwei verschiedene Abschnitte auf. Im ersten Abschnitt wirkt der transponierte M. peronaeus brevis aktiv in pronierend evertierendem Sinn auf den Talus und entspricht dem muskelaktivierten dynamischen Anteil der Plastik. Der vom Talus zur Fibula und von dieser gelegentlich bis zum Calcaneus geführte Sehnenanteil wird von der Muskulatur nicht mehr beeinflußt und hat eine rein passiv stabilisierende Wirkung im Sinne einer direkten Bandersatzplastik.

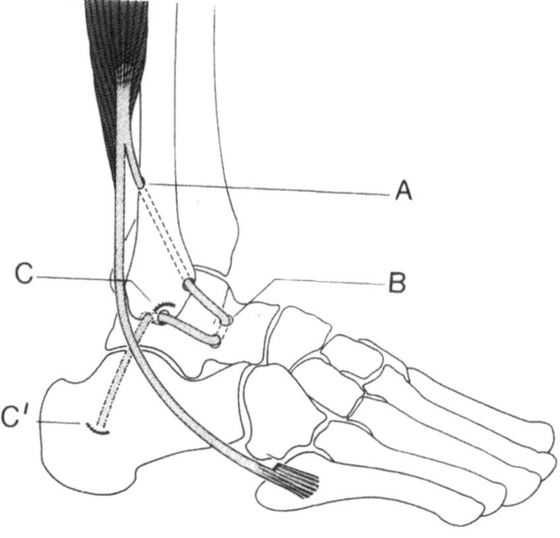

Abb. 6. Standard-Ersatzplastik. Operationsschema bei Instabilität im oberen Sprunggelenk. A-B Dynamischer Anteil: Die Peronaeussehne gleitet im weiten Bohrkanal durch die Fibula und wirkt muskelaktiviert pronierend bzw. evertierend. B-C bzw. C Statischer Anteil: Wirkung einer rein statischen direkten Bandplastik. Meistens wird die Sehne bei C in sich selbst vernäht und nur ausnahmsweise bei Bedarf an den Calcaneus weitergeführt

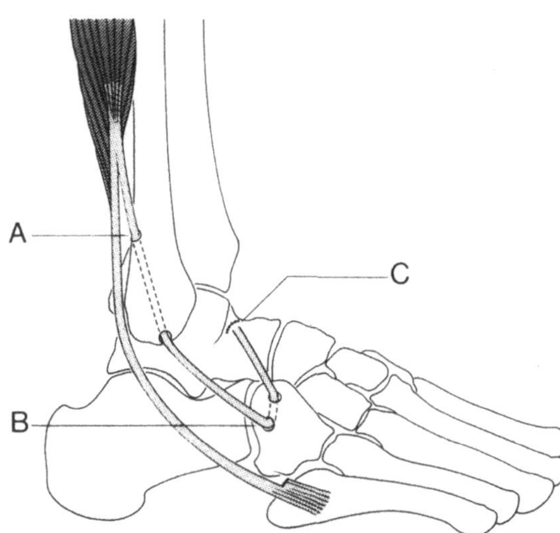

Abb. 7. Erweiterte Ersatzplastik. Operationsschema bei Instabilität auch im unteren Sprung- bzw. Chopart-Gelenk. A-B Dynamischer Anteil: Bei der erweiterten Plastik wird die Sehne direkt, das obere und untere Sprung- sowie Chopart-Gelenk überbrückend an das Cuboid geführt. B-C Statischer Anteil: Rückläufige Verlagerung der Sehne vom Coboid an den Talushals

Liegt eine übermäßige Aufklappbarkeit im unteren Sprunggelenk und/oder im Chopart-Gelenk vor (fünf Fälle in unserem Krankengut), so wird die Sehne von der Fibula direkt an das Cuboid geführt, durch einen subperiostalen Bohrkanal gezogen und dann rückläufig an den Talushals verankert. In diesem Fall wirkt der muskelaktive dynamische Abschnitt der Plastik auch auf das untere Sprunggelenk bzw. Chopart-Gelenk (Abb. 8 und 9).

Postoperative Nachbehandlung

Bis zur gesicherten Wundheilung legen wir einen gepolsterten, primär gespaltenen Unterschenkelliegegips an. Anschließend Freigabe des Sprunggelenkes zur Aufnahme von aktiven Bewegungsübungen während 2–4 Tage. Erneute Ruhigstellung im Gehgips bis zur er-

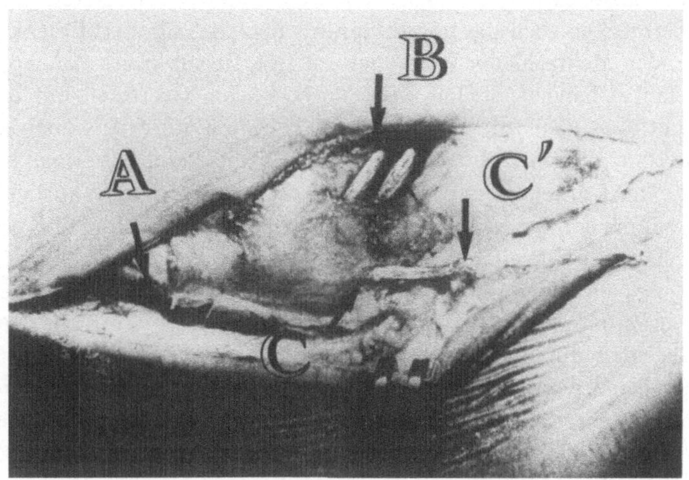

Abb. 8. Operationssitus der Standard-Ersatzplastik. A-B-C entsprechend dem Schema von Abb. 6

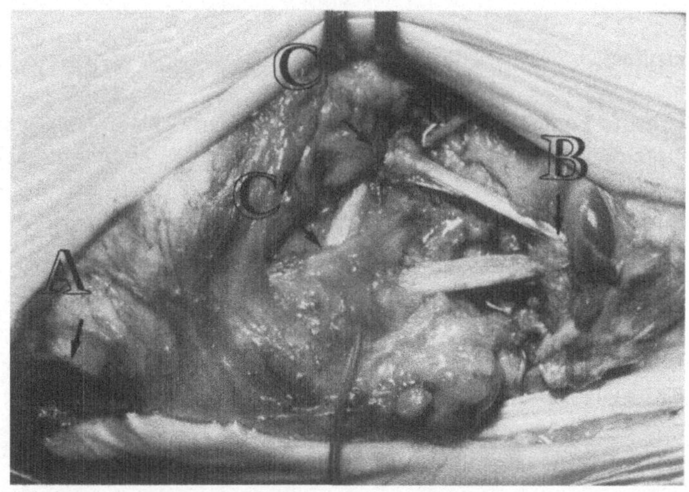

Abb. 9. Operationssitus der erweiterten Ersatzplastik. A-B-C entsprechend dem Schema von Abb. 7. (Im vorliegenden Fall wurde zusätzlich zur Verstärkung des Ligamentum fibulotalare anterius das Sehnenende von C zur Fibulaspitze C' zurückgeführt)

füllten 6. postoperativen Woche. Den Gehgips legen wir in Rechtwinkelstellung und leichter Pronation des Fußes an.

Diskussion

Bei der operativen Korrektur des instabilen Sprunggelenkes gilt es, eine funktionell stabile Gurtung herzustellen, die ausschließlich dort zur Wirkung kommt, wo sie tatsächlich wirken soll. Die bekannten Tenodesen unter Verwendung der Peronaeussehne (Evans [7],

Watson-Jones [24, 25] u.a.) sowie die indirekten Plastiken (Lange [12], Elmslie [6] u.a.)
überbrücken auch das untere Sprung- bzw. das Chopart-Gelenk. Da es sich in der überwiegenden Mehrzahl der Fälle aber um Insuffizienzen des Bandapparates des oberen Sprunggelenkes handelt, stellen diese Methoden ein Overtreatment dar. Die Supination des Ge-
samtfußes kann zu stark und starr gehemmt werden, wobei auch die Inversion und Adduktion ungünstig beeinflußt wird. Da die Peronaeussehne bei den Tenodesenplastiken
proximal durchtrennt wird, kommt es außerdem zum Ausfall eines wichtigen Pronators,
wodurch der Synergismus zwischen Supination und Pronation gestört wird.

Die Vorteile dieser muskeldynamischen Bandplastik liegen hauptsächlich darin, daß
es sich nicht um eine reine statische Fesselung handelt, wie bei allen anderen Verfahren.
Die Peronaeusmuskulatur als wichtiger Pronator wird nicht geopfert, sondern es kann im
Gegenteil durch eine Ventralverlagerung ein verstärkt aktiver dynamischer, supinations-
hemmender Effekt gewonnen werden, der auf afferente Reize in der Standphase beim
Gehakt anspricht. Ein weiterer wesentlicher Vorteil der Methode liegt darin, daß — bedingt
durch die distale Sehnendesinsertion — die Plastik auf das obere Sprunggelenk allein oder
entsprechend den Erfordernissen auch auf das untere Sprung- bzw. das Chopart-Gelenk
ausgedehnt werden kann. Das autologe Spendergewebe ist bereits am Ort und muß nicht
erst von einer anderen Stelle beschafft werden. Eine Gewebebank wird nicht benötigt.

Resultate

Bis heute konnten wir 35 Patienten (8 Frauen, 27 Männer), welche nach der Technik der
muskeldynamischen Bandplastik operiert wurden, ambulant nachkontrollieren (Tabelle 2).
30 Patienten wurden mit dem Standardverfahren, fünf mit der erweiterten Technik unter
Einbezug des Chopart-Gelenkes operativ versorgt (Tabelle 3).

Tabelle 2. Muskeldynamische Bandplastik (Nachkontrolle 1977))

Altersverteilung	18—49 Jahre
Geschlechtsverteilung	27 Männer
	8 Frauen

Tabelle 3. Muskeldynamische Bandplastik (Nachkontrolle 1977))

Anzahl Patienten	35
Standardverfahren	30
Erweiterte Technik (mit Chopart)	5

Tabelle 4. Muskeldynamische Bandplastik (Nachkontrolle 1977))

Resultate	28 gut: — funktionsstabil
	— arbeitsfähig
	— sportlich aktiv
	— beschwerdefrei

Tabelle 5. Muskeldynamische Bandplastik (Nachkontrolle (1977))

Komplikationen	1	Rezidivierende lokale Schwellung
	1	Narbenkompressionssyndrom (N. suralis, Neurolyse)
	1	Erneutes Supinationstrauma, sportlich nicht mehr aktiv

Tabelle 6. Muskeldynamische Bandplastik (Nachkontrolle 1977))

Resultate	4 mäßig:	− instabil
		− arbeitsfähig
		− kein Sport
		− nicht beschwerdefrei

Es handelte sich ausschließlich um jüngere und zum größten Teil um sporttreibende Patienten. Die Operationen liegen längstens 6 Jahre, die letzte 8 Monate zurück. Bei der Nachkontrolle wurde die funktionelle Stabilität in Relation zum klinischen Befund, der täglichen Aktivität (Beruf, Sport) und dem subjektiven Urteil des Patienten gesetzt.

28 Patienten weisen ein gutes Resultat auf (Stabilität gewährleistet, arbeitsfähig, sportlich aktiv und beschwerdefrei) (Tabelle 4). Bei den mit der erweiterten Technik operierten Fällen findet sich eine geringe Einschränkung der Supination im Vergleich zur gesunden Seite (20−30% reduzierte Supinationsfähigkeit).

Folgende Komplikationen sind zu verzeichnen (Tabelle 5): Ein Patient weist rezidivierende nicht geklärte lokale Schwellungszustände auf, welche sich bei Beanspruchung verstärken. Ein Patient mußte sich wegen eines Narbenkompressionssyndroms im Bereiche des Nervus suralis einer operativen Revision unterziehen. Ein Patient kann nach einem erneuten adäquaten Supinationstrauma (3 Jahre postoperativ) keinen Sport mehr betreiben.

Bei 4 Patienten hat die Bandplastik nicht zur gewünschten Stabilität geführt (Tabelle 6). Diese Patienten betreiben keinen Sport mehr, sind jedoch in entsprechenden Berufen arbeitsfähig geblieben.

Zusammenfassung

Es werden eine muskelaktivierte dynamische Bandplastik zur operativen Behandlung der chronischen fibularen Bandinsuffizienz vorgestellt, die Operationstechnik beschrieben sowie die wesentlichen Vorteile gegenüber den bisher bekannten Methoden dargestellt.

Literatur

1. Bonnin, J.G.: The hypermobile ankle. Proc. roy. Soc. Med. *37*, 282 (1944)
2. Bonnin, J.G.: Injuries of the ankle. London: Heinemann 1950
3. Brostroem, L.: Sprained ankles. VI. Surgical treatment of chronic ligament ruptures. Acta chir. scand. *132*, 551 (1966)

168

4. Castaing, J., Le Chevallier, P.L., Meunier, M.: Entorse a répétition ou récidivante de la tibio-tarsienne. Une technique simple de ligamentoplastic externe. Rev. Chir. orthop. *47*, 598 (1961)·

5. Dietschi, C., Zollinger, H.: Beitrag zur Diagnostik der lateralen Bandverletzungen des oberen Sprunggelenkes. Z. Orthop. *11*, 724 (1973)

6. Elmslie, R.C.: Recurrent subluxation of the ankle-joint. Ann. Surg. *100*, 364 (1934)

7. Evans, D.L.: Recurrent instability of the ankle. A method of surgical treatment. Proc. roy. Soc. Med. *46*, 343 (1953)

8. Francillon, M.R.: Traitement des entorses récidivantes du con-de-pied par réflection du ligament latéral externe par greffe dermique. Acta orthop. belg. *25*, 559 (1959)

9. Freeman, M.A.R.: Instability of the foot after injuries to the lateral ligament of the ankle. J. Bone Jt Surg. *47 B*, 669 (1965)

10. Gianella, F.V., Huggler, A.H.: Muskelaktivierte dynamische Bandplastik bei chronischer fibularer Seitenbandinsuffizienz. Z. Orthop. *114*, 805–812 (1976)

11. Hambley, E.: Recurrent dislocation of ankle due to rupture of external lateral ligament. Brit. med. J. *1945 I*, 413

12. Lange, M.: Orthopädisch-Chirurgische Operationslehre. München: Bergmann 1951

13. McLaughlin, H.L.: Trauma. Philadelphia: Saunders 1959

14. Moberg, E.: Schriftliche persönliche Mitteilung (1973)

15. Müller, M.E., Gschwend, N.: Die Haut als plastischer Ersatz am Fuß. Jahresversammlung der Vereinigung Schweizer Orthopäden in Bern, 1956, Sonderdruck der Schweiz. med. Wschr. *86*, 1371 (1956)

16. Nilsonne, H.: Making a new ligament in ankle sprains. J. Bone Jt Surg. *14*, 380 (1932)

17. Pouzet, F.: Plastic ligamentaire externe de l'articulation tibiotarsienne. Lyon Chir. *49*, 618 (1954)

18. Rosendahl-Jensen, S.: Behandlingen av laterale ligamentrupturer i fodleddet. Nord Med. *47*, 903 (1952)

19. Rubin, G., Witten, M.: The talar tilt angle and the fibular collateral ligaments. J. Bone Jt Surg. *42 A*, 311 (1960)

20. Schreiber, A.: Die Verwendung von Hautimplantaten in der Orthopädie. Sonderdruck aus: Ergebnisse der Chirurgie und Orthopädie, Bd. 50. Berlin-Heidelberg-New York: Springer 1967

21. Staples, O.S.: Ligamentous injuries of the ankle joint. Clin. Orthop. *42*, 21 (1965)

22. Stoeren, H.: A new method for operative treatment of insufficiency of the lateral ligaments of the ankle joint. Acta chir. scand. *117*, 501 (1959)

23. Vidal, J.: Instabilité externe de la cheville. Rev. Chir. orthop. *60*, 635 (1974)

24. Watson-Jones, R.: Recurrent forward dislocation of the ankle joint. J. Bone Jt Surg. *34 B*, 519 (1952)

25. Watson-Jones, Sir Reginald: Fractures and joint injuries, Vol. II, 4. Ed. Baltimore: Williams and Wilkins 1956

26. Weber, B.G.: Zur Behandlung der frischen Bandruptur und der chronischen fibularen Bandinsuffizienz. Arch. orthop. Unfall-Chir. *65*, 251 (1969)

27. Wiles, P.: Essentials of Orthopaedics, 3. Aufl. London: Churchill 1959

28. Windfeld, P.: Treatment of undue mobility of the ankle joint following severe sprain of the ankle with avulsion of the anterior and middle bands of the external ligament. Acta chir. scand. *105*, 299 (1953)

Fibulotalare Bandplastik mit der Plantarissehne

F. Magerl und R. Marti

Zur Behandlung der habituellen Fußdistorsion bei fibularer Bandinsuffizienz hat Weber [4] die plastische Wiederherstellung des Lig. fibulotalare ant. mit der Plantarissehne empfohlen. Seither kamen mehrere Arbeiten zur Technik, Indikation und den Ergebnissen der Bandplastik zur Veröffentlichung [3, 4, 5, 6, 8]. 104 fibulotalare Bandplastiken wurden von 1965 bis 1978 am Kantonsspital St. Gallen durchgeführt.

Wie Leonard [2] schon gezeigt hat, beruht die Stabilität des oberen Sprunggelenkes vor allem auf der Funktion des Lig. fibulotalare ant. Beim Vertreten des Fußes wird in erster Linie dieses Band verletzt, weil der Fuß dabei in Plantarflexion steht und in dieser Stellung das Lig. fibulotalare ant. der Supinations-Adduktionskippung des Talus entgegenwirkt. Während das Lig. fibulotalare ant. schon in der Initialphase der Umkippbewegung reißt, wird das Lig. fibulocalcaneare erst später bei massiver supinatorischer Kippung des Talus verletzt. Umgekehrt ist es beim Mechanismus der habituellen Fußdistorsion die Insuffizienz des Lig. fibulotalare ant., welche das initiale Herauskippen des Talus zuläßt, derzufolge der Fuß in die Umkippbewegung gerät. Damit in Einklang steht die klinische Erfahrung, daß es bei fibularer Bandinsuffizienz vor allem beim Bergabgehen oder mit hohen Absätzen, also ebenfalls in Plantarflexion, zum supinatorischen Umkippen des Fußes kommt.

Der Grundgedanke der Weber'schen Bandplastik besteht darin, mit der Wiederherstellung der fibulotalaren Bandfunktion die das Umkippen des Fußes einleitende initiale Taluskippung zu verhindern.

Gegenüber anderen Bandplastiken (Watson-Jones, Evans und deren Modifikationen) weist die fibulotalare Bandplastik Vorteile auf: Es werden weder wichtige Gelenke (Subtalargelenk, Chopart'sches Gelenk) noch Muskeln (M. peronaeus brevis) in ihrer Funktion gestört und die Verwendung der autologen Sehne gewährleistet sichere Einheilung des Ersatzmaterials.

Indikation zur fibulotalaren Bandplastik

Sie ist beschränkt auf habituelle Fußdistorsionen, die auf der Insuffizienz der Außenknöchelbänder, speziell auf der Insuffizienz des Lig. fibulotalare ant., beruhen.

Bei den Patienten handelt es sich zumeist um jüngere Personen, sie sich im täglichen Leben, beim Sport oder der Ausübung des Berufes nicht mit Bandagen oder festen Schuhen gegen das Umkippen des Fußes schützen können.

Da die habituelle Fußdistorsion außer der Bandinsuffizienz noch zahlreiche andere Ursachen haben kann [4, 5, 6, 7], ist eine genaue Abklärung in jedem Falle unerläßlich.

Voraussetzungen für die fibulotalare Bandplastik sind:

1. Röntgenologisch mit gehaltenen a.p. und seitlichen Vergleichsaufnahmen nachweisbare Instabilität mit eindeutiger Seitendifferenz.
2. Mit der Bandinsuffizienz übereinstimmende klinische Symptomatik.

3. Ausschluß einer anderen Ursache der habituellen Fußdistorsion.
4. Der Patient ist auf die Stabilität des oberen Sprunggelenkes angewiesen (ältere Patienten werden nur ausnahmsweise operiert).
5. Keine erhebliche Arthrose des oberen Sprunggelenkes mit Abflachung der Talusrolle oder permanenter Valgusfehlstellung des Talus.

Operationstechnik

Beim Anlegen der Hautschnitte (Abb. 1) ist auf den N. saphenus und die Äste des N. dorsalis pedis zu achten. Verletzungen dieser Nerven können schmerzhafte Neuralgien verursachen. Nach Freilegung des Außenknöchels und der Lateralseite des Talushalses wird das obere Sprunggelenk im Winkel zwischen Tibia und Mall. fibularis eröffnet und auf pathologische Befunde untersucht (freie Gelenkskörper, meniscoide Kapselfalten etc.).

Die Plantarissehne wird durch Bohrkanäle im Außenknöchel und Talushals (Abb. 2a) gezogen, zuerst in Form einer einfachen Schlinge, dann gekreuzt (Abb. 2b). Einzelknopfnähte mit resorbierbarem Material (z.B. Dexon) fixieren die freien Enden des Transplantates und die Schlingen. Um rasches Einheilen zu gewährleisten, soll die Bandplastik extracapsulär liegen (Abb. 2c).

Gelegentlich bedeckt eine nach vorne in die Gelenkskapsel übergehende Bindegewebsmembran den Außenknöchel. In diesen Fällen werden Kapsel und Membran vor dem Anlegen der Bohrlöcher eröffnet (Abb. 3a), zum Schluß wird der Kapsellappen unter der Bandplastik durchgezogen und mit dem stehengebliebenen Kapselrand vernäht (Abb. 3b).

Die Plantarissehne entnimmt man durch 2 kurze Hautschnitte (Abb. 1). Da die Insertion der Plantarissehne variieren kann, ist sie distal oft schwer auffindbar. Es empfiehlt sich daher, die Plantarissehne zuerst proximal zu suchen. In 6,8% der Fälle [1] fehlt der M. plantaris. Als Transplantat kann dann die Strecksehne der 2. oder 3. Zehe durch mehrere kurze Incisionen entnommen werden (Abb. 1). Der Entwicklung einer Hammerzehe wird durch Annähen des distalen Sehnenstumpfes an die benachbarte intakte Zehenstrecksehne vorgebeugt.

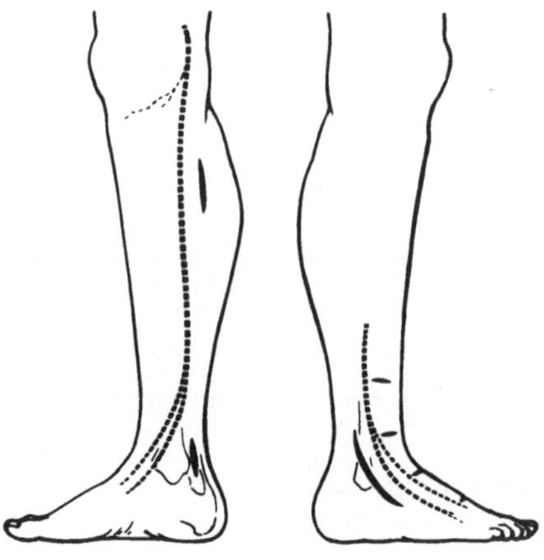

Abb. 1. Hautschnitte und Verlauf der Nn. saphenus und dorsalis pedis

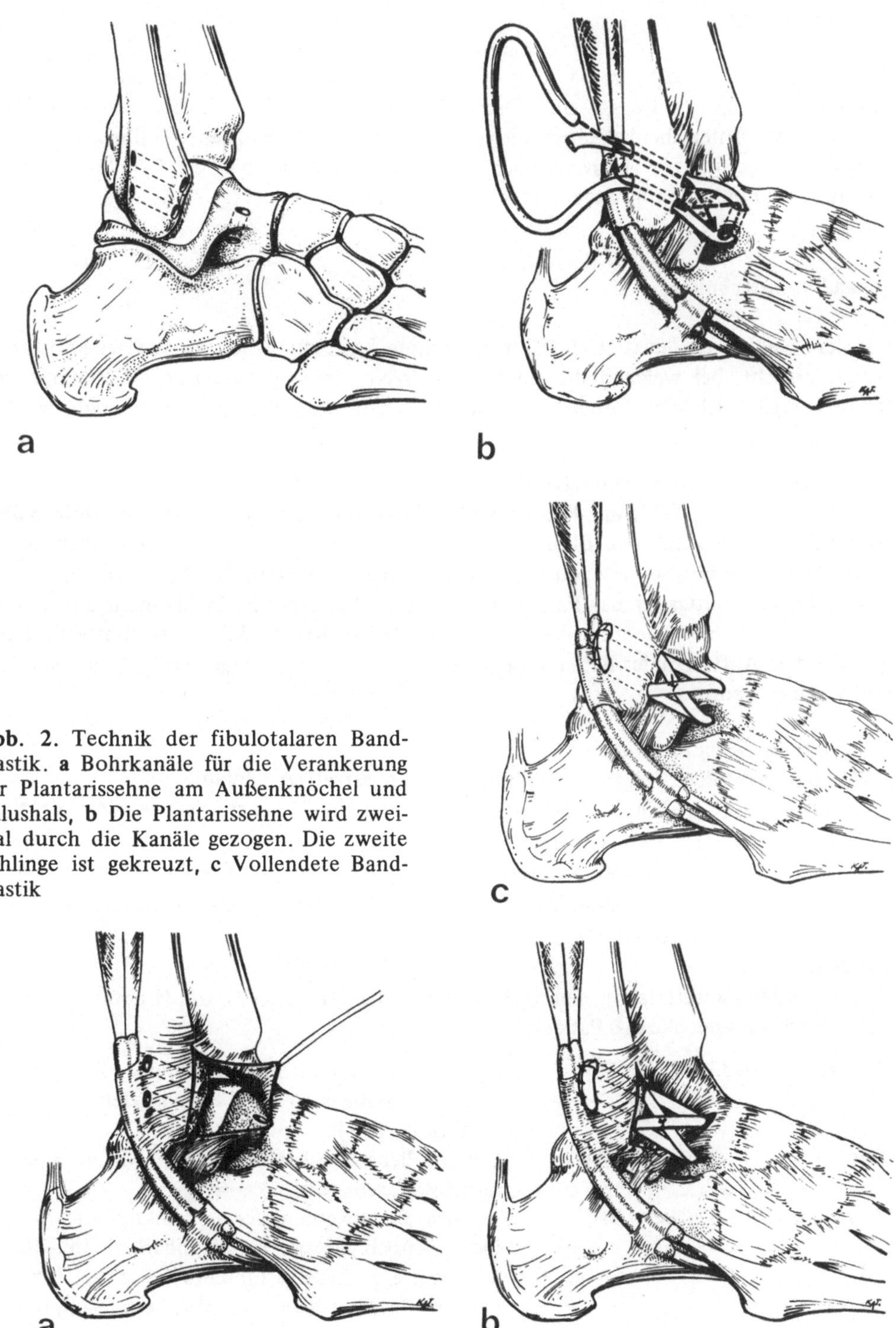

Abb. 2. Technik der fibulotalaren Band-plastik. **a** Bohrkanäle für die Verankerung der Plantarissehne am Außenknöchel und Talushals, **b** Die Plantarissehne wird zwei-mal durch die Kanäle gezogen. Die zweite Schlinge ist gekreuzt, **c** Vollendete Band-plastik

Abb. 3. Technik der Bandplastik bei lateral erweitertem Kapselraum. **a** Darstellung der Bandansätze, **b** Der Kapsellappen ist unter dem Transplantat durchgezogen und mit dem kaudal stehen gebliebenen Rand der Kapsel vernäht

Nachbehandlung

Postoperativ Steigbügelgipsverband für 6–8 Tage. Anschließend funktionelle Zwischenbehandlung mit aktiven Dorsal- und Plantarflexionen des Fußes, ohne Supination. Nach Wundheilung Unterschenkelgehgipsverband für weitere 6 Wochen, Vollbelastung. Allmähliche Steigerung der Aktivität nach Abnahme des Gipsverbandes. 3–4 Monate postoperativ sind Funktion und Stabilität in der Regel normal.

Behandlungsergebnisse

Aus dem bereits von Marti et al. [3] untersuchten Kollektiv haben wir alle Fälle nochmals nachuntersucht, bei welchen die Beobachtungszeit ursprünglich unter 12 Monaten lag. Dadurch ergibt sich eine Verlängerung der Beobachtungszeiten und eine geringfügige Änderung der Ergebnisse.

Beobachtungsgut – Beobachtungszeit
Von 55 (1965 bis 1975) am Kantonsspital St. Gallen und an der Orthop. Univ.-Klinik Amsterdam durchgeführten fibulotalaren Bandplastiken wurden 49 persönlich untersucht (1–7 Jahre postoperativ; durchschnittl. Beobachtungszeit 3 Jahre 2 Monate).

Das Durchschnittsalter der Patienten betrug 26 Jahre bei je 24 Männern und Frauen (1 Patientin mit bds. Bandplastik). Der jüngste Patient war 11 Jahre, der älteste 51 Jahre alt. Vor dem Auftreten der Behinderung betrieben 26 Patienten regelmäßig, 13 gelegentlich und 9 keinen Sport.

Postoperative Komplikationen
2 Wundrandnekrosen: Folgenlose Heilung unter konservativer Therapie;
2 Neuralgien: Ein Neurom des N. saphenus mußte exstirpiert werden (Ergebnis „schlecht")
Einmal entwickelte sich nach Verletzung des N. dorsalis pedis am Fußrücken eine mäßig störende Dysaesthesie (Ergebnis „befriedigend")

Resultate
Die Behandlungsresultate wurden nach dem Schema von Marti et al. [3] bewertet. N = 49 operierte Sprunggelenke (48 Patienten)

Sehr gut	– 33 Fälle (68%)	Keine Beschwerden, kein Umkippen. Klinisch und radiolog. stabiles oberes Sprunggelenk. Normale Funktion. Arbeits-, Sportfähigkeit.
Gut	– 8 Fälle (16%)	Gelegentliche Narbenbeschwerden, Wetterfühligkeit. Sonst wie „sehr gut".
Befriedigend	– 5 Fälle (10%)	Leichte Beschwerden. *Keine* Umkipptendenz. Radiolog. noch etwas Aufklappbarkeit im oberen Sprunggelenk. Leichte Einschränkung der Funktion (oberes Sprunggelenk ca. 10%, unteres Sprunggelenk ca. 1/3). Arbeits- Sportfähigkeit.
Schlecht	– 3 Fälle (6%)	Alle Befunde schlechter als die bis anhin genannten.

Alle 3 schlechten Resultate sind vermeidbaren technischen, resp. diagnostischen Fehlern anzulasten. In einem Fall wurde übersehen, daß die Instabilität des Sprunggelenkes auf einer Peronealschwäche bei beginnender neuraler Muskelatrophie beruht. Der zweite Fall mußte wegen der Neuralgie des N. saphenus reoperiert werden und im 3. Fall entwickelten sich wegen eines freien Gelenkskörpers (Osteochondritis dissecans) neuerlich Gangunsicherheit und Beschwerden.

Mit den von Marti et al. [3] erstellten Richtlinien werden die Behandlungsergebnisse einer sehr strengen Beurteilung unterzogen. Die hohen Anforderungen sind unseres Erachtens gerechtfertigt, da sich, wie auch in unserem Patientengut, unter den Patienten mit habitueller Fußdistorsion viele finden, die von Berufs wegen (z.B. Berufsathleten, Tänzer) oder als Spitzen- und Freizeitsportler uneingeschränkt funktionstüchtige Füße brauchen. Abb. 4 zeigt ein entsprechendes Beispiel.

Schlußfolgerungen

1. Mit der fibulotalaren Bandplastik nach Weber kann bei fibularer Bandinsuffizienz die Stabilität des oberen Sprunggelenkes mit großer Sicherheit wiederhergestellt werden.

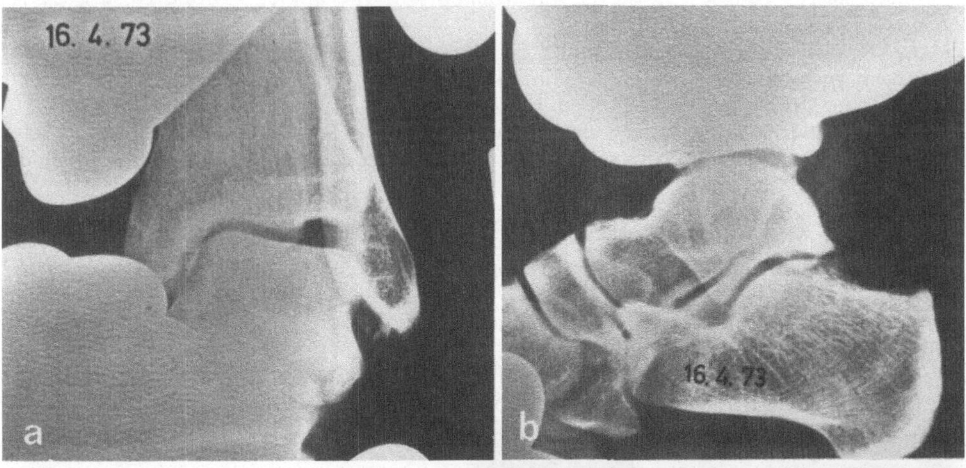

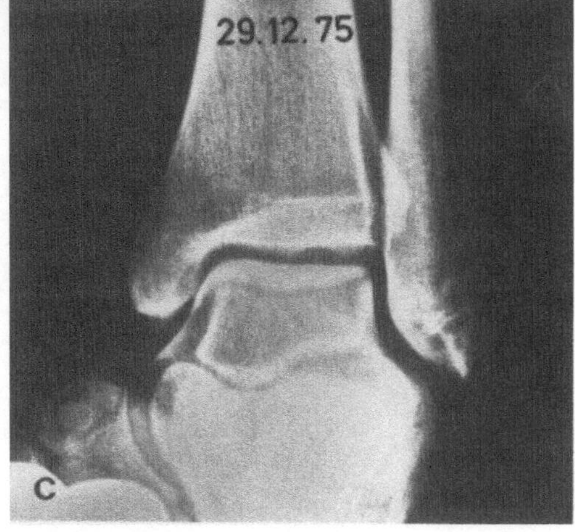

Abb. 4. Beispiel für die Bandplastik. H.M., weibl., 20j. Skirennläuferin. Habituelle Fußdistorsion beidseits bei fibularer Bandinsuffizienz. Fibulotalare Bandplastiken beidseits in einer Sitzung. Wegen der bis auf den knöchernen Bandausriß sonst identischen prä- und postoperativen Befunde ist nur die linke Seite abgebildet. **a-b** Gehaltene Aufnahmen: Seitliche Aufklappbarkeit und anterolaterale Subluxierbarkeit des oberen Sprunggelenkes. Pseudarthrose des Bandursprunges ams Außenknöchel. **c** Nach rund 2 1/2 Jahren sind die Sprunggelenke bds. stabil. Keine Beschwerden, volle Funktion, volle Sportfähigkeit

Die Fußfunktion wird nur ausnahmsweise beeinträchtigt. Die Operation eignet sich daher auch für Patienten, die auf die volle Fußfunktion angewiesen sind.

2. Die bei fehlendem M. plantaris erforderliche Entnahme der Zehenstrecksehne ist wegen der Narben in kosmetischer Hinsicht ein Nachteil. Nennenswerte Funktionsstörungen der entsprechenden Zehe sahen wir bis anhin nicht.

3. Die radiologisch öfters nachweisbare residuelle Aufklappbarkeit des oberen Sprunggelenkes (in der Resultatgruppe „befriedigend") beruht wahrscheinlich auf der noch bestehenden Insuffizienz des Lig. fibulocalcaneare. Die isolierte Insuffizienz dieses Bandes hat erfahrungsgemäß keine Auswirkung auf die Gangsicherheit. Bei allen Patienten mit dem Resultat „befriedigend" war die habituelle Fußdistorsion beseitigt, das Sprunggelenk war subjektiv stabil.

4. In rund 94% der Fälle (46 von 49 Bandplastiken) waren die Patienten mit dem Behandlungsergebnis zufrieden.

Literatur

1. Le Double: Zit. nach Rauber-Kopsch, Lehrbuch und Atlas der Anatomie des Menschen, Bd. I, 19. Aufl. Stuttgart: Thieme 1955
2. Leonard, M.H.: Injuries of the lateral ligaments of the ankle. J. Bone Jt Surg. *31 A*, 373–377 (1949)
3. Marti, R., Reichen, A., Oberhammer, I., Raaymakers, E.: Talofibular tendon graft for recurrent instability of the ankle joint. In: Injuries of the ligaments and their repair (Hand, knee, foot), p. 219–222. (Ed. by G. Chapchal). Stuttgart: Thieme 1977
4. Weber, B.G.: Die Verletzungen des oberen Sprunggelenkes. Aktuelle Probleme in der Chirurgie: 3. Bern und Stuttgart: Verlag Hans Huber 1966. 2. Aufl. Bern-Stuttgart-Wien: Huber 1972
5. Weber, B.G.: Fußdistorsion. Z. Unfallmed. Berufskrkh. *61*, 130–136 (1968)
6. Weber, B.G., Hupfauer, W.: Zur Behandlung der frischen fibularen Bandruptur und der chronischen fibularen Bandinsuffizienz. Arch. Orthop. Unfall-Chir. *65*, 251–257 (1969)
7. Weber, B.G.: Habituelle Distorsionen und rezidivierende Luxationen. Z. Unfallmed. Berufskrkh. *64*, 21–23 (1971)
8. Weber, B.G.: Ligamentous injuries of the foot and their repair. In: Injuries of the ligaments and their repair (Hand, knee, foot), p. 186–190. (Ed. by G. Chapchal). Stuttgart: Thieme 1977

Technik und Ergebnisse der fibularen Cutis-Plastik am oberen Sprunggelenk

A. Schreiber und H. Zollinger

Einleitung

Über Bedeutung und Diagnostik der Verletzung fibularer Bänder am oberen Sprunggelenk berichten in der Literatur Francillon [2], Le Clerc et Moine [7], Hupfauer [5], Weber [13], Poigenfuerst [9, 10], Schreiber [12] und andere Autoren. Neben der klinischen hat sich in letzter Zeit auch die röntgenologische Untersuchung in Form von gehaltenen Aufnahmen durchgesetzt. Die in der Frontalebene gehaltene Röntgenaufnahme im antero-posterioren Strahlengang in maximaler Supination und Inversion des Vorfußes gehört heute in jeder Klinik zur Routine-Untersuchung. Bei einer Aufklappbarkeit des Talus von 10⁰ und mehr gegenüber der oberen Sprunggelenksachse wird auf eine laterale Bandläsion oder Bandinsuffizienz geschlossen. Hupfauer 1970 [15], Castaing und Delplace 1972 [1] sowie Dietschi und Zollinger 1973 [4] haben auf die Notwendigkeit einer zusätzlichen in der Sagitalebene gehaltenen Röntgenaufnahme mit seitlich verlaufendem Strahlengang hingewiesen. Die Regelung des Bewegungsumfanges und der Stabilität des lateralen oberen Sprunggelenkes obliegt folgenden 3 Bändern: Das Ligamentum fibulotalare anterius – als schwächstes der 3 lateralen Bänder – verbindet in horizontaler Richtung den Vorderrand des Außenknöchels mit dem lateralen Talushals. Es ist entspannt in Hackenfußstellung, angespannt in Spitzfußstellung, in welcher ein Supinationstrauma zur Ruptur führen kann. Die isolierte Ruptur dieses Bandes führt zu einer ausgeprägten Instabilität in der Sagittalebene sowie zu einer geringen Lockerung in der Frontalebene (Abb. 1 a und 1 b).

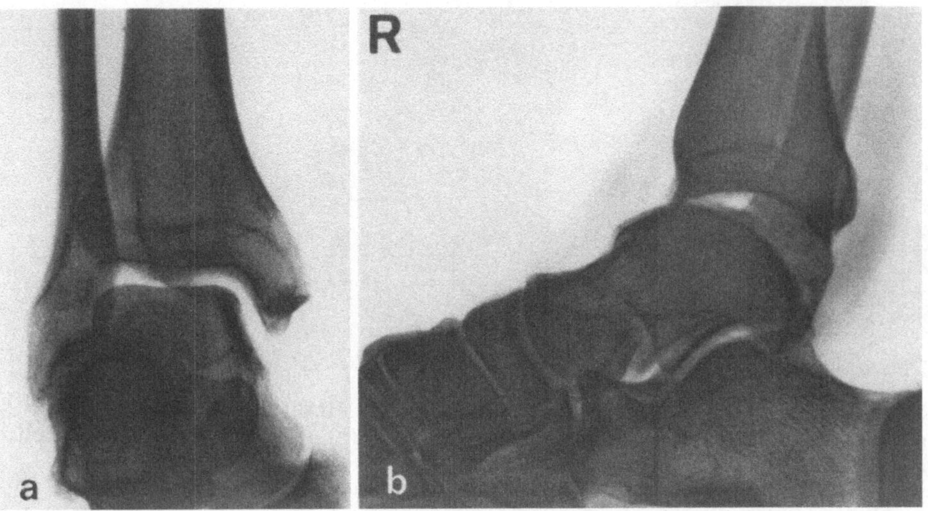

Abb. 1. (H.L. 1932). Bei isolierter Läsion des Ligamentum fibulo-talare anterius läßt sich in der seitlich gehaltenen Aufnahme eine deutliche Ventralverschiebung des Talus (b), jedoch keine oder nur geringe laterale Aufklappbarkeit im oberen Sprunggelenk mittels a.p. gehaltener Aufnahmen nachweisen (a)

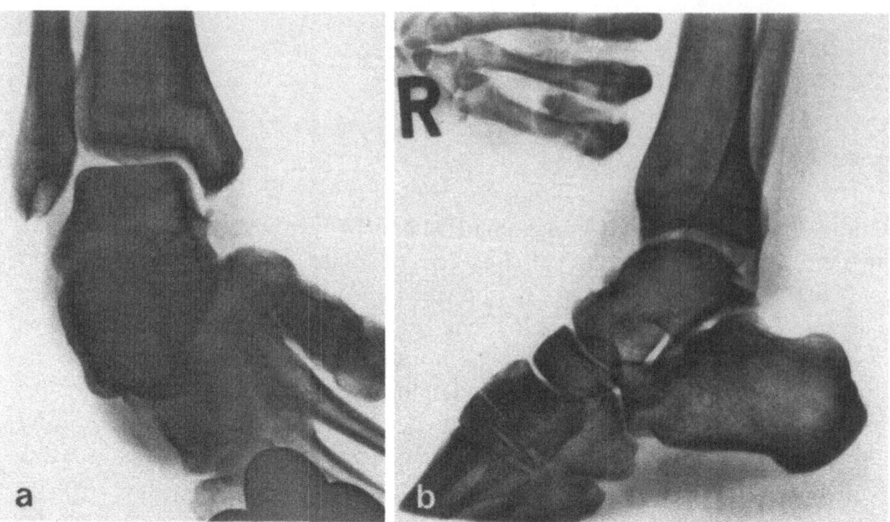

Abb. 2. (G.C. 1937). Bei isolierter Läsion des Ligamentum fibulo-calcaneare besteht ausschließlich eine laterale Aufklappbarkeit im oberen Sprunggelenk (**a**), der Talus jedoch läßt sich nicht nach ventral subluxieren (**b**)

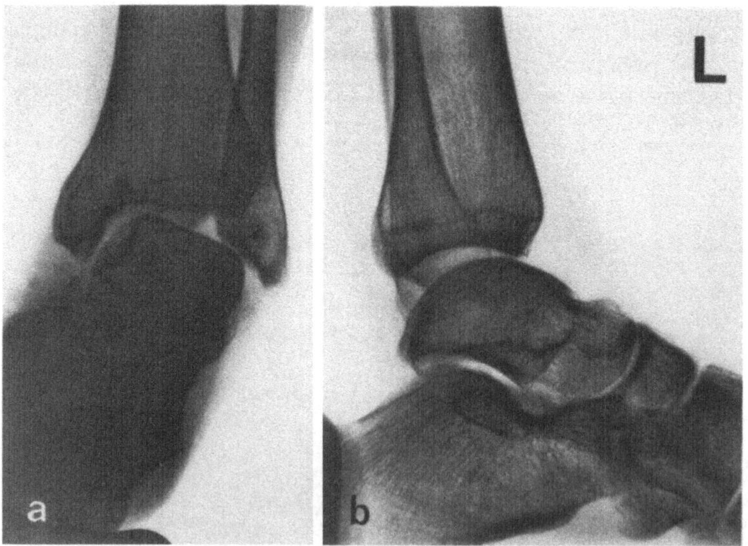

Abb. 3. (C.R. 1951). Bei kombinierter Läsion bzw. Insuffizienz beider vorderen fibularen Bänder besteht eine laterale Aufklappbarkeit (**a**) wie auch eine Ventralsubluxierbarkeit des Talus in der Malleolengabel (**b**)

Das Ligamentum fibulo-calcaneare verbindet — in vertikaler Richtung — laterale Malleolenspitze mit der Lateralseite des Calcaneus. Es ist maximal angespannt in Supinations- und Rechtwinkelstellung des Fußes. In dieser Stellung kann eine isolierte Läsion dieses Bandes erfolgen. Es resultiert daraus eine Instabilität vorab in der Frontalebene (Abb. 2 a und 2 b).

Bei kombinierter Läsion oder Insuffizienz beider vorderen Bänder kommt es sowohl zur deutlichen lateralen Aufklappbarkeit wie auch zu einer gleichzeitig nachweisbaren ventralen Subluxierbarkeit des Talus in der Malleolengabel (Abb. 3 a und 3 b).

Das Ligamentum fibulo-talare posterius — stärkstes der 3 lateralen Bänder — verbindet die dorsale Malleoleninnenseite mit der Talusrückfläche. Eine Läsion dieses Bandes ist nur nach vorangegangener Ruptur der zwei anderen Bänder möglich, also bei schwerstem Supinationstrauma in Spitzfußstellung. Es resultiert eine äußerst massive Instabilität des oberen Sprunggelenkes in Frontal- und Sagittalebene.

Seit 1972 dokumentieren wir an unserer Klinik Bandinsuffizienzen des oberen Sprunggelenkes routinemäßig durch vergleichende in Frontal- und Sagittalebene gehaltene Aufnahmen. Es ist uns mit dieser Technik gelungen, in zahlreichen Fällen mit unklaren postdistorsionellen Beschwerden eine isolierte Insuffizienz des Ligamentum fibulo-talare anterius nachweisen zu können (Abb. 1 a und 1 b). Wir glauben, daß diese ausschließlich in der Sagittalebene bestehende Instabilität im oberen Sprunggelenk ebenfalls eine Präarthrose darstellt und deshalb gerade auch bei jüngeren Patienten mit Instabilitätsbeschwerden durch einen stabilisierenden Eingriff behandelt werden sollte.

Cialithaut als Bandersatz

An der Orthopädischen Universitätsklinik Balgrist besteht seit gut 20 Jahren eine Cialithautbank. Über die Methode der Cialithautplastik als Bandersatz berichten in der Literatur Francillon [2, 3], Müller und Gschwend [8] und andere Autoren. Eine zusammenfassende Beurteilung aller Verwendungsmöglichkeiten von Cialithaut als Ersatzplastik stammt von Schreiber [12]. Vorteile gegenüber anderen Bindegewebstransplantaten sind:

1. Hohe mechanische Zugfestigkeit
2. Gute Verträglichkeit
3. Schonung eigener Bindegewebsstrukturen.

Die Hautstreifen für die Cialithautbank gewinnen wir am Oberschenkel von Patienten bei Incisionen für Hüfteingriffe. Unter sterilen Kautelen wird der Hautstreifen präpariert, d.h. von Subcutangewebe und Hornschicht befreit und anschließend in eine Cialitlösung von 1:2500 gelegt. Cialit ist das Natriumsalz von 2-äthyl-mercapto-benzoxazol-5-Carbonat, ein weißes, in Wasser und Methylalkohol leicht lösliches Pulver. Sind Wassermannsche Reaktion des Spenders und wiederholte bakteriologische Prüfungen aus dem ersten Gefäß negativ, werden die Hautstreifen nach 4 Wochen in das Hauptgefäß der Cialithautbank verbracht.

Während der plastischen Operation wird der aus der Bank entnommene sterile Hautstreifen vollständig von seiner Epidermis wie auch von Subcutisresten befreit, in einer Kochsalzlösung gespült und bis zu seiner Verwendung in Penicillinlösung eingelegt.

Operationstechnik

Die Indikation zur fibularen Bandplastik stellen wir bei instabilitätsbedingten Beschwerden im oberen Sprunggelenk und einer röntgenologisch nachgewiesenen Instabilität.

178

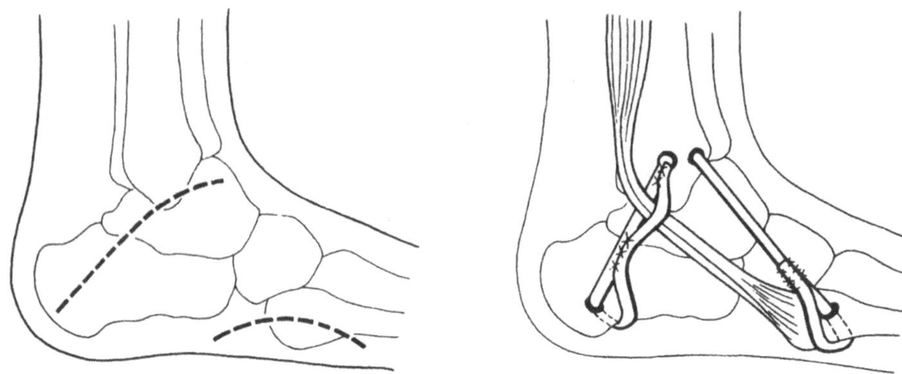

Abb. 4. Das Schema zeigt Hautschnitt (**a**) und Führung des Cialithautstreifens (**b**) bei der fibularen Bandplastik

Der Eingriff wird seit 1959 an unserer Klinik standardisiert wie folgt durchgeführt (Abb. 4 a und 4 b):

Vorgehen in Blutleere. Hautschnitt lateral vor dem Malleolus lateralis sowie bogenförmig über der Basis von Metatarsale V. Bohrlöcher werden durch Calcaneusrand, laterale Malleolenspitze und Basis von Metatarsale V gelegt. Ein 20 cm langer vorgedehnter Cialithautstreifen wird durch den Knochenkanal an der Basis von Metatarsale V gezogen und mit seinem freien Ende in sich selbst vernäht. Der Cutisstreifen wird durch eine stumpfe Tunnelierung subcutan gegen die laterale Malleolenspitze und durch das dort gelegene Bohrloch gezogen, und der hintere Schenkel zum Knochenkanal im Calcaneus geführt. Durch Umschlingen der Peronealsehnen mit dem Cutisstreifen kann außerdem das Peronealsehnen-Retinaculum bei Bedarf rekonstruiert werden. Die postoperative Ruhigstellung erfolgt während 3 Wochen im Unterschenkelliegegips, während weiterer 3 Wochen im Unterschenkelgehgips.

Eigene Untersuchungen

In den Jahren 1952 bis 1977 wurden an unserer Klinik 742 zumeist veraltete Fußdistorsionen behandelt. Bei unserem überwiegend orthopädischen Krankengut ist die Zahl der frischen Distorsionstraumen relativ gering, und dementsprechend ergab sich eher selten die Notwendigkeit, bei einer frischen Bandläsion eine Bandnaht vorzunehmen. Hingegen machten Instabilitätsbeschwerden im oberen Sprunggelenk bei röntgenologisch nachgewiesener Instabilität in insgesamt 115 Fällen die Durchführung einer fibularen Bandplastik mit Cialithaut notwendig.

Zur Beantwortung der Frage, wie weit durch die fibulare Cutisplastik nebst der Stabilität in der Frontalebene auch diejenige in der Sagittalebene wiederhergestellt wird, führten Zollinger und Dietschi [15] an 12 Fällen mit vollständiger präoperativer Funktionsdiagnostik 6 bis 12 Monate postoperativ eine röntgenologische Stabilitätsprüfung in zwei Ebenen durch. Eine routinemäßige Durchführung von postoperativen gehaltenen Aufnahmen in zwei Ebenen scheint uns nicht angezeigt, da die Patienten postoperativ meist beschwerdefrei sind und gerade deshalb zusätzliche Röntgenaufnahmen wegen der Strahlenbelastung und der relativ hohen Kosten nicht gerechtfertigt sind.

Tabelle 1. Beurteilungs-Kriterien

	Subjektiv	Klinisch-funktionell
Gut	Gehen sicher und schmerzfrei	Gelenk stabil, keine Arthrose
Mäßig	Gehen sicher, aber schmerzhaft/ Gehen schmerzfrei, aber unsicher	stabiles, aber arthrotisches Gelenk
Schlecht	Gehen unsicher und schmerzhaft	Unstabiles Gelenk mit oder ohne Arthrose

Tabelle 2. Resultate (n = 53)

Präoperativ		1975	
	kein	mäßig	schwer
Schmerz	14 8	5	1
Instabilität	17 17	0	0
Deformität	7 3	3	1

6 bis 12 Monate postoperativ waren in 11 von 12 Fällen die oberen Sprunggelenke in Frontal- und Sagittalebene stabil. Die seitliche, in der Frontalebene erzielte Stabilität wird durch den dorsalen Cialithautschenkel von der Fibulaspitze zum lateralen Calcaneus gegeben, die Stabilität in der Sagittalebene durch den ventralen Schenkel des Hautstreifens von der Fibulaspitze zur Basis von Metatarsale V erreicht.

1977 haben Razawi und Zollinger [11] 50 Patienten mit insgesamt 53 fibularen Cialithautplastiken aus den Jahren 1961 bis 1975 untersucht. Das mittlere Operationsalter lag bei 26,7 Jahren. Das postoperative Beobachtungsintervall beträgt 1 bis 15 Jahre, im Mittel 4 Jahre. Instabilitätsursache in unserem Krankengut sind mehrheitlich Traumen, gelegentlich konstitutionelle Bandinsuffizienz und vereinzelt Lähmungen.

Die Nachuntersuchungsresultate haben wir subjektiv und klinisch-funktionell als gut, mäßig oder schlecht eingestuft. Kriterien für die subjektive Beurteilung sind Schmerz und Gehsicherheit, für die klinisch-funktionelle Stabilität und degenerative Gelenkveränderungen (Tabelle 1).

Die Mehrzahl der Patienten kann mit klinisch stabilen Gelenken ohne Arthrosen sicher und schmerzfrei gehen, ist sport- und voll arbeitsfähig (Tabelle 2). In vereinzelten Fällen ergibt die röntgenologische Nachkontrolle verminderte Stabilität.

Ursachen unbefriedigender Resultate sind 3 postoperative Infektionen, 2 Narben-Neurome, 2 Sudeck'sche Dystrophien sowie vorbestehende schmerzhafte Arthrosen im oberen Sprunggelenk. Eine der genannten Infektionen führte zur Arthrodese des oberen Sprunggelenkes. Bei der Revision der Narben-Neurome konnte 1 Jahr postoperativ Transplantatmaterial zur histologischen Untersuchung gewonnen werden. Dabei konnte mikroskopisch die Cialithaut praktisch nicht von ligamentärem Gewebe unterschieden werden.

180

Fallbeispiele

M.G., 1952

Wegen rezidivierender Fußdistorsionen rechts wurde bei der 21jährigen Patientin im September 1973 eine rechtsseitige fibulare Cialithautplastik am oberen Sprunggelenk durchgeführt. Entsprechend der deutlichen lateralen Aufklapparkeit und der ausgeprägten Subluxierbarkeit des Talus nach ventral rechts (Abb. 5a–5d) fand sich intraoperativ eine Atrophie beider vorderen fibularen Bänder. Die röntgenologische Stabilitätsprüfung im April 1974 (Abb. 6a– 6d) ergibt Stabilität des rechten oberen Sprunggelenkes in beiden Ebenen.

R.S., 1951

Wegen schmerzhafter, belastungsabhängiger Schwellungszustände bei Überkippneigung und Rezidivdistorsionen des rechten Fußes wurde bei diesem 23jährigen Patienten im März 1974 die fibulare Cialithautplastik durchgeführt. Auch hier fand sich intraoperativ

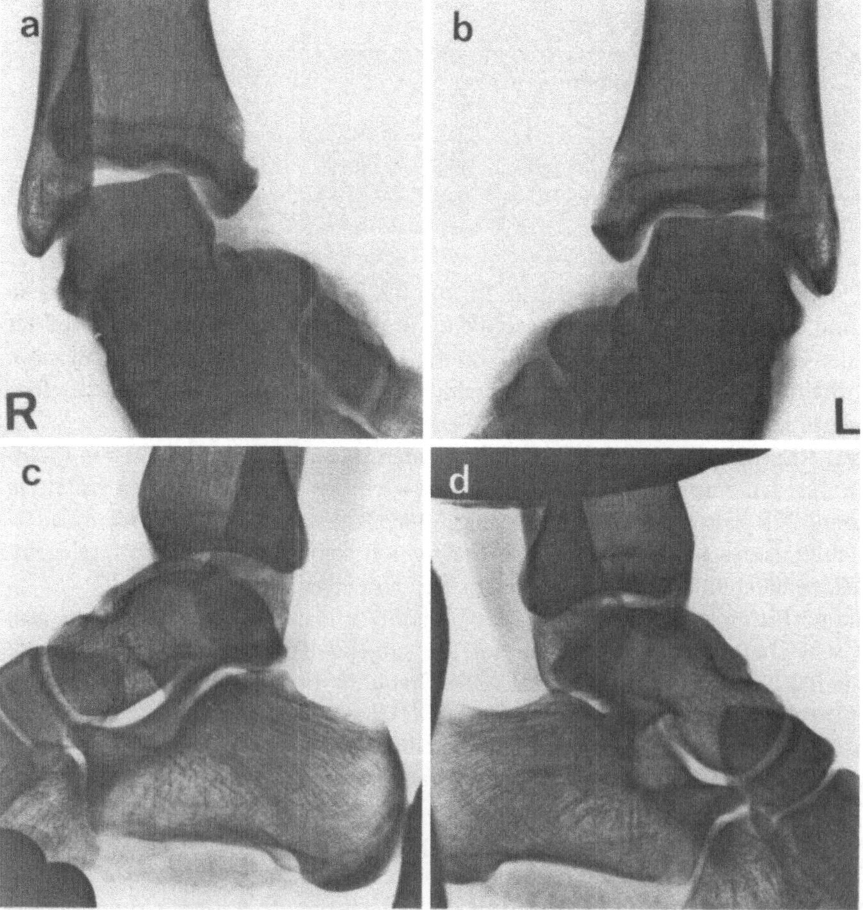

Abb. 5. (M.G. 1952). Präoperativ lassen die vergleichend ap und seitlich gehaltenen Aufnahmen rechts eine deutliche Instabilität des oberen Sprunggelenkes in beiden Ebenen erkennen

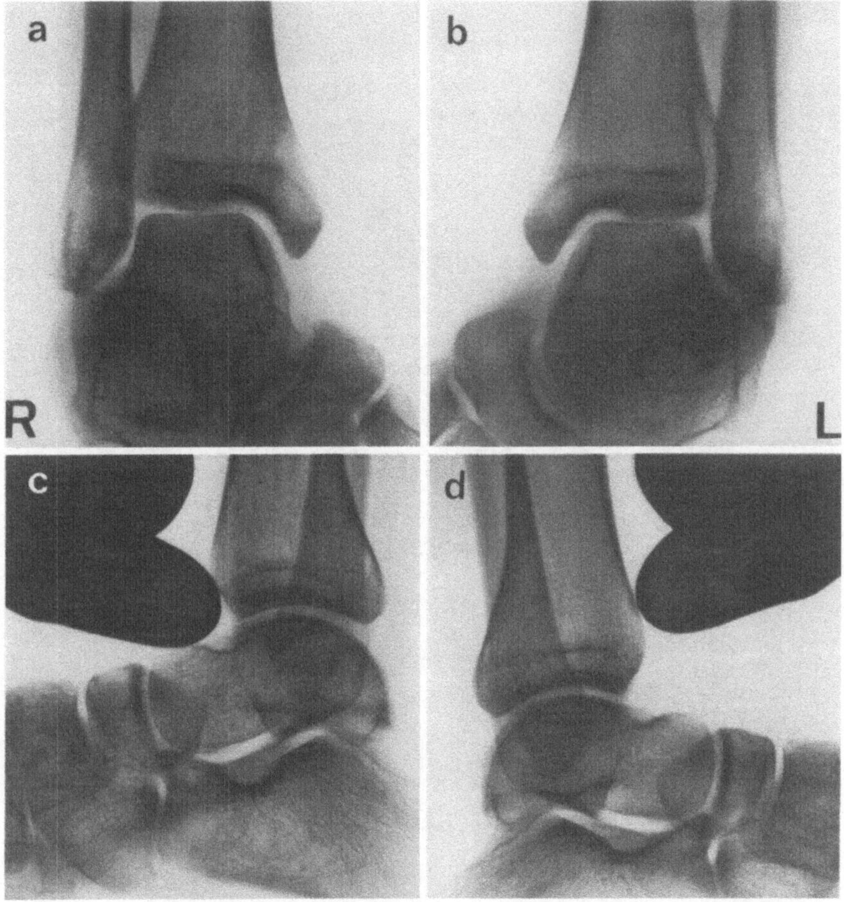

Abb. 6. (M.G. 1952). Die vergleichend gehaltenen Aufnahmen der oberen Sprunggelenke 1 Jahr postoperativ zeigen symmetrische Stabilität in beiden Ebenen

eine Insuffizienz des Ligamentum fibulo-talare anterius wie auch des Ligamentum fibulo-calcaneare (Abb. 7a und 7b). 6 Monate postoperativ (Abb. 7c und 7d) läßt sich in den ap- und seitlich-gehaltenen Aufnahmen weder eine fibulare Aufklappbarkeit noch eine Sub-luxierbarkeit des Talus nach ventral nachweisen. Der Patient ist wieder voll sportfähig.

Diskussion

Aufgrund unserer klinischen Erfahrung mit 115 Fällen, sowie durch die gezielte Nachunter-suchung der klinisch-funktionellen Resultate von 53 Fällen und einer Überprüfung der postoperativen röntgenologischen Stabilitätsverhältnisse bei 12 Fällen lassen sich bezüglich der Eignung von Cutis-Plastiken zur Wiederherstellung der fibularen oberen Sprunggelenks-stabilität folgende Schlüsse ziehen:

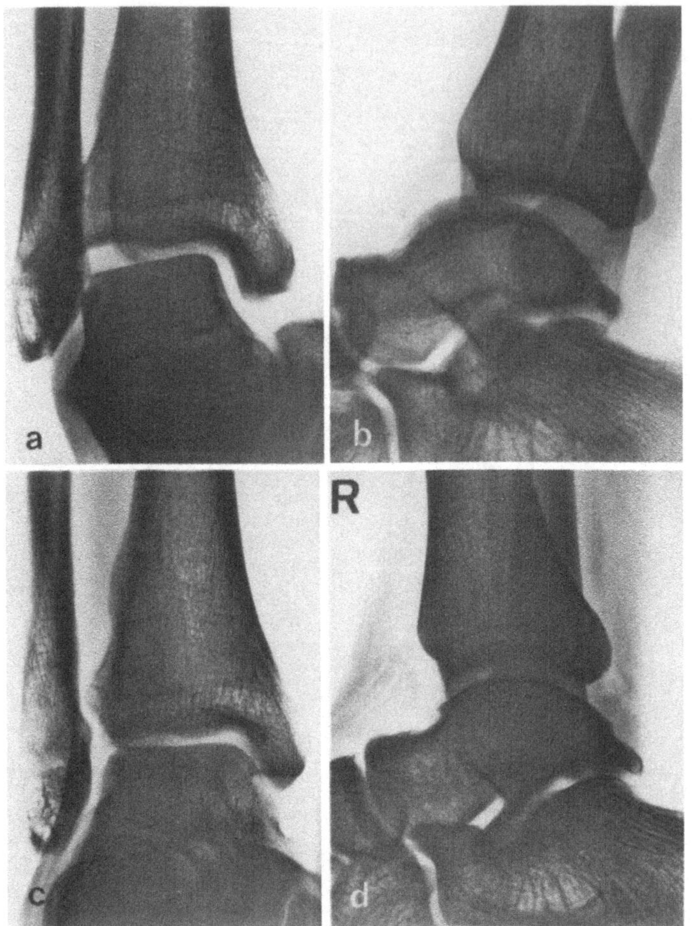

Abb. 7. (R.S. 1951). Eine während 2 Jahren bestehende Instabilität des rechten oberen Sprunggelenkes in Frontal- und Sagittalebene (**a** und **b**) kann 6 Monate postoperativ mittels gehaltener Aufnahmen (**c** und **d**) in beiden Ebenen nicht mehr nachgewiesen werden

In der überwiegenden Mehrzahl der Fälle kann durch die Cutis-Plastiken klinisch und subjektiv eine fibulare obere Sprunggelenksinstabilität beseitigt werden. Die Patienten werden dadurch sicher und schmerzfrei gehfähig, sind sport- und voll arbeitsfähig. In vereinzelten Fällen ergibt die röntgenologische Nachkontrolle — hauptsächlich bei den Langzeitverläufen — eine Minderung der Stabilität, wobei diese — wahrscheinlich als Folge einer Angewöhnung — subjektiv nur selten in Erscheinung tritt.

Art und Zahl der Komplikationen ist vergleichbar mit denjenigen anderer Methoden ligamentärer Ersatzplastiken. Bei vorbestehenden schmerzhaften Arthrosen im oberen Sprunggelenk und gleichzeitiger fibularer Instabilität ist die Prognose der Bandplastik insofern ungünstig, als dadurch lediglich die Stabilität wieder hergestellt werden kann, arthrotisch bedingte Beschwerden aber nicht abklingen. Der Vorteil des Eingriffes liegt in diesen Fällen darin, daß das Fortschreiten der Arthrose durch die Wiederherstellung einer physiologischen Gelenkfunktion verlangsamt werden kann.

Wir sind uns bewußt, daß durch die Führung des Cialithautstreifens von der Fibulaspitze zur Basis von Metatarsale V sowie zum lateralen Calcaneusrand das untere Sprunggelenk und das seitliche Chopart-Gelenk überbrückt werden. Unsere klinische Nachuntersuchung ergab auch eine leichte Bewegungseinschränkung im unteren Sprunggelenk. Da wir der lateralen Stabilität im oberen Sprunggelenk jedoch eindeutig Priorität geben, nehmen wir diese Nebenwirkung als durchaus erwünschte Prophylaxe gegen erneutes Umkippen des Fußes in Supination in Kauf.

Die Verwendung von Cialithaut gegenüber anderen homologen Bindegewebstransplantaten wie zum Beispiel der von Jaeger [6] angegebenen Methode mit lyophilisierter Dura hat den Vorteil, daß von Anfang an eine genügende Reißfestigkeit erzielt werden kann. Zudem ist die Zubereitung von Cialithaut einfach und ohne größere Kosten möglich. Des weiteren können durch Verwendung von Cutisstreifen funktionell wichtige körpereigene Strukturen, wie beispielsweise die Sehne des Peronaeus brevis geschont werden. Die Verwendung der von Weber und Hupfauer [14] empfohlenen Plantarissehne bedeutet einen zusätzlichen Eingriff bei einer inkonstant vorhandenen Sehne. Auf die empfohlene Entnahme der langen Zehenstrecksehne II ist wegen der möglichen Hammerzehenbildung zu verzichten. Fascienstücke zum Beispiel aus der Fascia lata können wegen der längsverlaufenden Faserstrukturen schlecht verankert werden.

Schlußfolgerungen

1. Die fibulare Bandplastik mit Cialithaut führt bei richtiger Indikation fast regelmäßig zu einer dauernden klinischen Stabilität des oberen Sprunggelenkes.
2. Die Cialithaut zeichnet sich aus durch hohe Zugfestigkeit und gute Verträglichkeit. Funktionell wichtige eigene Gewebe werden geschont.
3. Die Cutisplastik ist kontraindiziert bei fortgeschrittener Arthrose des oberen Sprunggelenkes.

Literatur

1. Castaing, J., Delplace, J.: Entorses de la cheville. Intérêt de la stabilité dans le plan sagittal pour le diagnostic de gravité. Recherche radiographique du tiroir astragalien antérieur. Rev. Chir. orthop. *58*, 51 (1972)
2. Francillon, M.R.: Traitement des entorses récidivantes du cou-de-pied par résection du ligament latéral par greffe dermique. Acta orthop. belg. *25*, 5591 (1959)
3. Francillon, M.R.: Myokinetische und operative Befunde bei der Distorsio pedis. Bandersatz durch Kutisriemen. Verh. Dtsch. Orthop.-Ges. 48. Kongr. 1960. Betr. Z. Orthop. *94*, 398 (1961)
4. Dietschi, C., Zollinger, H.: Beitrag zur Diagnostik der lateralen Bandverletzungen des oberen Sprunggelenkes. Z. Orthop. *111*, 724 (1973)
5. Hupfauer, W.: Beitrag zur Diagnostik der frischen fibularen Bandruptur. Mschr. Unfallheilk. *73*, 178 (1970)
6. Jaeger, M.: Homologe Bindegewebstransplantation. Aktuelle Orthopädie, *Heft 2*. Stuttgart: Thieme 1970
7. Le Clerc, G.C., Moine, C.: Subluxations antérieures récidivantes de l'astragale. Rev. Chir. Orthop. *51*, 167 (1965)

8 Mueller, M.E., Gschwend, N.: Haut als plastischer Ersatz am Fuß. Schweiz. med. Wschr. *48*, 1371 (1956)

9. Poigenfuerst, J.: Röntgendiagnostik der Verletzungen des oberen Sprunggelenkes. Hefte Unfallheilk. *92*, 9 (1967)

10. Poigenfuerst, J.: Gehaltene Röntgenaufnahmen. Orthop. Praxis *Heft 2/XI* (Febr. 1973)

11. Razawi, R., Zollinger, H.: Results following fibular cialit skin plasty on the upper ankle joint. Injuries of the ligaments and their repair. Hand-knee-foot (Ed. by G. Chapchal), p. 223. Stuttgart: Thieme 1977

12. Schreiber, A.: Die Verwendung von Hautimplantaten in der Orthopädie. Ergebnisse Chirurgie und Orthopädie *50*, 1 (1967)

13. Weber, B.G.: Die Verletzungen des oberen Sprunggelenkes. Bern: Huber 1966

14. Weber, B.G., Hupfauer, W.: Zur Behandlung der frischen fibularen Bandruptur und der chronischen fibularen Bandinsuffizienz. Arch. orthop. Unfallchir. *65*, 251 (1969)

15. Zollinger, H., Dietschi, C.: Beurteilung fibularer Cialithautplastiken mit Hilfe erweiterter röntgenologischer Kriterien. Aktuelle Traumatol. *5*, 43 (1975)

Talofibulare-calcaneofibulare Bandplastik mit homologer lyophilisierter gammastrahlensterilisierter Dura

M. Jäger

Wenn man der Vielzahl von mindestens 20 bandplastischen Maßnahmen zum Ersatz des Ligamentum talofibulare bzw. calcaneofibulare noch ein weiteres Verfahren vor Jahren hinzugefügt hat, muß man sich die Frage gefallen lassen: Weshalb?

Die chronisch-rezidivierende Subluxation des Talus als Folge einer insuffizient ausgeheilten fibularen Kapselbandläsion wird überwiegend meist mit der distal gestielten Sehne des Peronaeus brevis, seltener des Peronaeus longus, bandplastisch versorgt. Die verschiedenen Techniken gehen auf ein Verfahren von Gallie [2] zurück, der es in Form der Tenodese des Peronaeus brevis für die operative Versorgung des poliomyelitischen Klumpfußes angegeben hat. Diesen Techniken werden von anderen Autoren verschiedene Nachteile angelastet. So soll die Verwendung der Sehne des M. peronaeus brevis für bandplastische Maßnahmen zu einer Störung der natürlichen Muskelbalance des Fußes führen (Stören [3], Weber u. Hupfauer [5], Viernstein u. Mitarb. [4] u.a.).

Weiter wird vorgebracht, daß diese Bandplastiken nicht den anatomischen Verlauf des Ligamentum talofibulare anterius berücksichtigen und deshalb wegen ihrer Tenodesenwirkung mit konsekutiven Supinationseinschränkungen des Fußes einhergehen (Chrisman u. Snook [1] u.a.).

Des weiteren wird bei vielen dieser Verfahren das Ligamentum calcaneo-fibulare vielfach überhaupt nicht bandplastisch berücksichtigt. Die von Wirth [6] durchgeführten und aufgezeigten biomechanischen Untersuchungen lassen überdies erkennen, daß der unphysiologische Verlauf der plastisch verwendeten Sehnen zu Erschlaffungen bzw. Bewegungseinschränkungen ungewünschter Art führt. Seit 1969 führen wir deshalb ein eigenes Verfahren durch.

Ein Vorteil der Verwendung von lyophilisierter Dura schien uns die Vermeidung der Entnahme von körpereigenem Bandmaterial.

Indikation

Die chronisch-rezidivierende Subluxation des Talus, die sowohl klinisch als auch röntgenologisch im Seitenvergleich nachgewiesen wird, sollte, insbesondere wenn sie zum schmerzhaften häufigen Umknicken führt, operiert werden. Das Ausmaß der Aufklappbarkeit bzw. der ventralen Subluxation des Talus kann durch die entsprechenden Röntgenaufnahmen dokumentiert werden.

Neben der Indikation zur Behandlung der veralteten Subluxation gibt es in seltenen Fällen auch die Indikation zur primären Bandplastik immer dann, wenn das Kapselbandgewebe durch das Trauma so stark zerstört ist, daß primäre Adaptationsnähte nicht möglich sind.

Kontraindikationen

Auf Grund unserer Untersuchungsergebnisse sind wir bei allgemeiner Bindegewebsschwäche heute zurückhaltend mit der Indikation zu unserem Verfahren. Der Ersatz homologen Bindegewebes durch wirtseigenes Bindegewebe führt anscheinend auch zu gleichen mechanischen Kennwerten und läßt deshalb diese Operationsmethode bei angeborener Bindegewebsschwäche nicht indiziert erscheinen. Eine allgemein reduzierte Vitalitätslage sowie hohe lokale Risikofaktoren, Arthrosis der angrenzenden Gelenke, Status varicosus, lassen uns ebenfalls große Zurückhaltung bei der Indikation zur Operation angebracht erscheinen. Hier kann evt. durch die konservative Maßnahme (z.B. laterale Schuhranderhöhung) der Umknickneigung entgegengewirkt werden.

Technik

Hautschnitt leicht bogenförmig vor dem Malleolus fibularis. Dieser Schnitt hat sich aus Gründen der Schonung des Nervus cutaneus dorsi pedis fibularis besonders bewährt. Seine Verletzung führt zu störenden Paraesthesien.

Sodann wird von der Spitze des Malleolus fibularis schräg nach oben vorne zum Ansatzpunkt des Ligamentum talofibulare anterius mit einem 3 mm-Bohrer ein Kanal gelegt. Ein weiterer Knochenkanal wird vor der Facies malleolaris fibularis des Talus, also am ursprünglichen Ansatzpunkt des Ligamentum talofibulare anterius angebracht. Ein letztes Bohrloch wird in die nach dorsal ausschwingende Leiste des Proc. trochlearis calcanei gelegt. Auf letzteres Bohrloch kann verzichtet werden, wenn ein kräftiges Periost vorhanden ist. Es kann dann eine Periosttasche geformt werden, die die Versenkung der Bandstümpfe und Verankerung derselben zuläßt (Abb. 1).

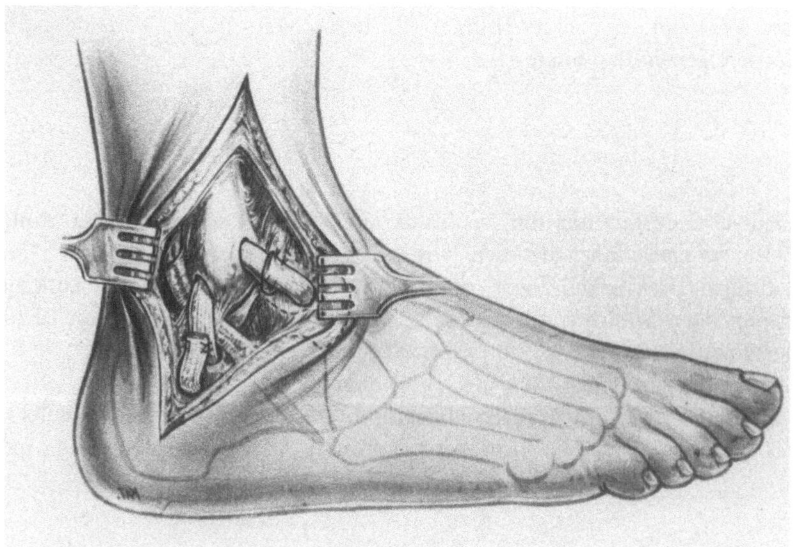

Abb. 1. Technik der talofibularen-calcaneofibularen Bandplastik mit homologer Dura. (Im Gegensatz zur Skizze wird der Ersatz des Ligamentum calcaneofibulare meist *unter* den Peronealsehnen durchgeführt)

Des weiteren haben wir in zwei Fällen am Calcaneus das Bandende nach Abhebeln einer Knochenlamelle mittels einer Navicular-Schraube verankert.

Als bandplastisches Material wird gerollte lyophilisierte Dura verwandt. Sie wird mittels flexibler Drähte, nachdem sie mit einem Mersilenefaden angeschlungen wurde, in die Bohrlöcher eingezogen, umgeschlagen und mit sich selbst vernäht. Die Vernähung geschieht bei Rechtwinkelstellung des Sprunggelenkes und Pronation. Das Band soll straff vernäht werden. Evt. Bandreste und Bindegewebshüllen werden um das Implantat geschlagen und mit einigen resorbierbaren Nähten fixiert. Dadurch wird der Ersatz des homologen Bindegewebes durch eigenes Bindegewebe gefördert.
Öffnen der Blutleere. Blutstillung. Hautnaht.

Die Nachbehandlung besteht in einer Gipsfixation für 8—12 Tage mit Unterschenkelliegegips, danach für 4 Wochen Unterschenkelgehgips.

Nach Gipsabnahme laterale Schuhranderhöhung von 4 mm für weitere 6 Wochen.

Ergebnisse

Im Zeitraum von 1969 bis 1977 wurden insgesamt 25 bandplastische Maßnahmen vorgenommen. Die Nachuntersuchungen erfolgten jeweils durch eine Nachuntersuchergruppe, der der Operateur nicht angehörte, im Jahre 1974 bzw. im Jahre 1977 (Hack u. Refior; Zink u. Wirth). Die Hälfte der Plastiken wurde zweimal nachuntersucht. In 12 Fällen wurde ein physiologischer Bandverlauf mit Bandersatz durch homologe lyophilisierte

Tabelle 1

Zeitraum	: 1966—1977
Nachuntersuchungen	: 1974 u. 1977
n	: 25
davon nachuntersucht	: 20
Duraplastik	: 12
mod. Peron.-brev.-Plastik	: 8

Tabelle 2

Subjektive Beurteilung des Behandlungserfolges	Dura-Plastik	Mod. Peron.-brev.-Plastik
sehr gut[a]	4	0
gut	6	7
befriedigend	1	0
unbefriedigend	1[b]	1
Summe	12	8

[a] „sehr gut" = Funktion des unverletzten Fußes.
[b] Patient mit allgemeiner Bänderschwäche.

Tabelle 3

Beurteilung der Neigung zum „Umknicken"	Dura-Plastik	Mod. Peron.-brev.-Plastik
nie, sehr selten	6	5
gehäuft bei Unebenheiten	4	2
sehr oft	1[a]	1
ohne Angaben	1	
Summe	12	8

[a] Patient mit allgem. Bänderschwäche.

Tabelle 4

Beurteilung der eigenen Sportfähigkeit	Dura-Plastik	Mod. Peron.-brev.-Plastik
voll sportfähig	8	6
eingeschränkt	2	1
nicht sportfähig	1[a]	1
ohne Angaben	1	
Summe	12	8

[a] altersbedingt (55,5 J.).

gammastrahlensterilisierte Dura vorgenommen. In 8 Fällen wurde eine von Viernstein modifizierte Peronaeus-brevis-Plastik durchgeführt (Tabelle 1).

Bei der Erfragung des *subjektiven Ergebnisses* gaben bei der modifizierten Peronaeus-brevis-Plastik 7 Patienten ein gutes Urteil ab, 1 Patient war unzufrieden. Der Duraplastik gaben 4 Patienten ein sehr gutes Ergebnis, 6 ein gutes, 1 Patient ein befriedigendes und 1 Patient war unzufrieden. Es handelte sich dabei um eine Patientin mit allgemeiner Bänderschwäche (Tabelle 2). Die Beurteilung der *Neigung zum Umknicken* war bei beiden Plastiken annähernd gleich (Tabelle 3). Die Patientin, die sehr oft umknickte, war eine Patientin mit allgemeiner Bandschwäche. Die *Sportfähigkeit* (Tabelle 4) war im großen und ganzen bei beiden Plastiken als gut zu bezeichnen. Bei der Duraplastik waren 2 Sportlehrer, die ihrem Beruf ohne Beschwerden nachgehen. Eine Sportaufgabe war altersbedingt erforderlich geworden. Bei der *Aufklappbarkeit* des oberen Sprunggelenkes (Tabelle 5 + 5 a), geprüft bei der Nachuntersuchung, konnten wir lediglich bei 2 Patienten eine Seitendifferenz über 5 Grad feststellen, die bei Patientinnen mit allgemeiner Bänderschwäche auftraten. Bei der Verminderung der Aufklappbarkeit nach der Bandplastik konnte lediglich bei dem Patienten mit allgemeiner Bänderschwäche ein schlechtes Ergebnis festgestellt werden.

Bei beiden Verfahren zeigte sich eine gewisse Tendenz zum geringgradigen Fortschreiten *arthrotischer Veränderungen* (Tabelle 6), die jedoch evtl. auch begünstigt durch das Operationstrauma entstanden sein können. Klinisch machten sie keine wesentlichen Beschwerden. Die *Supinationsfähigkeit* (Tabelle 7) war bei der Duraplastik in einem Fall,

Tabelle 5

Aufklappbarkeit des OSG im a.p. Röntgenbild bei der Nachuntersuchung (Seitendifferenz)	Dura-Plastik	Mod. Peron.-brev.-Plastik
$0-5^{\mathrm{o}}$	8	6
$> 5^{\mathrm{o}}$	2 [a]	1
fehlende Vergleichsaufnahmen	2	1
Summe	12	8

[a] 2 ehem. Patientinnen mit allgem. Bänderschwäche.

Tabelle 5a. Verminderung der Aufklappbarkeit des OSG nach Bandplastik, dokumentiert im a.p.-Röntgenbild

Seitendifferenz vor Op minus Seitendifferenz bei Nachuntersuchung	Dura-Plastik	Mod. Peron.-brev.-Plastik
Verminderung um $10-15^{\mathrm{o}}$	2	1
Verminderung um $5-10^{\mathrm{o}}$	4	3
Verminderung um $1- 5^{\mathrm{o}}$	1	2
keine Verminderung	2 [a]	
fehlende Vergleichsmöglichkeit	3	2
Summe	12	8

[a] 2 ehem. Patientinnen mit allgem. Bänderschwäche.

Tabelle 6. Veränderungen am OSG im Sinne einer Arthrose

Zustand des OSG	Dura-Plastik	Mod. Peron.-brev.-Plastik
bei der Nachuntersuchung unverändert vorgefunden	4	3
bei der Nachuntersuchung verschlechtert vorgefunden nach einem Zeitraum OP/NU von 24 (mo)	0	2
24–48 (mo)	0	0
48–75 (mo)	3	0
> 75 (mo)	2	2
fehlende Vergleichsmöglichkeit	3	1
Summe	12	8

Tabelle 7. Supinationseinschränkung

Duraplastik n = 12	Mod. Peron.-brev.-Plastik n = 8
1	4

bei der modifizierten Peronaeus-brevis-Plastik bei 4 Fällen eingeschränkt, ein deutlicher Unterschied, der zu erwarten war.

Zusammenfassend kann gesagt werden, daß das subjektive Ergebnis bei der Duraplastik besser ausfällt als bei der modifizierten Peronaeus-brevis-Plastik, daß sich bei den Beurteilungen in bezug auf Umknicken, Sportfähigkeit und Aufklappbarkeit des oberen Sprunggelenkes die Verfahren etwa die Waage halten. Die Supinationseinschränkung überwog beim modifizierten Verfahren der Peronaeus-brevis-Plastik. Es kann also zusammenfassend gesagt werden, daß die Plastik mit lyophilisierter, homologer gammastrahlensterilisierter Dura, wenn auch bei einer kleinen Fallzahl, sich bewährt hat. Kontraindikation besteht bei allgemeiner Bandschwäche. Vorteil sehen wir im physiologischen Verlauf der Plastik, insbesondere auch wegen der dadurch bedingten freien Supinationsfähigkeit, die bei Barfuß-Sport erforderlich werden kann.

Literatur

1. Chrisman, O.D., Snook, G.A.: Reconstruction of lateral ligament tears of the ankle. J. Bone Jt Surg. *51 A*, 904 (1969)
2. Gallie, W.E.: Tendon fixation — an operation for the prevention of deformity in infantile paralysis. Amer. J. orthop. Surg. XI, 151 (1913)
3. Stören, H.: A new method for operative treatment of insufficiency of the lateral ligaments of the anklejoint. Acta chir. scand. *117*, 501 (1959)
4. Viernstein, K., Rosemeyer, B., Artmann, M.: Eine Operationsmethode zur Behandlung der chronischen fibularen Bandinsuffizienz. Arch. orthop. Unfall-Chir. *78*, 157 (1974)
5. Weber, B.G., Hupfauer, W.: Zur Behandlung der frischen fibularen Bandruptur und der chronischen fibularen Bandinsuffizienz. Arch. orthop. Unfall-Chir. *65*, 251 (1969)
6. Wirth, C.J.: Biomechanische Aspekte der fibularen Bandplastik. Persönliche Mitteilung (1978)

Der gestielte Periostzügel als Möglichkeit des Außenbandersatzes

E.H. Kuner

Die direkte Naht der Bandstümpfe oder auch die transossäre Refixation ist nur bei der frischen Ruptur der Bänder möglich. Bei veralteten Verletzungen sind die Bandstümpfe verkürzt, geschrumpft und z.T. so aufgebraucht, daß ihre Reste vielfach nur schwer zu identifizieren sind. Die Raffung der Gelenkkapsel bringt mit Sicherheit keinen Therapieerfolg. Die zuverlässige Wiederherstellung des fehlenden oder insuffizienten Bandapparates ist deshalb nur durch die Bandplastik möglich. Die meisten freien Verfahren gehen davon aus, daß die Plastik dem Verlauf des verletzten Bandes folgt und sich oft nur durch das verwendete Material unterscheidet.

Wir möchten heute erstmals über ein Verfahren berichten, das sehr einfach und erfolgssicher ist. Es handelt sich dabei um einen gestielten Periostzügel, der aus der lateralen Fibulafläche entnommen wird, distal gestielt bleibt und das fehlende Ligamentum fibulocalcaneare und Ligamentum fibulo-talare anterius in seinem Verlauf ersetzt.

Im einzelnen wird folgendermaßen vorgegangen:

Ca. 10–15 cm langer Hautschnitt entlang der hinteren Fibulakante. Er biegt 2–3 cm unterhalb der Knöchelspitze bogenförmig nach vorne um. Der Nervus peronaeus superficialis wird cranial der vorderen Syndesmose dargestellt und geschont. Präparation des Außenbandkomplexes bzw. der Reste, die noch vorhanden sind. Knapp oberhalb der Fibulaspitze wird das Periost sorgfältig durch 2 parallele Einschnitte, die ca. 4–5 mm auseinanderliegen, etwa 15 cm nach cranial längs incidiert. Das Periost kann auch in die Fascie auslaufen, die aber miteinbezogen werden kann. Mit einem sehr feinen Raspatorium wird der Periostzügel vorsichtig vom Knochen abgelöst. Er bleibt an der Knöchelspitze gestielt und wird zunächst durch eine transossäre Naht fixiert, um ein Ausreißen zu verhindern. In Verlaufsrichtung der Fibulavorderkante werden etwa in der Mitte der lateralen Calcaneusfläche 2 möglichst senkrecht aufeinanderstehende Bohrlöcher mit dem 4,5 mm-Bohrer angelegt. Der Periostzügel wird mittels eines kräftigen Fadens durch den Kanal hindurchgezogen. Von hier aus wird er zur lateralen Seite des Collum tali geführt, wo er durch einen gleichweiten Bohrkanal hindurch zur Fibula zurückkehrt und definitiv in einem queren Bohrloch durch die Fibula unter Spannung verankert wird. Ist nur der fibulo-talare Anteil vorne zu ersetzen, so wird der Verlauf entsprechend zum Collum tali und zurück sein und der Zügel kürzer (Abb. 1).

Der Vorteil der Methode scheint uns darin zu liegen, daß autologes, ortsständiges Material verwendet wird, welches eine bandartige, kräftige Beschaffenheit aufweist und eine zusätzliche Entnahme entfällt. Dieses Verfahren wurde bisher in 9 Fällen angewandt.

Die Nachbehandlung erfolgt in leichter Pronationsstellung im zirkulären Unterschenkelliegegipsverband für 4 Wochen. Für 3 weitere Wochen wird ein Gehgipsverband angelegt. Anschließend werden krankengymnastische Übungsbehandlungen und Schwimmen im Thermalbad verordnet.

Die Nachuntersuchung von 7 Fällen nach durchschnittlich 1 Jahr und 4 Monaten ergab immer ein suffizientes Außenband unter den Bedingungen der gehaltenen Röntgen-

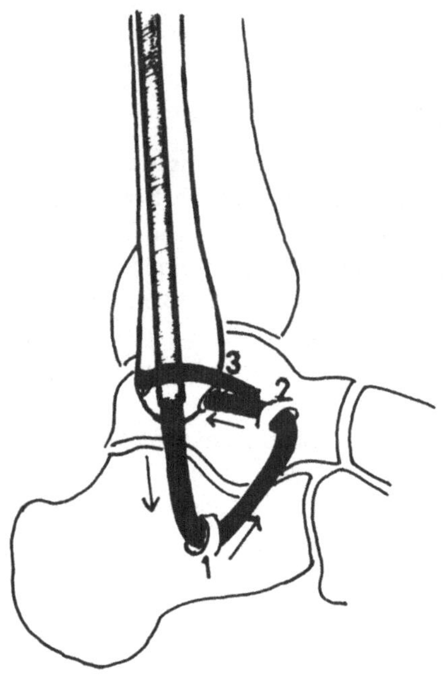

Abb. 1. Der gestielte Periostzügel als Möglichkeit des Außenbandersatzes

Tabelle 1. Kasuistik über sieben Plastiken mit Periostzügel

Kasuistik

Pat.	Unfall-anlaß	Diagnose	Therapie
1. H.R. ♂ 22 J.	Leicht-athletik	Außenband-Insuffizienz re.	Periostzügel-Plastik fib. ant. re.
2. S.D. ♂ 20 J.	enfällt habituell	Habit. Distors. Außenbd. Insuff. re.	Periostzügel-Plastik/fib. ant. + fib. calc. re.
3. M.V. ♀ +	entfällt,	Habit. Distors.	,,
4. 30 J.	habituell bds.	bds. Außenband-Insuffizienz	re. + li.
5. Z.S. ♀ 16 J.	Schulsport	Habituelle Dist. Außenbandinsuff. re.	,, re.
6. H.G. ♂ 22 J.	Fußball	Habituelle Dist., Außenbandinsuff. re.	,, re.
7. Dr. K.F. 36 J. ♂	unbekannt	Habituelle Dist., Außenbandinsuff. re.	,, re.

Tabelle 2. Resultate (klinisch und röntgenologisch) der sieben Periostzügel-Plastiken am oberen Sprunggelenk

Resultate

Pat.	Kontrolle Monate p. Op.	Subjektiv	Röntgen gehalten	Funktion OSG		Funktion USG	
1. H.R. ♂	11 Monate	o. B. Sport	o. B.	re. li.	10/0/60° 10/0/65°	re. li.	80° 90°
2. S.D. ♂	8 Monate	o. B. Fußball	o. B.o	re. li.	20/0/90° 20/0/50°	re. li.	90° 90°
3. M.V. ♀ +	8 Monate re.	o. B.	o. B.	re.	15/0/70°	re.	105°
4.	28 Monate li.			li.	15/0/70°	li.	105°
5. Z.S. ♀	6 Monate	o. B. Sport	o. B.	re. li.	15/0/55° 15/0/55°	re. li.	110° 110°
6. H.G. ♂	3 Monate	o. B. Fußball	o. B.	re. li.	15/0/55° 15/0/55°	re. li.	80° 80°
7. Dr. K.F. ♂	23 Monate	o. B. Bergsteigen, Ski, Waldlauf	o. B.	re. li.	25/0/50° 25/0/60°	re. li.	95° 90°

aufnahme. Verknöcherungen im Verlauf des ersetzten Außenbandes wurden in keinem Fall gesehen. Die Patienten waren alle mit dem Resultat zufrieden und gingen ihrer früheren sportlichen Betätigung wieder nach (Tabelle 1 u. 2).

Ich möchte dieses Verfahren zur Diskussion stellen und meine, daß man es auf breiter Ebene überprüfen sollte.

Erfahrungen mit einer modifizierten Watson-Jones-Plastik bei fibularer Bandinstabilität am oberen Sprunggelenk

H.J. Habekost, P.J. Meeder und U. Holz

Bereits im Jahre 1877 berichtete Hönigschmied [2] über experimentelle Zerreißungen der Bänder am oberen Sprunggelenk und wies auf die Entstehungsmechanismen hin. „It is worse to sprain an ankle than to break it." Dieser Ausspruch von Watson-Jones, fast 90 Jahre später, charakterisiert treffend die oftmals vernachlässigte Behandlung ligamentärer Supinationsverletzungen des oberen Sprunggelenkes.

Das Ausmaß der frischen Bandläsion wird ohne gehaltene Röntgenaufnahmen häufig verkannt und tritt dann erst nach Wochen oder Monaten unter der Symptomatik eines „schwachen Knöchels", d.h., durch rezidivierende Distorsionen in Erscheinung. Zu diesem verspäteten Zeitpunkt findet man bei der Operation vernarbte und retrahierte Bandstümpfe, die durch direkte Naht kaum mehr zu vereinigen sind. Die Behandlung der Wahl zur Behebung der fibularen Bandinsuffizienz ist der plastische Ersatz.

Neben den grundsätzlichen Unterschieden des Bandersatzes durch das verwandte Material — Periost — Cutis — Fascie — Cialit-cutis — lyophilisierte Dura — gibt es zahlreiche Variationen freier und gestielter Sehnentransplantate, welche jeweils den ursprünglichen Bandverlauf nachahmen wollen. Dabei haben vor allem verschiedene Modifikationen der von Watson-Jones [5] angegebenen Tenodese der Sehne des Musculus fibularis brevis an Bedeutung gewonnen.

Von Weber stammt der Vorschlag, den Außenbandapparat mit Hilfe der Plantarissehne zu ersetzen, ein Verfahren, das durch Dueben und Plaue [3] modifiziert wurde. Auch die Achillessehne bzw. ein Teil davon wird zum plastischen Ersatz herangezogen (nach Stoeren). Zu nennen ist weiterhin die muskelaktivierte, dynamische Seitenbandplastik mit der Peronaeussehne nach Gianella und Huggler [1].

Mit einer leichten Abänderung der Methode von Watson-Jones haben wir günstige Ergebnisse erzielt. Der einzige Unterschied zur Originalmethode besteht darin, daß wir nicht die ganze Sehne des Musculus peronaeus brevis oder -longus, sondern nur einen distal gestielten Sehnenspan verwenden. Bei diesem Verfahren bleibt aufgrund unserer Nachuntersuchungsergebnisse die Aktivität der Peronealmuskulatur weitgehend erhalten.

Der Hautschnitt erfolgt bogenförmig am Hinterrand des Außenknöchels und wird entlang der Wadenbeinkante nach cranial geführt. Die gelockerte und narbig veränderte Kapsel des oberen Sprunggelenkes wird eröffnet und der Knorpel des Talus inspiziert. Abgescherte Knorpelfragmente (flake fractures), wie sie sich nicht selten bei der fibularen Bandinsuffizienz finden, können Schmerzen verursachen und müssen erkannt werden. Nun wird nach Spalten der Peronaeusloge die Sehne des Musculus peronaeus brevis dargestellt. Ein ca. 13 bis 15 cm langer Sehnenspan wird abgespalten. Die Breite des Spans sollte höchstens die Hälfte der ursprünglichen Sehne ausmachen.

Ist die Sehne des Musculus peronaeus brevis zu kurz, so kann ohne weiteres ein derartig gestielter Span auch von der Sehne des Musculus peronaeus longus entnommen werden. Danach erfolgen zwei parallele Bohrungen an der Außenknöchelspitze mit der Verlaufsrichtung von hinten oben nach vorn unten am Ursprungsort des Ligamentum fibulo-talare anterius. Im Bereich der Insertionsstelle dieses Bandes am seitlichen Talushals werden zwei senkrecht zueinander stehende Bohrungen angelegt. Der Durchmesser der Bohrlöcher

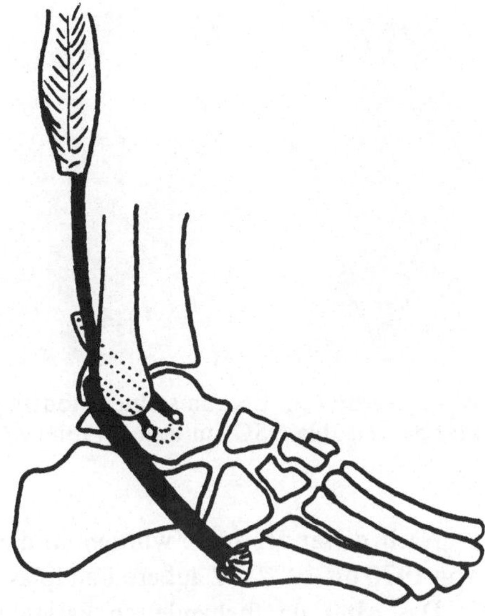

Abb. 1. Modifizierte Watson-Jones-Plastik
(1970–1977, n = 72)

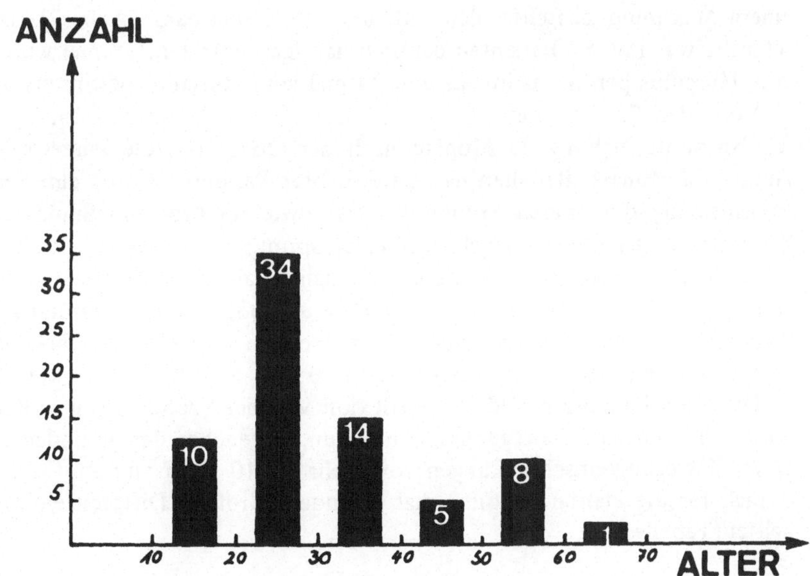

Abb. 2.
Altersverteilung

beträgt 4,5 mm. Anschließend wird der zuvor gewonnene Sehnenspan durch die Bohr-löcher von Fibula und Talus gezogen und an seiner Ursprungsstelle in Rechtwinkelstellung des oberen Sprunggelenks und leichter Eversion des Fußes wieder vernäht. Damit ent-steht in der Verlaufsrichtung des Ligamentum fibulo-calcaneare ein partieller Tenodese-effekt und das Ligamentum fibulo-talare anterius wird von dem durchgezogenen Sehnen-span imitiert (Abb. 1). Postoperativ werden bis zur Wundheilung Dorsal-/Plantarbewe-gungen im distal gefensterten Unterschenkelliegegips ausgeführt. Verkantbewegungen des Fußes müssen vermieden werden. Nach Wundheilung verbleibt ein Gehgips für weitere 4 Wochen. Bei manchen Patienten müssen krankengymnastische Übungen angeschlossen werden, gelegentlich ist eine passagere Einlagenversorgung der Schuhe sinnvoll.

196

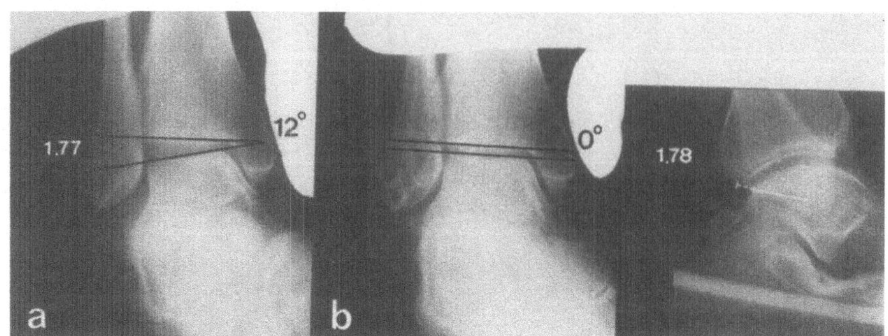

Abb. 3 a und b. Ergebnis einer modifizierten Watson-Jones-Plastik. Pat. B.H.; 55 J. a Aufklapparkeit des OSG im a.p.-Strahlengang präoperativ 12°, b ap und seitlich 1 Jahr postoperativ

Nach dieser Methode wurden an der Berufsgenossenschaftlichen Unfallklinik Tübingen
von 1970 bis 1972 72 äußere Bandplastiken am oberen Sprunggelenk durchgeführt.

Das Alter der behandelten Patienten lag zwischen dem 17. und 64. Lebensjahr mit
einem Maximum zwischen dem 20. und 25. Lebensjahr (Abb. 2). Das männliche Geschlecht war mit 51 Patienten deutlich häufiger vertreten. 38 mal wurde ein Sehnenspan
vom Musculus peronaeus longus und 34 mal vom Musculus peronaeus brevis entnommen.

Von den 72 Patienten konnten 55 nachuntersucht werden. Im Durchschnitt erfolgte
die Nachuntersuchung 25 Monate nach der Operation, die kürzeste Zeit betrug 6, die
längste 52 Monate. Bei allen nachuntersuchten Patienten wurde eine vergleichende Funk-
tionsmessung des oberen Sprunggelenkes sowie für Pro- und Supination vorgenommen.
Wir fertigten gehaltene Aufnahmen beider Sprunggelenke im a.p.-Strahlengang an und bei
20 der nachuntersuchten Patienten zusätzlich gehaltene Aufnahmen im seitlichen Strahlengang (Abb. 3). Es wurden hierzu der Lagerungsbock nach Seiler und Holzrichter [4] verwandt, wobei man den Unterschenkel mit einem Gewicht -- es handelt sich hierbei um
zwei kleine Schrotsäckchen von insgesamt 10 kg – nach hinten drückte.

Die Dorsalextension und Plantarflexion war bei knapp 2/3 aller Patienten frei, beim
Rest fand sich eine Bewegungseinschränkung gegenüber der gesunden Seite von 5 bis 10
Grad. Bewegungseinschränkungen von mehr als 10 Grad wurden für die Dorsalextension
3 mal, für die Plantarflexion 2 mal gefunden. Größere Differenzen wurden nicht beobachtet (Tabelle 1).

Tabelle 1. Watson-Jones-Plastik. Modifiziert (1970–1977;
n = 72)

Nachuntersuchung (n = 55). Grad der Bewegungseinschränkung gegenüber der nicht operierten Seite

Differenz	Dorsalextension	Plantarflexion
0	36	34
- 5	12	12
-10	4	7
-15	3	2
-20	0	0

Die Pronationsbewegung war ebenfalls bei 2/3 aller Patienten frei, deutliche Bewegungseinschränkungen gegenüber der gesunden Seite von 15 Grad fanden sich 2 mal. Bei 27 Patienten, also in etwa der Hälfte aller Nachuntersuchten, zeigte sich eine Einschränkung der Supination von 5 bis 10 Grad, bei etwas mehr als einem Drittel konnte keine Minderung des Bewegungsumfangs festgestellt werden. Insgesamt betrifft der postoperative Verlust der Beweglichkeit vorwiegend die Supination (Tabelle 2).

Tabelle 2. Watson-Jones-Plastik. Modifiziert (1970–1977; n = 72)

Nachuntersuchung (n = 55). Grad der Bewegungseinschränkung gegenüber der nicht operierten Seite

Differenz	Pronation	Supination
0	37	20
- 5	12	14
-10	4	13
-15	2	6
-20	0	2

Tabelle 3. Watson-Jones-Plastik, modifiziert (1970–1977; n = 72)

Nachuntersuchung (n = 55). Aufklappbarkeit des OSG (a.p.-Strahlengang)

	Präoperativ	Postoperativ
0°	0	36
2°– 5°	5	18
6°–10°	28	1
11°–15°	17	0
16°–20°	3	0
20°	2	0

Tabelle 4. Watson-Jones-Plastik, modifiziert (1970–1977; n = 72)

Nachuntersuchung „vordere Schublade" (n = 20)

Differenz zwischen operierter und nicht operierter Seite (in mm)

Operierte Seite		Nicht operierte Seite
0	13	13
0–2	4	3
2	0	0

198

Tabelle 5. Watson-Jones-Plastik, modifiziert
(1970–1977; n = 72)

Sportfähigkeit der aktiven Sportler nach Op Nachuntersuchung (n = 30)	
1. Sport in bisherigem Umfang (wie vor Op)	24
2. Sportliche Betätigung einge- schränkt	4
3. Keine sportlichen Aktivitäten mehr seit der Op	2

Tabelle 6. Watson-Jones-Plastik, modifiziert
(1970–1977; n = 72)

Subjektives Urteil der Patienten. Nachuntersuchung (n = 55)	
zufrieden	51
unzufrieden	4

Die Auswertung der gehaltenen Röntgenaufnahmen im a.p.-Strahlengang ergab in den meisten Fällen präoperative Werte zwischen 5 und 15 Grad für die Aufklappbarkeit des oberen Sprunggelenkes. Bei der Nachuntersuchung war das obere Sprunggelenk hinsichtlich seitlicher Aufklappbarkeit mit einer Ausnahme stabil (Tabelle 3).

In den 20 Fällen, bei denen zusätzlich gehaltene Aufnahmen zur Feststellung einer „vorderen Schublade" durchgeführt wurden, zeigte sich 13 mal keine Seitendifferenz des Abstandes des Gelenkspaltes im Vergleich zur nicht operierten Seite. In 3 Fällen zeigte die Vergleichsseite einen geringeren Abstand, in 4 Fällen die operierte, wobei allerdings die Differenz maximal 2 mm betrug (Tabelle 4).

Bei 30 der 55 nachuntersuchten Patienten handelte es sich um Sportler (Tabelle 5). Hiervon haben 24 ihre sportliche Aktivität zum Zeitpunkt der Nachuntersuchung in vollem Umfang wieder aufgenommen. 4 Patienten haben ihre sportliche Betätigung eingeschränkt und lediglich 2 haben seit der Operation keinen Sport mehr betrieben. Befragt nach der subjektiven Einschätzung des Operationsergebnisses, gaben 51 der 55 nachuntersuchten Patienten an, zufrieden zu sein (Tabelle 6). Auch die leichte supinatorische Einschränkung wurde nicht als störend empfunden.

Diese Erkenntnisse widersprechen den Einwänden, daß Bandplastiken mit Hilfe eines peronealen Sehnenspans zu stärkeren Funktionseinbußen oder zu gravierenden Störungen des muskulären Gleichgewichts am Fuß führen. Das Ziel der Operation, die supinatorische Stabilität, konnte mit einer Ausnahme immer erreicht werden. Unsere Ergebnisse und die klare und einfache Operationskonzeption machen diese modifizierte Watson-Jones-Plastik empfehlenswert.

Literatur

1. Gianella, F.V., Huggler, G.H.: Muskelaktivierte dynamische Bandplastik bei chronischer fibularer Seitenbandinsuffizienz. Z. Orthop. *114*, 805 (1976)
2. Hönigschmied, J.: Leichenexperimente über die Zerreißung der Bänder im Sprunggelenk mit Rücksicht auf die Entstehung der indirekten Knöchelfrakturen. Dtsch. Z. Chir. *8*, 239 (1877)
3. Plaue, R.: Die Diagnostik der lateralen Kapselbandschäden des oberen Sprunggelenkes. Arch. orthop. Unfall-Chir. *63*, 135 (1968)
4. Seiler, H., Holzrichter, D.: Zur standardisierten Diagnostik der „ligamentären Außenknöchelfrakturen". Chir. Praxis *22*, 667 (1977)
5. Watson-Jones, R.: Fractures and joint injuries. Edinburgh-London: Livingstone 1956
6. Weber, B.G.: Zur Behandlung der frischen fibularen Bandruptur und der chronisch fibularen Bandinsuffizienz. Arch. orthop. Unfall-Chir. *65*, 251 (1969)

Diskussionsbemerkungen und Empfehlungen aller Teilnehmer
(Leitung: H. Cotta)

Zusammengefaßt und redigiert von A. Rüter und C. Burri

Diagnostik

Die Mehrzahl der Patienten mit chronischen Instabilitäten des fibulo-talaren Bandapparates kommt nach einem neuerlichen Trauma zur Untersuchung.

Die Diagnostik gestaltet sich analog dem Vorgehen bei frischen Verletzungen. Schwellung und Druckschmerzhaftigkeit sind jedoch meist wesentlich geringer ausgeprägt als nach erstmaliger Traumatisierung.

Gehaltene Aufnahmen im seitlichen Strahlengang sind treffsicherer als solche a.p. Außerdem können sie ohne Strahlenbelastung des Untersuchers durch entsprechende Lagerungsschienen durchgeführt werden.

Die Notwendigkeit, solche gehaltenen Aufnahmen durchzuführen, entbindet jedoch keinesfalls von der Pflicht, zunächst Übersichtsaufnahmen des Sprunggelenkes in beiden Strahlengängen anzufertigen, um knöcherne Ausrisse, speziell jedoch Kantenabscherungen der Talusrolle nicht zu übersehen.

Bei unklaren Schmerzzuständen im Gebiet vor dem Außenknöchel, bei denen sich eine Instabilität des fibulo-talaren Bandapparates nicht nachweisen läßt, muß — speziell bei frischen Verletzungen - auch an eine isolierte Ruptur der Syndesmose gedacht werden. Klinisch geben sich diese Fälle durch Verstärkung der Schmerzen unter Supination der Ferse und Eversion des Fußes zu erkennen. Sicheren Aufschluß ergibt die Arthrographie des oberen Sprunggelenkes. Hierzu genügen 2 ccm Kontrastmittel. Liegt eine Syndesmosenruptur vor, tritt das Kontrastmittel nach cranial in den Bereich der Membrana interossea aus.

Operationsindikation

Die Indikation zum operativen Eingriff besteht nicht in der röntgenologisch nachweisbaren Aufklappbarkeit, sondern ist nur in den Fällen gegeben, in denen dieses objektive Zeichen von entsprechenden klinischen Beschwerden begleitet wird. Das Kennzeichen dieser Situation ist die schmerzhafte, chronische, rezidivierende Subluxation des oberen Sprunggelenkes.

Findet sich bei der Operation vermeintlich frischer Bandverletzungen ein chronisch insuffizienter Bandapparat, muß die Gelegenheit genutzt werden, hier gleich einen plastischen Bandersatz durchzuführen.

Operationstechnik

Zwar werden für alle angegebenen Operationsverfahren durchschnittlich bei 80% der Patienten subjektiv befriedigende Ergebnisse und in zwei Drittel der Fälle keine funktionsbehindernde Bewegungseinschränkung angegeben.

Diese günstige Ergebnis ist sicher deutlich dadurch beeinflußt, daß die Patienten zuvor lange Zeit ständig auf die Bandinsuffizienz Rücksicht nehmen mußten und daher auch mit nicht optimalen Ergebnissen deutlich gebessert sind.

Sorgfältige Nachuntersuchungen zeigen jedoch, daß die Resultate bezüglich Restbeschwerden und Funktionsbehinderung von der Führung des Transplantates abhängig sind. Die Restschäden sind umso geringer, je mehr die Rekonstruktion die normale Anatomie nachahmte.

Das von Kuner vorgeschlagene Verfahren mit einem Perioststreifen empfiehlt sich besonders dadurch, daß keine funktionellen Strukturen geopfert werden müssen und im Falle eines überraschenden Befundes einer chronischen Instabilität bei vermeintlich frischen Verletzungen keine Erweiterung der Abdeckung des Operationsfeldes vorgenommen werden muß.

In der Diskussionsrunde bestehen jedoch Zweifel, ob die Qualität des Perioststreifens für einen Bandersatz ausreichend ist. Eigene Erfahrungen liegen bisher nur vom Autor selbst vor.

Bei der Verwendung von Cutisstreifen sollte die Epidermis entfernt werden, um späteren Epithelcysten vorzubeugen. Die Häufigkeit solcher Cystenbildungen ist der funktionellen Belastung umgekehrt proportional. Steht das Transplantat unter Spannung und wird relativ rasch funktionell beansprucht, tritt diese unliebsame Begleiterscheinung — wie Untersuchungen nach Bauchdeckenplastiken gezeigt haben — nur äußerst selten auf.

Die Insertion des Ligamentum fibulo-calcaneare am Fersenbein entspricht der Durchtrittsstelle der Bewegungsachse. Je nach Formvarianten des Calcaneus weicht die Lage dieser Stellen im Einzelfall deutlich voneinander ab. Ein Anhaltspunkt findet sich jedoch immer durch den Processus trochlearis, der ebenfalls in der Drehachse liegt.

Bei allen Bandplastiken sollte der Verlauf dieses Ligamentum fibulo-calcaneare ebenfalls nachgeahmt werden, da ein Teil der Instabilitätsbeschwerden im Subtalargelenk ausgelöst wird.

Nachbehandlung

Das alte Schema: 2 Wochen Liegegips, 4 Wochen Gehgips hat sicher keine Gültigkeit mehr. Eine möglichst frühzeitige funktionelle Behandlung kommt der Umstrukturierung des Transplantates sehr zugute. Weiterhin ist das Transplantat durch Umbauvorgänge gerade in der 6. Woche besonders schwach.

Unter diesen Gesichtspunkten wäre eine Ruhigstellung des Sprunggelenkes nach Bandplastik über 3 bis 4 Wochen ausreichend. Danach kann eine funktionelle Behandlung unter Teilbelastung für weitere 2 bis 3 Wochen aufgenommen werden.

Falls der Patient hierfür nicht zuverlässig genug erscheint oder aus anderen Gründen eine Teilbelastung nicht gewährleisten kann, sollte während des Wechselns vom Liegegips zum Gehgips eine fixationsfreie Pause von mehreren Tagen eingeschaltet werden, während der der Patient — am besten im Rahmen eines neuerlichen kurzfristigen Krankenhausaufenthaltes — das Sprunggelenk mobilisiert.

Nach Abnahme des Gipsverbandes besteht in den meisten Fällen eine Schwäche der Peronealmuskulatur, so daß gerade in der Zeit, in der das Transplantat noch nicht genügend umstrukturiert ist, Rezidivverletzungen zu befürchten sind. Es empfiehlt sich daher, in den ersten 6 bis 8 Wochen nach Gipsentfernung eine Erhöhung des Schuhaußenrandes anbringen zu lassen.

Sachverzeichnis

Springer
AV
Lehrprogramm

Filme:

Operative
Frakturbehandlungen:

**Osteosynthese – Grundlagen
und moderne Anwendungen**

**Osteosynthesen
bei Vorderarmfrakturen**

**Die Behandlung
nichtinfizierter Schaft-
preudarthrosen**

**Osteosynthesen
bei Malleolarfrakturen**

**Osteosynthesen
bei Patellafrakturen**

Marknagelung

**Osteosynthesen
am distalen Humerus**

**Osteosynthesen
bei Unterkieferfrakturen**

**Korrekturosteotomien
am distalen Unterschenkel**

**Biomechanik
der Osteosynthese**

**Osteosynthesen
bei Tibiakopffrakturen**

Allo-Arthroplastik:

Hüft-Totalprothesen (3 Teile)

1. Teil: Instrumentarium.
   Operation am Modell

2. Teil: Operationstechnik

3. Teil: Komplikationen und
   Spezialfälle

**Die Ellbogengelenk-
arthroplastik mit der GSB-
Endoprothese**

Diaserien:

**Internal Fixation – Basic
Principles, Modern Means,
Biomechanics**

**ASIF-Technique for
Internal Fixation of Fractures**

**Internal Fixation of Patella
and Malleolar Fractures**

Total Hip Prostheses
Operation on Model and
in vivo, Complications and
Special Cases

Small Fragment Set Manual

Asepsis in Surgery

Weitere Filme und Diaserien
in Vorbereitung

Technische Daten:
16 mm und Super-8
(Eastmancolor, Magnetton/
Lichtton), Videokasetten.
Lieferung der Diaserien in
Ringbüchern

Sprachfassung: Filme in
deutsch, englisch,
z.T. französisch. Diaserien
mit mehrsprachigen
Legenden

Bitte Informationsmaterial
anfordern

Vertrieb:
Springer-Verlag,
Heidelberger Platz 3,
D-1000 Berlin 33,
Telefon 030/82 20 01
Auslieferung über den
Buchhandel

Springer-Verlag
Berlin
Heidelberg
New York